JN310550

図説 狙撃手大全

SNIPING:
AN ILLUSTRATED HISTORY

パット・ファレイ
Pat Farey
マーク・スパイサー
Mark Spicer

大槻敦子 訳

原書房

図説狙撃手大全

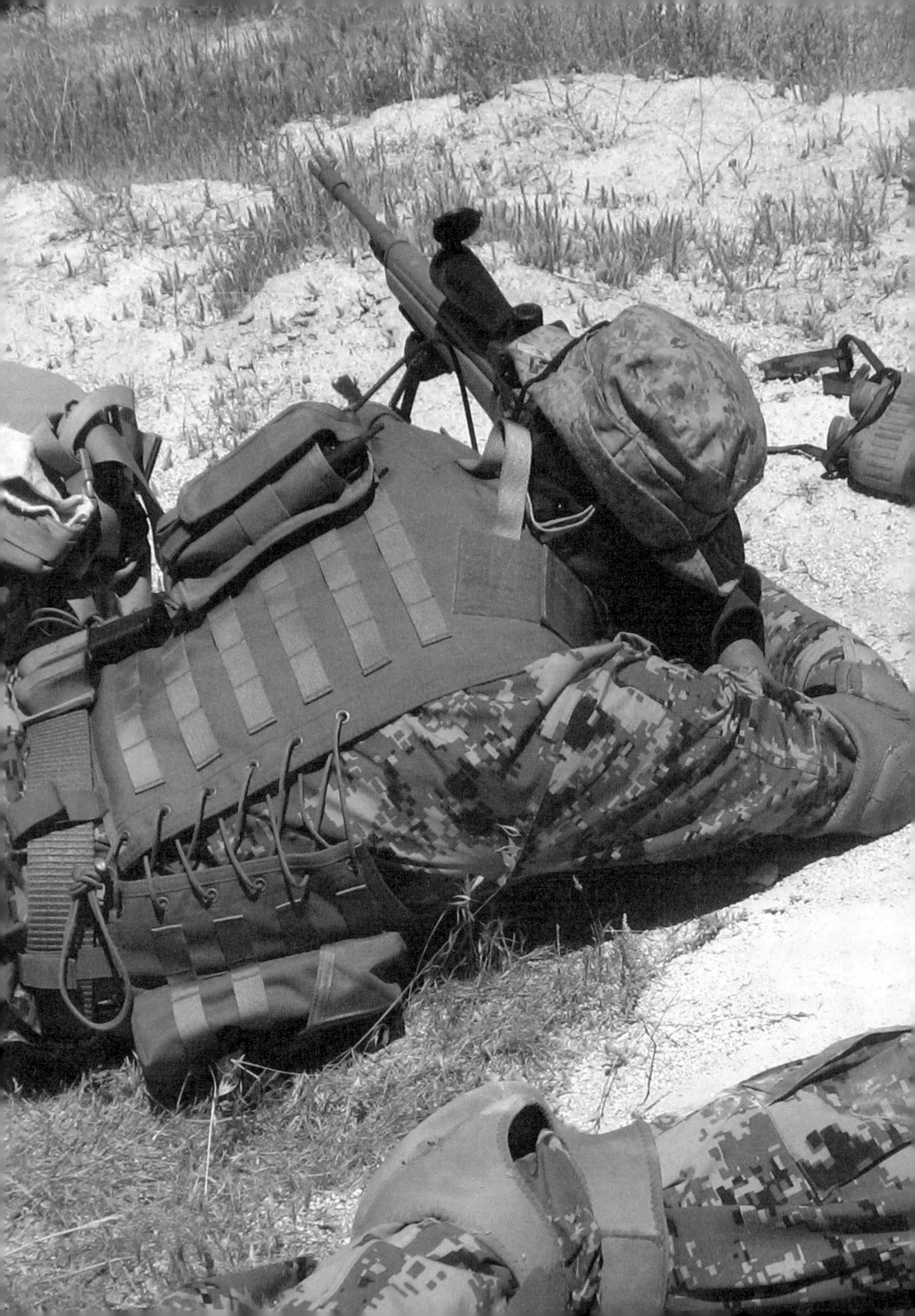

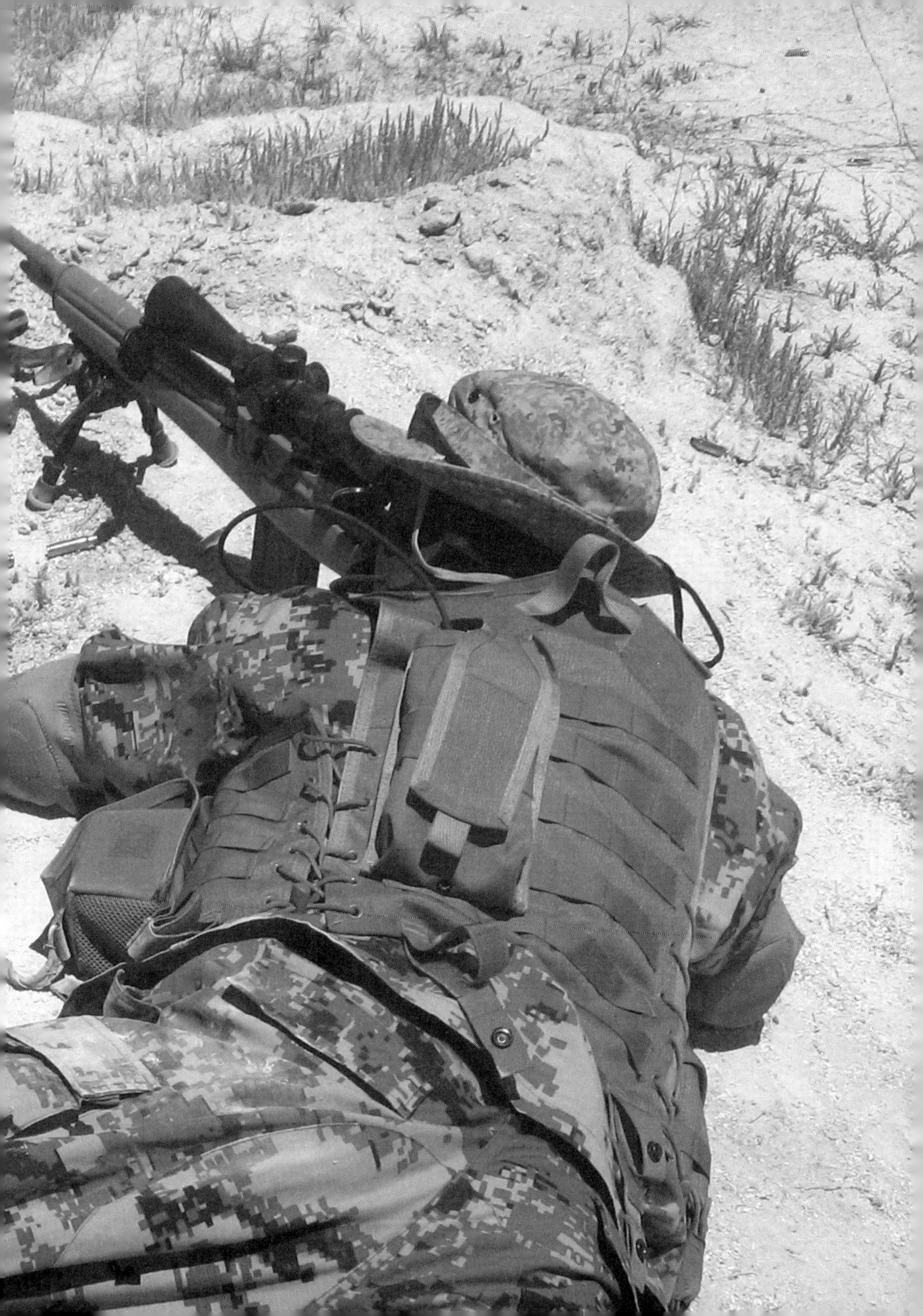

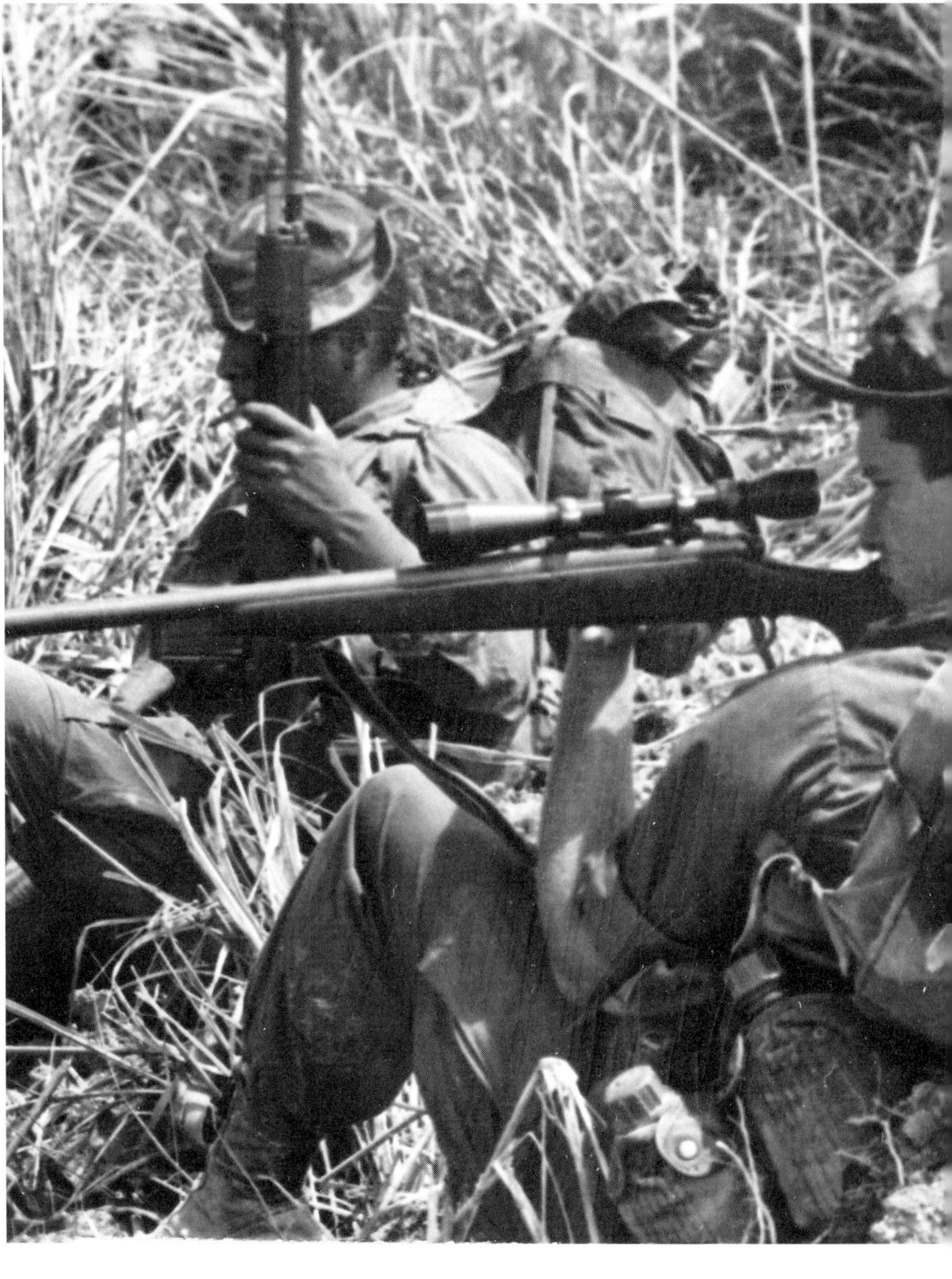

はじめに 6

第1章　マスケット銃からライフル銃へ、射手から狙撃手へ　パット・ファレイ　14
一斉射撃、マスケット銃、横列隊形　16
偵察兵と散兵　17
攻撃目標を選んで狙い撃つ　24
なおも肩をならべて　41

第2章　新たな技能と忘れられた教訓　パット・ファレイ　64
なおもナポレオン時代の戦法で　78
馬にまたがった射手　120

第3章　新しい世紀　パット・ファレイ　126
第1次世界大戦——塹壕からの狙撃　136
ガリポリのトルコ兵とオーストラリア兵　156
第2次世界大戦——東部戦線の狙撃手　165
西ヨーロッパの狙撃手　190
太平洋と極東　204

第4章　ついに平和が？　マーク・スパイサー　224
朝鮮戦争　230
時代遅れの装備　234
イギリス、オーストラリア、カナダの狙撃用兵器　235
アメリカ軍狙撃手の装備　242
朝鮮軍狙撃手の装備　242
かすかな希望の光　243
ベトナム戦争の狙撃手　248
フォークランド戦争の狙撃手　262
国連の狙撃手配備　271
チェチェン軍の狙撃手　282
アフガニスタンの狙撃手　284
アフガニスタンのアメリカ軍狙撃手　292
イラクの自由作戦　298
テロリストの狙撃手　321
狙撃の未来　331

訳者あとがき　343　　索引　345

はじめに

下　ヴィクトリア時代のなかごろまでに、イギリス陸軍は全部隊にライフルを支給、射手の訓練に向けて大きく前進した。これが出発点ではあるが、狙撃手になるためには正確な射撃以上のものが求められる。
(Richard Clark)

第2次世界大戦時、敵ひとりを倒すために連合国軍が発射した弾丸は2万5000発だったといわれている。ベトナム戦争では、北ベトナム戦闘員ひとりを射殺するために、アメリカ軍はおよそ20万にものぼる銃弾を撃ちこんだ。現在の狙撃手なら平均1.3発でひとりを「しとめ」られる。狙撃はつねに、もっとも効率のよい経済的な軍事手段でありつづけ

はじめに

てきた。そしておそらくこれからもずっとそうだろう。

真の「狙撃手(スナイパー)」を定義するにあたって考慮すべき点については、さまざまな意見がある。長い射程で標的を撃てるライフル銃兵なら誰でも狙撃手になれる可能性はある。だが、射撃の腕がきわめて重要な要素であっても、それは狙撃手がかねそなえていなければならない多くの素質のうちのひとつにすぎない。

ことによると、スナイパーとは何かということは、撃たれる側から考えたときにいちばんよくわかるのかもしれない。誰かに撃たれて、その撃った人間がこちらから見えなければ、自分の知るかぎりではそれは狙撃手だということになる。実際その人はスコープつきのライフルで意図的にこちらを狙った射撃の名手かもしれないし、たまたま軍標準装備のライフルで隠れた場所から至近距離で何発か撃ったら幸運にもあたった一般の歩兵かもしれない。公式記録や戦争の記事もこうした受けとめ方をしがちだ。アメリカ南北戦争時には、北軍の新聞に掲載された写真記事で、南軍死者の多くが「狙撃手」と記されていたし、第2次世界大戦とそれ以降の新聞では、味方に向かってくる火器の弾丸はすべて「狙撃」と報じられる傾向にあった。理由は簡単だ。記者から敵が見えなかったからである。

戦死したライフル銃兵は誰でも報道では「スナイパー」扱いだ。まさ

上 両軍とも滑腔式マスケット銃ではなく射程の長いライフルが支給されていたアメリカ南北戦争においてもなお、ほとんどの会戦ではナポレオン時代の戦術が用いられていた。敵の横列隊への一斉射撃、そして銃剣による突撃。どちらか一方が「敗走する」までそれがくりかえされた。
(Roy Daines)

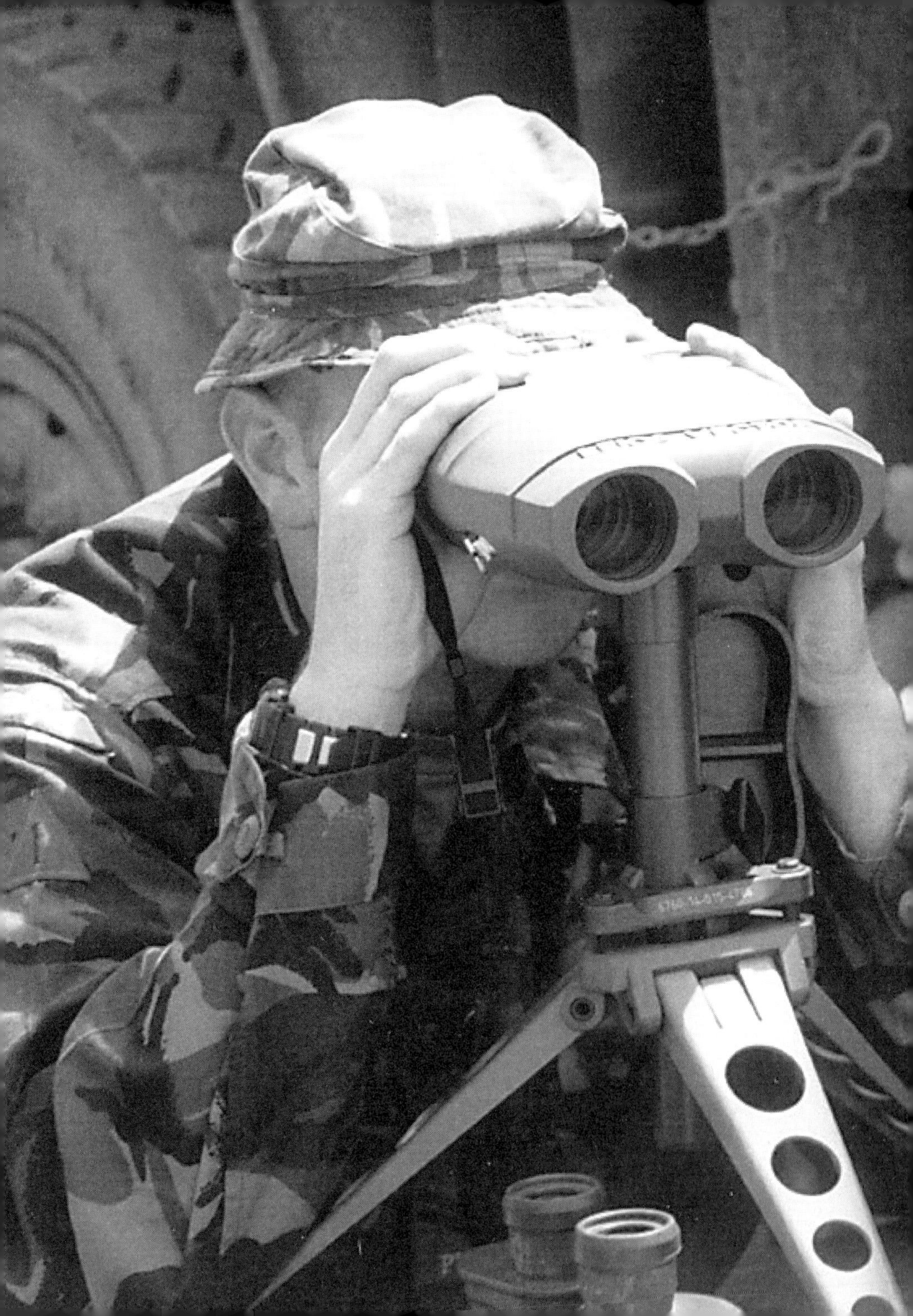

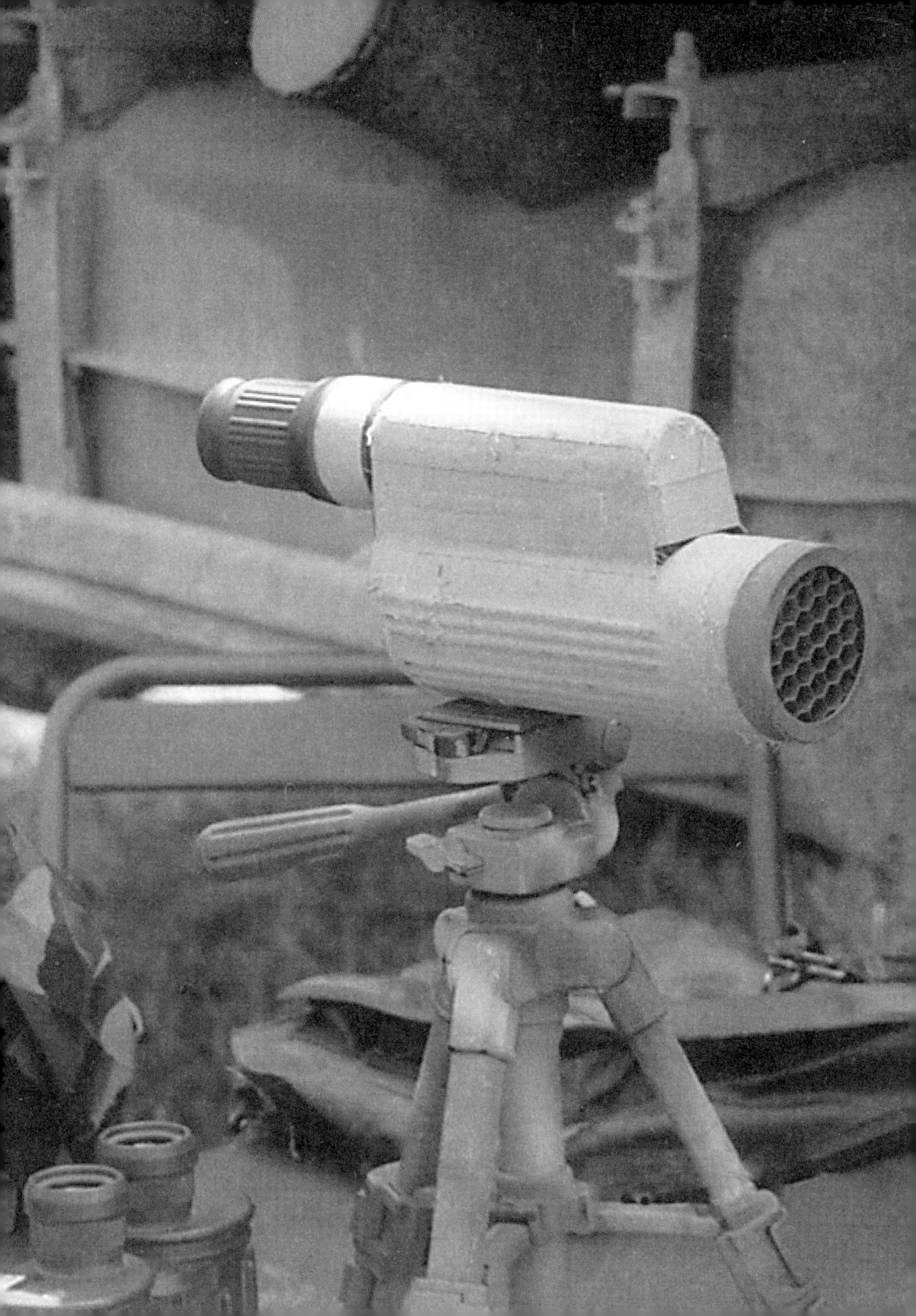

しくそのことから、一般市民の目から見た狙撃手のイメージがよくわかる。狙撃手は姿を見られることなく相手を殺すことができる。そして次の標的は自分かもしれない。意図的に狙われるかもしれないと考えることは、兵士にとっても一般市民にとっても同じように、なによりもおそろしいことだ。

その気持ちは狙撃手に対するさまざまな反応となって現れる。狙撃手が味方でその功績がよく知られていれば過度な英雄崇拝となり、狙撃手が敵なら激しい憎悪だ。なかには味方でありながら狙撃手によい顔をしない軍隊もある。

実際には、現在の軍隊の狙撃手は、射撃の名手なみの正確性、偵察兵なみの野外活動技術、熟練監視兵なみの鋭い観察眼と的確な判断力など、いくつもの技能をあわせもつスペシャリストである。自分にとって有利な位置、できれば敵に近いところか敵後方へと移動して潜伏し、敵から見えないようにするためには、偽装と隠蔽の知識も必要不可欠だ。さらに敵を監視して、目に映ったものすべてを専門的な観点から報告することができなければならない。これは狙撃兵兼偵察兵のきわめて重大な役割であり、1700年代フレンチ・インディアン戦争時のロジャース・レンジャーズから、まさに現代のイラクやアフガニスタンでの戦いにいたるまでまったく変わらない。狙撃手は攻撃目標を正確に分析して撃つべきかどうかを判断することが求められる。それから狙撃する絶好の機会

が訪れるまで待てるだけの辛抱強い精神力と体力をそなえていなければならない。むろんチャンスがくれば一発もおろそかにはできない。そして任務を完了したなら、危険区域から自分とチームを安全に脱出させなければならないのである。

本書の前半でとりあげるアメリカ独立戦争以前から第1次世界大戦開戦までの期間では、戦争が起きるたびに、敵を遠方から撃つことができる天性の才能を役立てようと、腕の立つ猟師がそれぞれの軍隊に入隊したので、軍にとっては物理的にも精神的にも好都合だった。しかし、その後の20世紀以降、軍の狙撃手が猟師や民間人からひき抜かれることはめったになくなった。理由はたんにそのような人間がほとんどいなくなったためである。多くの国で急激な都市化が進み、とりわけヨーロッパでは一般市民による銃の所有を制限する法律が制定された。事実、第1次世界大戦終結以降のヨーロッパの兵士は、そのほとんどが陸軍入隊まで銃に触れたことがない。つまり、狙撃手候補となる兵の大部分は、一から技能を教えて育てなければならないということになる。

当然のことながらハンターの技能は重要で、かならず習得しておかなければならない。現在でもたいていの場合、狙撃手に志願する兵は、実質的に猟師が山野で必要とする技術の現代版といえる偵察訓練を終えているか、最低でも偵察技術の知識を得ていることが求められるはずだ。

むろん狙撃は射撃がうまければよ

前ページ　現代の狙撃手は武器と装備品のめざましい進歩が強みだ。この狙撃教官は、標的までの距離を±1ヤード（約90センチ）の誤差で正確に計測できるライカ製レーザー測距器（レンジ・ファインダー）を用いている。隣は三脚にとりつけられたリューポルド40倍スポッティングスコープ。(Mark Spicer)

はじめに

左　2つの世界大戦のころになってようやく、狙撃に必要な技能すべてをたたきこまれた専門部隊で、スコープつきの「命中精度を高めた」ライフルが広く用いられようになった。(NA)

いというものではないし、現代陸軍の狙撃手が学んでおくべきほかの多くの技術がそなわっていればよいというものでもない。技能なら学習できる。しかし、狙撃手は人を殺す、あるいは傷つけなければならない。しかも敵から目をそらさずに、だ。そこがほかの歩兵や砲兵と大きく異なる。アメリカ海兵隊の狙撃訓練施設を立ち上げ、ベトナム戦争時には米軍最強の狙撃手を育て上げたジム・ランド大尉は、この最後の資質について以下のように語っている。「スコープをのぞくと最初に見えるのは目だ。影や形を撃つのと、人の両眼のあいだを撃つこととのあいだには大きな違いがある。スコープを誰かに向けて最初に見えるものがその人の目だとわかると愕然とする。多くの兵はその時点で（引き金を引くことが）できない」

狩猟の初心者にも同じことが起こる。獲物を探し出し、追跡してしのびより、距離を計って狙いを定める。そこまでは誰でも学べる。しかし、いざ撃つときになって冷静さを保てるかどうかはその人の精神力しだいだ。引き金を引き、命を奪う。人によってはその平常心を「遊離した」状態とよぶこともあるだろう。故意に命を奪うことを嫌うという人間ならではの弱さを克服することは容易ではない。おそらくそれはスナイパーにとってもハンターにとっても最大の難問ではないだろうか。

本書は、18世紀半ばから現在までの軍隊の狙撃史に的をしぼった。狩りの腕前と日常の道具を戦闘に利用しただけだった18世紀の辺境住民から、ハイテク装置と極度に特化した兵器をあやつる訓練のいきとどいた現在の狙撃手まで、ライフルの進化、高度な光学装置、カムフラージュ、戦術等と狙撃手の発展との密接な関係を追う。さらに、射手、偵察兵、散兵から、第1次世界大戦の

右　ギリースーツを着用した狙撃手はほとんど「見えない」。偽装と隠蔽は攻撃目標を確認できる距離まで接近するために必要な狙撃技能だ。獲物を見つけてからも、追跡したり待ち伏せたりしながら、引き金を引くチャンスが訪れるまでしばしば何時間も潜伏する。(Mark Spicer)

塹壕戦を支配した姿の見えない射撃の名手、第2次世界大戦の狙撃と対抗狙撃の戦術ならびにプロパガンダとしての価値、そして特殊技能を駆使する今日の長距離ライフル銃兵にいたるまで、狙撃手の役割の変化にも焦点をあてる。

また、戦術の変化も見逃さない。たとえば、ひとりで行なわれていた射撃は、標的を定める人員と撃つ人員からなるふたり組へ、さらに現在の4人あるいは6人のチームで特定の状況に対処する方法へと移り変わっている。

「本物のスナイパー」とはみなされないかもしれないが、テロリスト、反政府武装勢力、狙撃犯についても、それに対処する方法とともに掘り下げてみようと思う。

ひとつ、歴史をとおして何度もくりかえされてきたことがある。長距離射撃の訓練など狙撃技能の教育が、「そのときの」戦争が終わるたびに軍によって打ち切られ、結局また次の戦争が始まって再開されるというやり方だ。それは実際に使用される狙撃装備品の開発や供給にも影響をおよぼした。過去の多くの戦闘では、どうにもならなくなってからようやく必要な装備が整えられるという状況だった。この軍の姿勢が実際に変わりはじめたのはごく最近のことで、とくにこの10年ほどのあいだに、国際的な治安維持や対テロリスト作戦で狙撃手があきらかに重要だということが判明してからのことである。

もうひとつ注目すべきことがらは、昔の射撃の名手、そしてのちの訓練

はじめに

された狙撃手が攻撃目標を定める方法である。まずは戦術的に脅威となる相手を倒し、それから戦略的に重要な人間を狙う。好機が訪れれば、彼らはまず指揮官、下士官、砲兵、通信兵、輸送兵などから撃つ。その目的は、指揮系統を混乱させる、砲撃の脅威を排除する、敵をまどわせ士気を低下させる、供給経路を遮断するなどさまざまだ。

現代の狙撃手もまったく同じことをするが、それにくわえて、大口径長距離ライフルを用いて、通信機器やレーダーといった主要な装備も破壊する。さらに、遠距離の固定位置から掩護射撃を行ない、敵の動きを監視して情報を集め、必要があれば砲撃や航空機による支援を要請するなど、歩兵部隊を支援する任務が増えている。

また、今日の狙撃手は「心に訴える」任務にもあたっている。地元の人々の安全を守り、「味方」につけるのである。イギリス軍が中東で実施したそのような狙撃作戦のひとつは、地元の村人に深刻な被害をもたらしていた危険な野犬の駆除だった。この作戦の詳細は、狙撃手にかんするそれ以外の「明るいニュース」とともに西側諸国の新聞で報じられていた。最近はかつてないほど彼らの功績がマスコミで報道されるようになってきている。もっとも第2次世界大戦中のソヴィエト連邦のプロパガンダ「スーパーソルジャー」にはかなわないだろう。

.50口径超長距離ライフル、レーザー測距器、暗視装置など最新の装備が開発されるにつれて、狙撃に対抗する方法も発明されている。「エア・ディスプレイスメント・トラッキング」など狙撃手を探知する装置も徐々に導入されつつあるが、ほかの武器開発同様、兵器製造会社や戦術家、そして狙撃手本人が次々にそれを妨害するような方法を発見するので、どうも「いたちごっこ」の状況になりがちなようだ。

この特別な集団をどのようにとらえるかは人それぞれだが、ひとりでも少人数のチームでも、訓練のいきとどいた狙撃手は今なお現代の軍事組織における強力な武器である。そして、現在の状況をみれば、これからの長い将来もそうでありつづけることはまちがいない。

パット・ファレイ

謝辞

著者ならびに発行者は、本書に貢献してくださった個人と組織、とくに以下のみなさまのご協力に深く感謝いたします。

スティーヴ・ブロードベント、マイケル・バターフィールド（クイーンズ・レンジャーズ）: queensrangers.captain@talk21.com

ボブ・チョーク、リチャード・クラーク: www.mayhemphotographics.co.uk

アンディ・コルボーン／グレアム・ミッチェル（セカンド・バトル・グループ）: sbg1@mistral.co.uk

ロイ・デインズ（ソースキャン）: RDPixs@aol.com

カーステン・エドラー、ニール・ホドル（ベルダン射撃隊UK）: info@ussharpshooters.co.uk

グレアム・レイ、ジョン・ノリス: john.norris3@btinternet.com

ジョン・C・ピアース（フォン・ゲーベン歩兵連隊、No.28）: lr28vongoeben@hotmail.com

ギャレス・スプラック／スティーヴ・ネヴィル（グレート・ウォー・ソサイエティ）: gareth@glsprack.fsnet.co.uk

マイケル・ヤードリー

CHAPTER ONE

FROM MUSKET TO RIFLE, SHOOTER TO SNIPER

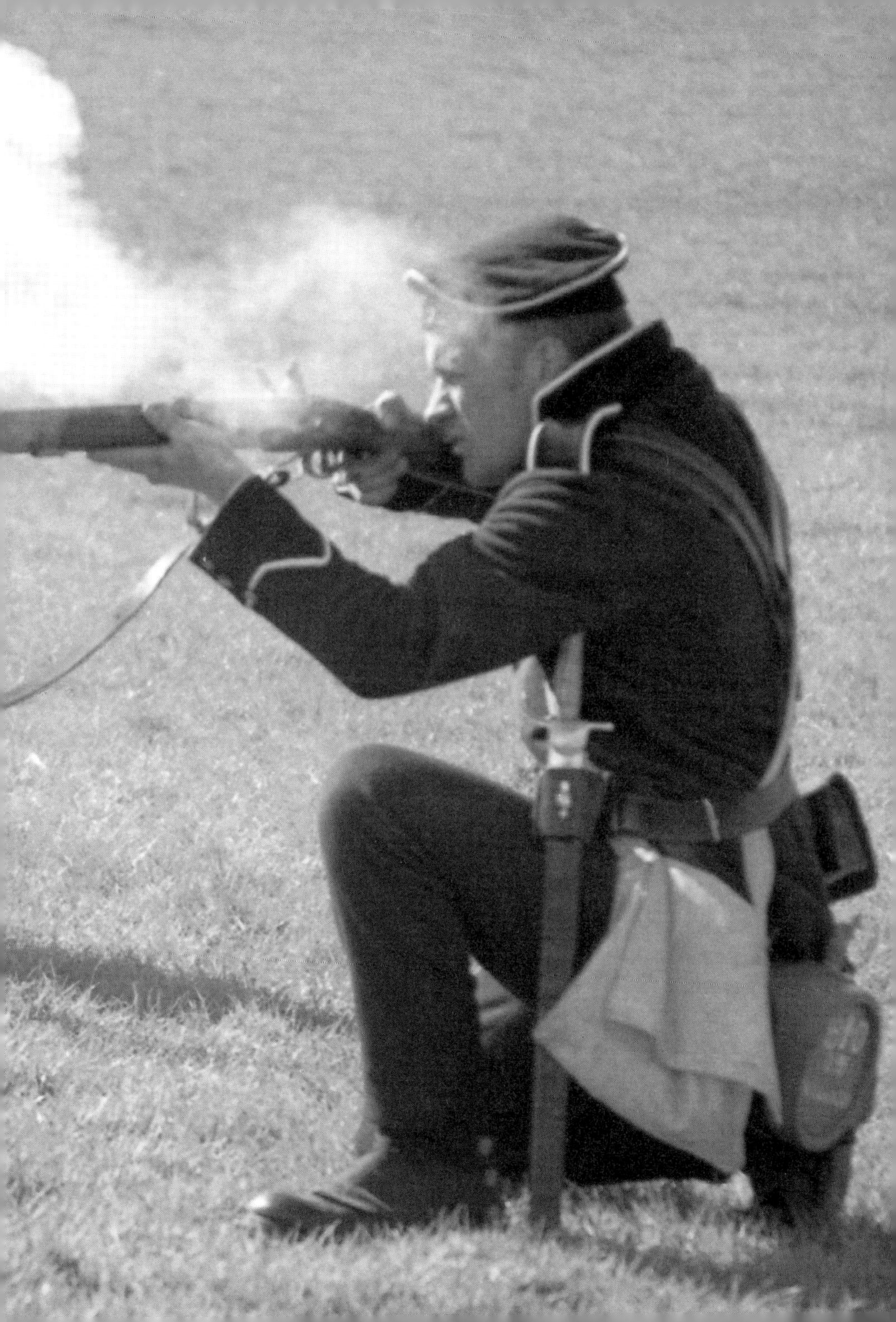

第1章

マスケット銃から
ライフル銃へ、
射手から狙撃手へ

前ページ　第95ライフル連隊のライフル銃兵。滑腔式マスケット銃ではなく全員にベーカー・ライフルが支給されたイギリス陸軍初の部隊で、緋色の上着ではなく緑色の服を着用した。なによりも重要なのは、この部隊の兵士は武器の扱いが正確で、戦闘においてみずからの判断で武器を使用することが奨励されていたことだろう。(Richard Clark)

右　狙撃手の前身はたんなる射手だった。つまり、狙ったものに弾を命中させられる人間のことである。(Roy Daines)

現代の狙撃手はいくつもの役割をにない、幅広い専門技術を身につけている。それについてはのちほど明らかにすることにしよう。まずは小火器を用いた戦いが始まったばかりのころ、狙撃手の前身として存在していたのが射撃の名手だった。基本的には与えられた「的」つまり標的に、平均的な兵士の腕前をはるかに超えて、かなりの正確さで命中させることがほぼ確実にできる人物のことである。しかしながら、目的を達成するためにはそれにふさわしい道具が必要だった。ようやくそれが登場したのは、ライフリングされた銃身が発明されてからのことである。ゆえに、狙撃の歴史は、ライフルと、その前身である滑腔銃身マスケット銃の発展とは切っても切れない関係にある。

一斉射撃、マスケット銃、横列隊形

火薬をつめこんだ武器の強さが認められてからずっと、人類は武器の性能とそれを用いる人間の技能を向上させようと奮闘してきた。命中精度と射程という双子の「聖杯」探しは、特殊技能をもつ兵士としての狙撃手の発展と並行して進められてきた。

17世紀半ばから19世紀の初めまで、ヨーロッパ諸国の歩兵戦術はおもに、滑腔式マスケット銃の大量使用を基本としていた。マスケット銃

第1章 マスケット銃からライフル銃へ、射手から狙撃手へ

は射程が短く、命中精度はことさら低かったが、当時の正しい戦術と組みあわせて用いればそれなりに効果があったので、広く普及したのだといえる。ライフル銃兵が敵に大きな被害を与えるためには、標的が武器の射程内に入っていなければならない。また、密度の高い射撃を行なうためには、兵の隊列が肩と肩が触れあうほど隙間なくかたまっている必要があった。ただし、裏を返せばそれは、都合の悪いことに、自分たちも相手から見ればはなはだ大きな標的になっているということだった。

向かいあってならんだ敵対する歩兵隊は、ときに敵の砲撃を浴びて「抵抗が弱められ」ながらも、起立したままひたすら耐え、たがいの距離が90メートルくらいに縮まるまで歩みを進める。そこまできてようやく兵は、敵にできるかぎりの損害を与えるべく、一斉射撃のかけ声とともにマスケット銃を発射することが許された。一斉射撃は横列3列で行なわれる。一列が発射、一列が装填、もう一列がかまえるのだ。これによって1分間に6ないしは7回の射撃を行なうことができた。

続いて、どちらかの側から銃剣突撃が開始される。攻撃の列は、死傷者を最小限に抑えるために全力で「砲火地帯」を駆けぬけ、敵の守備隊との白兵戦に突入する。うまくいけば敵の前線をくずして敗走させることができるが、そうでなければ、敵の射撃を前にそれ以上進めなくなって、攻撃側が撤退を余儀なくされることになる。死傷者の数はおそらしいほどだが、その数を問わなければ、たいていは恐怖と規律のバランスが勝敗を分けた。

正気の人間がみずから進んで死や負傷を受け入れる、ときにはそれに向かってつき進むことさえあるように見えるのは、そうするように訓練され、たたきこまれてきたからだ。命令不服従や任務放棄になることのほうが、敵と向かいあったときの恐怖よりも重いのである。多くの兵が大義や国や、自分の将来を信じていたに違いない。ときには英雄のような行動へと駆りたてられたこともあっただろう。しかし彼らの大部分はおそらく、アドレナリンの上昇にともなう期待感と、ほとんど恐怖に等しい不安とが入りまじった気持ちで敵と向かいあっていたことだろう。しかしそれでもなお、命令に従うことをしつけられた彼らは「前線に踏みとどまり」、何があっても任務を遂行した。

マスケット銃を用いて横列隊形で面と向かって戦うこの方法は、とくにヨーロッパで広く受け入れられていたのだが、その一方で、ほかの武器や戦術の活用を試みる軍隊も現れる。

偵察兵と散兵

18世紀にアメリカ大陸北東部で起きたふたつの大きな戦争、フレンチ・インディアン戦争（1754～63年）とアメリカ独立戦争（1775～83年）は、歩兵戦術に小さな変化の種をまいた。会戦のほとんどでは、

すくなくともその先100年は従来の戦法が続けられるが、偵察兵と散兵の利用についてはまちがいなく動きがあった。

フレンチ・インディアン戦争の戦術は、領土があまりに広く、開拓地の集落が地理的に拡散していたことによって、ある程度決まってしまったといえる。結局、地元民兵組織同士の小競りあいが多発すると同時に、敵対するふたつの軍勢、すなわちフランス対イギリスの大規模会戦もくりひろげられることとなった。両軍とも兵の数を増やすために先住民族を利用、イロコイ同盟はイギリスと手を組み、フランスはアルゴンキン族、オタワ族、オジブワ族、ショーニー族などの部族から支援を受けた。

イギリス軍もフランス軍も、おもな戦略として襲撃を行なった。これは、味方の先住民族や、それと同じような暮らしをしていたヨーロッパ諸国出身の入植者である猟師から学んだ戦法である。フランス軍は、入植者を大陸内部から追い出そうと、遠隔地にあるイギリスの町区や前哨地点を先住民族に攻撃させ、ときには軍がみずから襲撃を率いることもあった。対するイギリス軍は、フランスと同盟を結んだ先住民族の家を破壊し、食物の供給を断って、村々を陥落させることで報復した。こうした襲撃は、数百人までの比較的少ない軍勢で行なうことが多く、そのうちのいくつかは60名からなるレンジャー中隊で組織されていた。これは、すでに荒野でのサバイバルと射撃の技能をもちあわせた未開拓地の人間ばかりが採用されていた部隊である。

おそらく、なかでも有名なのは、1756年にロバート・ロジャース少佐が結成したロジャース・レンジャーズだろう。ひときわめだつ緑色の軍服を身にまとった彼らは、当時ではめずらしい非常に実用的な戦闘方法「ロジャースのレンジャー規範」にのっとって戦っていた。ロジャースは純粋に優秀かどうかだけで兵を雇ったので、先住民族や解放された奴隷を使っているのを見て、正規軍の指揮官たちは非常に驚いた。マスケット銃、斧、ナイフで武装したレンジャーたちは射撃の名手でとおっていたが、規範では、攻撃を受けたときには至近距離で発砲するよううながしている。また、うつぶせになったり、ひざをついたり、隠れた場所から撃つなどして、自分が標的になりにくいように小さく見せることも奨励されていた。

このとき両軍が用いた方法は、おおまかには現在「ゲリラ戦術」とよばれているものである。長距離を移動し、人数の多い敵軍に見つからないように隠れておいて、奇襲をかけてはすぐに退散する。そうやって入植地を破壊し、入植者を殺害し、あるいは家から追い出して、一般市民のあいだに広く恐怖と混乱をまきちらしたのだ。

これは現在、散兵と偵察戦術というふたつの主要要素として戦闘にとりいれられ、いちだんと特化した現代狙撃手の役割の基礎を作っている。カムフラージュと野外活動技術は、

第1章 マスケット銃からライフル銃へ、射手から狙撃手へ

ブラウン・ベス

上 ブラウン・ベス滑腔式マスケット銃は100年以上もイギリス陸軍の標準火器だった。これは1785年ごろに製造されたショート・ランド・パターン、フリントロック式マスケット銃（ブラウン・ベス）。ロックには、GRの文字の上に「王冠」の印がありTowerときざまれている。コック（鶏頭）はスワンネック型で、銃床の細くなった部分にある飾り板の裏にはNo.55と刻印されているほか、銃身にはWHと記されている。（オーストラリア戦争記念館、REL24670）

18世紀と19世紀の初めごろ、もっとも広く普及していた歩兵器はフリントロック式、滑腔銃身のマスケット銃だった。代表的な例は、ブリティッシュ・ランド・パターン・マスケット銃とその派生型で、一般にブラウン・ベスとして知られている。

この銃にはさまざまなヴァージョンがあり、1722～1838年までイギリス陸軍で使用されていた。ライフルは.75口径、カービンは.65口径が標準である。ロング・ランド・パターンの全長は62インチ（約157センチ）で銃身長は46インチ（約117センチ）。ショート・ランド・パターンの銃身長は42インチ（約107センチ）と長いほうだが、扱いにくいということはない。1797年には安価で簡単に製造できるインド・パターンが採用されたが、のちに新ランド・パターンがとって代わった。当時の軍用マスケット銃のほとんどと同じように、ブラウン・ベスはなめらかだが必要以上に大きい銃腔をもつ。これはすばやく楽に装填できるようにするためだが、とりわけ数回撃ったあとに銃身がつまることが多かったせいでもある。したがって、弾丸がぴたりとおさまらない場合には、銃身内でガタガタとぶつかるので、銃口から飛び出すときには狙いからわずかにそれた角度になり、命中精度という点では理想的とはいえない。ゆえに、現代の基準からみれば、射程の短い武器ということになるだろう。19世紀に行なわれた評価から、比較的後期の標準化されたモデルでも実質的な射程はおよそ90メートルで、あまり命中精度が高くないうえ失速するのも早かったことがわかっている。煙、叫び声、移動、アドレナリン（と、たいていの場合は訓練不足）に満ちた18世紀の戦闘で、ふつうの兵士がそれほど離れた距離から狙った敵兵に弾を命中させるためには、相当な腕前（と運）が必要だっただろう。

以上のことを踏まえてもなお、最適な条件下で使用すれば、ブラウン・ベスは滑腔式としては命中精度が高かったといえる。正確に計量された火薬と銃腔に密着するパッチ弾を用いるという制御された条件下なら、現代の前装式銃の専門家はブラウン・ベスの複製品で140メートル近く離れた人間大の標的に命中させるほどのみごとな精度で撃つことができる。

ブラウン・ベスの強みはシンプルで頑丈なデザイン、比較的安価なコスト、戦場での扱いやすさにある。よく訓練された部隊なら交替で1分間に2、3回発射することが可能だ。1挺だけでは正確さに欠けるが、密集隊形をとっている敵軍に向けて集団で発砲すれば非常に効果があることがわかっている。だからこそ、イギリス陸軍で100年以上も使用されつづけていたのだ。

上 発射したあとのブラウン・ベスのロックをクローズアップしたもの。発火時の「火花」によって生じたコック、フリズン（打ち金）、銃身の付着物に注目。

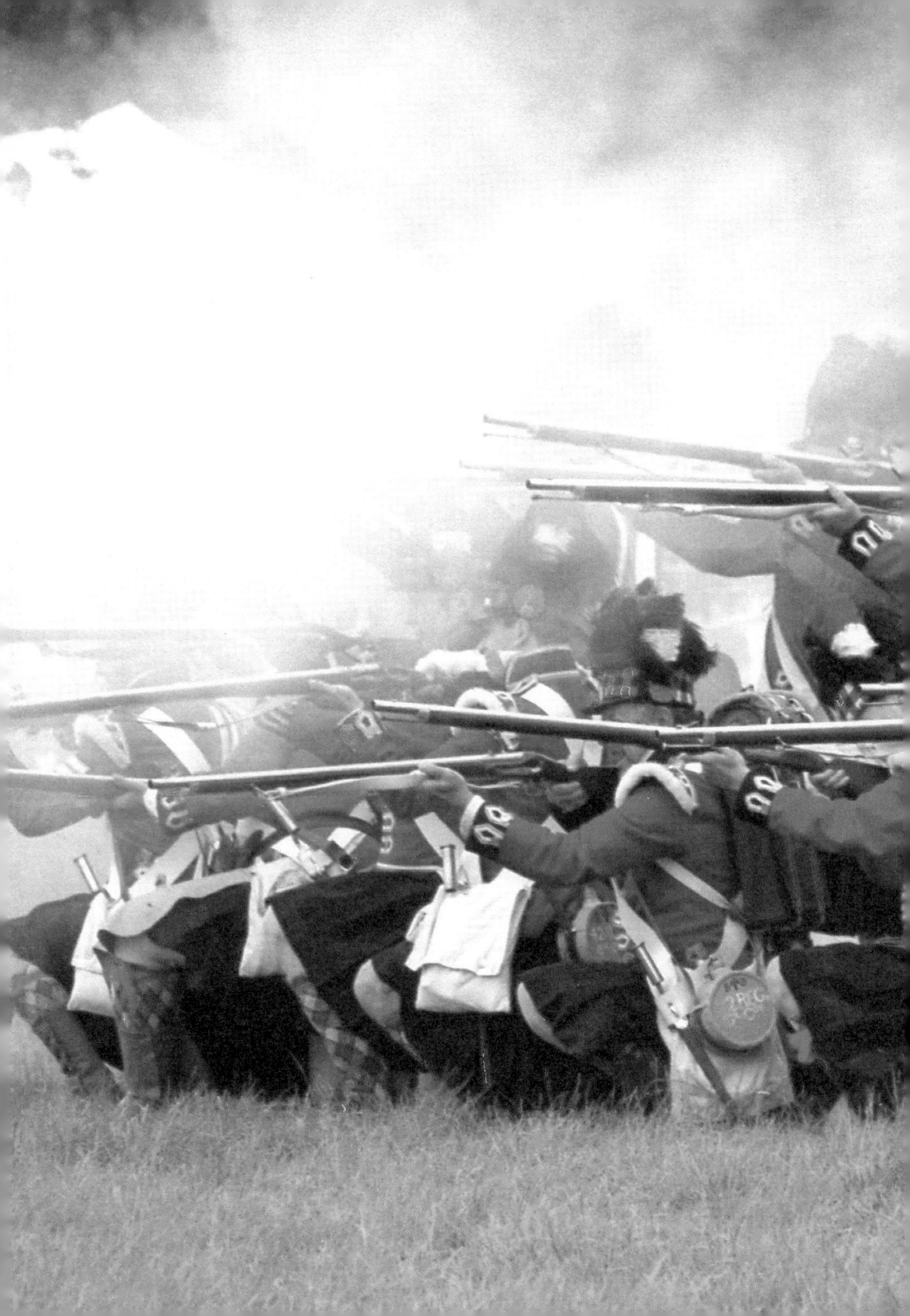

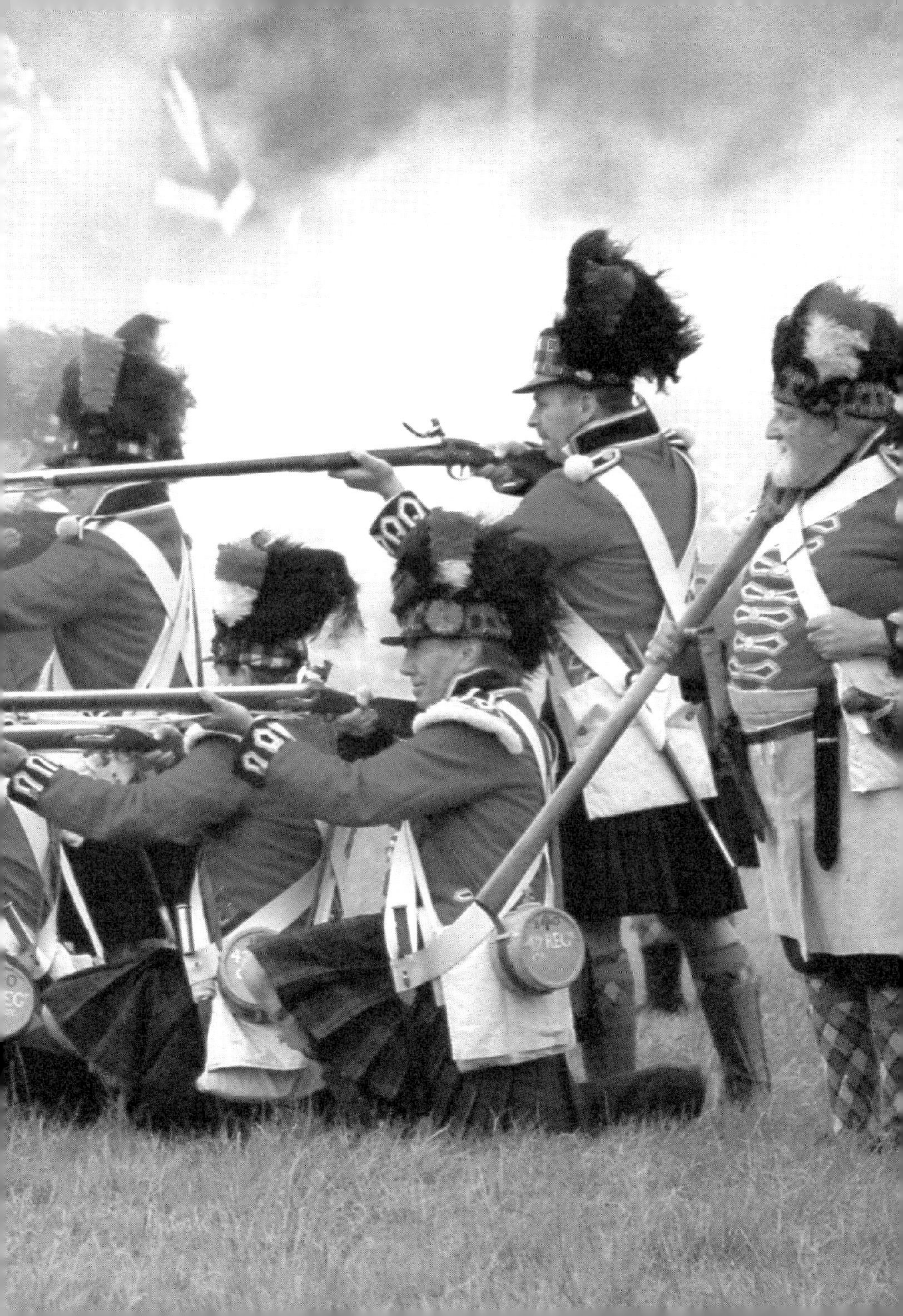

上　イギリスのレンジャー部隊は、宿敵フランス側についた先住民族部族や猟師らと同じような服装、同じような方法で戦えと教えられた。写真はフレンチ・インディアン戦争当時の典型的なレンジャーを再現したもの。

前ページ　19世紀初頭まで、ヨーロッパの歩兵戦術は滑腔式マスケット銃を集団で用いるのが基本だった。
(Richard Clark)

自分たちの目的達成に利益をもたらさないかぎり敵と戦闘に入ることは避けたい、こうした少人数グループの襲撃部隊にとって必要不可欠だ。当然のことながら、それは北米先住民族が、まさに生きのびるために、狩りなどで長年用いてきた手段でもある。したがって、入植者の民兵や先住民族の同盟軍は、わざわざ目につくようにデザインされたイギリスやフランス正規軍の、ときにけばけばしいほど明るい色あいの軍服ではなく、おもに緑と茶に染められたウールや綿、あるいは動物の皮でできたシンプルなカムフラージュ戦闘服を着ていた。上着の裾や袖は、人の輪郭をさらにあいまいにするために房状になっていることも多かった。

野外活動技術には、周囲の状況を知り、それをうまく利用して身を隠したり監視の目をのがれて移動したりする技能が含まれている。そしてなによりも重要なのが、敵の位置を予測する能力だ。これは敵の待ち伏せ攻撃を迂回すると同時に、交戦に入ったときにその地形を自分に有利になるように使うためでもある。もうひとつ、この戦争で大きく役立ったのは、土地にあるものを食べて生きていく能力だった。当時の北アメリカは魚、狩りの獲物、食べられる植物が豊富な環境ではあったが、やはり手に入れるためにはそれなりの腕前が必要だった。先住民族や定住している入植者の多くはその能力に長けていたが、そうしたスキルをもたない到着したばかりのヨーロッパ人の大多数は、餓えや過酷な環境にさらされて死亡してしまう。とにかく生きのびることが先決だった。

ほとんどの襲撃隊員は種々のマスケット銃で武装していたが、一部はライフル銃をもっていた。マスケット銃とライフル銃との違いは、後者に、ライフリングといって銃腔にらせん状の溝がつけられているということだけで、それが「パッチ弾」とともに用いられていた。この球弾は、内径に密着させるため油を染ませた布きれにつつまれており、銃身の奥まできちんとつめるにはかなりの力で押しこまなければならなかったので、通常の滑腔式マスケット銃の装

第1章　マスケット銃からライフル銃へ、射手から狙撃手へ

> **MAJOR ROGERS ORDERS OF 1754**
> DON'T FORGET NOTHING. HAVE YOUR MUSKETS CLEAN AS A WHISTLE. TOMAHAWKS SCOURED SIXTY ROUNDS - POWDER AND BALL AND BE READY TO MARCH AT A MOMENTS NOTICE. WHEN YOU ARE ON THE MARCH, ACT THE WAY YOU WOULD IF YOU WERE SNEAKING UP ON A DEER. SEE THE ENEMY FIRST. TELL THE TRUTH ABOUT WHAT YOU SEE AND WHAT YOU DO. THE ENTIRE ARMY IS DEPENDING ON YOU FOR INFORMATION. DON'T LIE TO A RANGER OR AN OFFICER. NEVER TAKE A CHANCE YOU DON'T HAVE TO. WHEN WE'RE ON THE MARCH WE MARCH SINGLE FILE FAR ENOUGH APART SO ONE SHOT CAN'T GO THROUGH TWO MEN. IF WE STRIKE SWAMPS OR SOFT GROUND WE SPREAD OUT ABREAST SO IT IS HARD TO TRACK US. WE MOVE TILL DARK WHEN WE CAMP HALF THE PARTY SLEEPS WHILE HALF THE PARTY STAYS AWAKE. DON'T EVER MARCH HOME THE SAME WAY. TAKE A DIFFERENT ROUTE BACK SO YOU WON'T BE AMBUSHED. EVERY NIGHT YOU WILL BE TOLD WHERE TO MEET IF SURROUNDED BY A SUPERIOR FORCE. DON'T SIT TO EAT WITHOUT POSTING SENTRIES. DON'T SLEEP PAST DAWN. THE FRENCH AND INDIANS ATTACK AT DAWN. IF YOU'RE BEING FOLLOWED CIRCLE ROUND YOUR OWN TRACKS AND AMBUSH THEM. WHEN THE ENEMY IS AIMING AT YOU KNEEL DOWN OR LIE DOWN. LET THE ENEMY COME CLOSE ENOUGH TO TOUCH THEN LET HIM HAVE IT. THEN JUMP UP AND FINISH HIM OFF WITH YOUR TOMAHAWKS.

左　ロジャース少佐の「レンジャー規範」

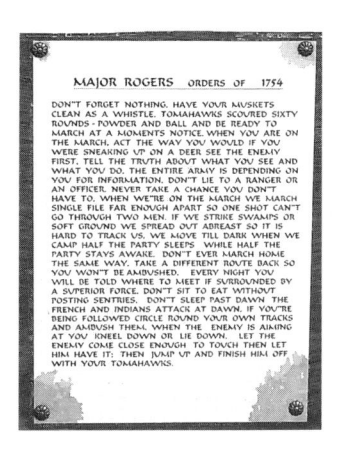

填よりも多くの時間と労力（と若干の技術）を要した。また、ライフリングは使用ずみの火薬の残りや鉛で汚れやすかったので、ひんぱんな手入れが必要だった。それでもやはり、手間をかけるだけの価値はあった。ぴたりとおさまった弾丸は銃身を通り抜けるときにらせん状のライフリングとかみあって回転がかかり、発射されるたびにかならず同じ位置で銃口を飛び出す。それが射程と命中精度を大きく向上させたのである。もっとも、実際にこの武器を使用した兵は、うまく撃つために相当な努力をしたはずだ。

　通常は自前の武器をもたない都市部の民兵には、たいてい滑腔式マスケット銃が支給されていたが、ときとしてそれは、正規軍の兵が所持していたものと比べると長年の使用で質の落ちたものだった。個人でライフル銃を所有していた辺境の開拓者や志願兵は、マスケット銃だけで武装した民兵に対してはるかに有利だっただろう。ライフル銃は滑腔式マスケット銃と比べて相当に高価だったので、ほぼまちがいなく個人で所有していたものであり、持ち主は十中八九その使い方も知っていたにちがいない。

　個人で滑腔式マスケット銃を所有していた男たちのなかにも、武器自体の制約を考えれば、かなり射撃の腕が立つ者がいた。通常のマスケット銃でもパッチ弾装填方式なら、弾に回転をかけるためのライフリングがなくても命中精度を高めることが可能だったので、入植者の多くは狩りで正確に撃つためにパッチ弾を使っていた。しかしながら、狩りでは再装填するときのスピードはあまり重要ではないが、軍事目的では発射できる数、すなわちすばやく装填することは生死にかかわる問題である。

左　フレンチ・インディアン戦争の戦士はほとんどがマスケット銃で武装していたが、それよりも命中精度の高いライフルをもっていた者もいた。（Culpepper Minutemen UK）

上　ケベックでのモンゴメリー将軍の死（ジョン・トランブルの絵をもとにした版画、W・ケターリナス作、1808年）。左下にいる偵察兵と散兵が、房のついたバックスキンの服装をしていながら、銃剣つきのマスケット銃を手にしているところが興味深い。（NA）

大規模な作戦行動で敵の主軍と交戦するときには、多くのレンジャー中隊が敵の動きを偵察、追跡、監視、報告する任務にあたった。彼らはまた有能な散兵としての役割も果たした。小規模な待ち伏せ攻撃や擾乱戦術を用い、姿を隠したまま、あるいは敵軍のマスケット銃による一斉射撃のとどかない距離から、命中精度の高い武器で狙い撃ちして敵の命を奪ったのである。戦いに向けられた彼らの闘志は、緋色の軍服をまとった正規軍の同志となんら変わりはなかった。ただ暗褐色のめだたない服装を好んで身につけ、生き残れるチャンスを大きく高めるような方法を用いたのである。

攻撃目標を選んで狙い撃つ

　実際に狙撃とみなされる戦術が出現したのは、おそらくアメリカ独立戦争のときだろう。有能な射手が敵の重要な攻撃目標を故意に選び出し、的確に弾丸を命中させる。そのあいだ彼の姿は見えないか、あるいは敵が報復することがむずかしい距離にいる。おそらく当時は、「狙撃」という言葉がまだ用いられていなかったと思われるが、一説には、この言葉は1770年ごろ、撃つことが非常にむずかしいタシギ（スナイプ）という鳥をしとめたインド駐留イギリス兵が考え出した言葉だといわれて

第1章　マスケット銃からライフル銃へ、射手から狙撃手へ

上　「ケンタッキー」・ロング・ライフルの複製品。独立戦争時にアメリカの射手が用いた。(Davide Pedersoliの好意による)

いる。しかしながら、イギリスのイーストアングリア地方では、これはたんに隠れた場所から撃つという意味をもつその土地の言葉で、野鳥を撃つ銃が発明されたころからずっと用いられているともいわれている。

狙撃とよぶかどうかはともかく、フレンチ・インディアン戦争では民兵に現代の狙撃手のさまざまな技能がとりいれられたのにくわえて、アメリカ独立戦争ではそうした資質とやる気をかねそなえた人々が評価されるようになって、軍隊に正式な部隊が発足した。

戦争が始まって早々に、第2次大陸会議は、大陸軍（アメリカ植民地軍）の一部として総勢1000名弱からなるいくつかのライフル中隊の結成を許可した。彼らの主要任務は、命中精度の高い長距離射程ライフルを用いて敵歩兵隊を擾乱し、相手の士気をくじくことだった。ライフル銃兵は敵に物理的な損害を与えるだけではない。遠距離射撃は一般イギリス軍兵士の自信をも失わせる。アメリカ軍はそれを十分に理解していた。そして、依然としてマスケット銃に頼っていたイギリス軍の上層部がライフルの破壊的な威力に気づいていることも、見抜いていたのであ

る。

ウィリアム・トンプソン大佐率いるライフル大隊は12個の中隊で構成されていた。兵はハンターかつ射撃の名手ぞろいで、ペンシルヴェニア、メリーランド、ヴァージニアなど地方からひき抜かれた経験豊かな開拓者だった。さらに彼らを引き立てていたのは、全員がペンシルヴェニア・ライフル、またの名をケンタッキー・ライフルという、まちがいなく当時最高の火器で武装していたことである。

下　「狙撃」（スナイピング）という言葉は、小型で動きのすばやい鳥、タシギ（スナイプ）撃ちに由来するといわれている。(LoC)

フリントロック式「前装銃」の装填と「フォロースルー」の重要性

　ファーガソン・ライフルなどのまれな例外を除けば、18世紀の軍用火器はすべて前装式だった。滑腔式も施条式もこれにあてはまる。つまり、銃身の銃口側から装填しなければならないということだ。当時、通常の歩兵中隊は滑腔式マスケット銃を支給されていた。

　一般にこうした銃は、鉛の球弾と黒色火薬をつつんだ「紙製カートリッジ」を使用していた。滑腔銃に弾をつめるためには、フリントロックが作動する部分（撃鉄(ハンマー)）を「ハーフコック」つまり半分引いた状態にしておく。そうすれば、装填中に誤って引き金(トリガー)に触れても爆発しない。次に紙製カートリッジの端を嚙み切って、火薬を少しだけ火皿に盛り、打ち金を引いて火薬を火皿に固定する。それから残りの火薬を銃口から注ぎこんで、そのうえにきつくない程度の大きさの鉛弾を落とす。空の紙製カートリッジは銃口から入れ、朔杖(さくじょう)という弾薬を押しこめるための棒を用いて、弾と火薬を銃身のいちばん下（銃尾）まで押しこむ。このとき紙は弾と発射火薬を適切な場所にとどめておく押さえの役割を果たす。ここまで終えたら朔杖は銃身の下にもどす。そしてマスケット銃を撃つときがきたら、撃鉄を完全に引き起こし、引き金を引く。

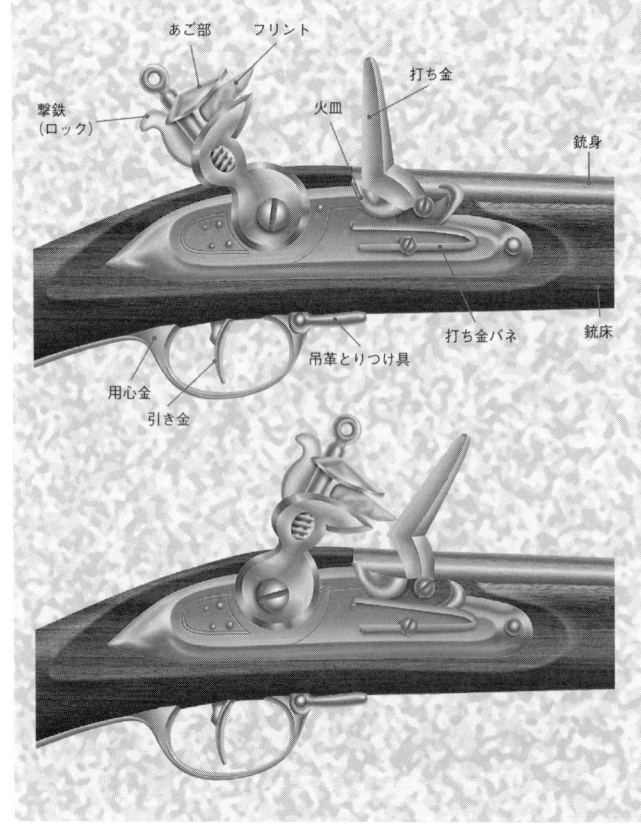

左　装填されて撃鉄を起こした状態（上）と発射時のフリントロックのメカニズム。フリントが打ち金の網目状の表面をたたくと、火皿の蓋が開き、火花が火皿に移って起爆剤となる火薬に火がつく。その火が点火孔を通って、マスケット銃の銃身にあるメインの火薬に点火する。

第1章　マスケット銃からライフル銃へ、射手から狙撃手へ

左　イギリス軍擲弾兵がブラウン・ベス・マスケット銃の火皿に起爆剤となる火薬を投入する。(Richard Clark)

下　軍用マスケット銃を装填するには、紙製カートリッジの端を噛み切って、火薬を注ぎ、弾薬をつめこむ。(Richard Clark)

　フリントロック式では、引き金が引かれてから弾が銃身を出て行くまでのあいだに、いくつかの特徴的な段階をへる。まず引き金を引くと、「あご」の部分に小さなフリントのついたバネしかけの撃鉄がゆるむ。撃鉄が落ちるとそこについているフリントが鋼鉄製の打ち金をたたき、火花を飛びちらすと同時に打ち金を前方へと押し倒すため、火皿がむき出しになってそこに入れてあった少量の火薬に火がつく。「火」は銃身にある小さな「点火孔」を通ってメインの火薬に点火、弾を銃口へ向けて押し出すのである。こうして説明すると長たらしいプロセスのように聞こえるが、事実、引き金を引いてから弾が発射されるまでの時間が現代の火器と比較するとかなり長いため、発砲するときにあることをしなければならなくなった。つまり「フォロースルー」を行なうのである。これは、引き金を引いてから1秒ほどのあいだ、狙った方向に銃を向けたままの姿勢をとるテクニックで、まちがいなく弾が銃口を出て飛んでいったことを確認するためのものだ。歩兵隊がたがいに滑腔式マスケット銃で一斉射撃を行なっているときにはさして重要ではないが、ライフル銃を用いて単独で特定の標的を狙うときには、命中精度というものはきわめて重要である。フォロースルーはしっかりと頭に入れておくべきことなので、高速武器を使用している現在でも、射撃の重要な要素として教えられている。

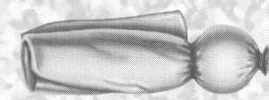

上　滑腔式マスケット銃に装填するための火薬と弾がつつんである典型的な紙製カートリッジ。

27

ペンシルヴェニア・ロング・ライフル

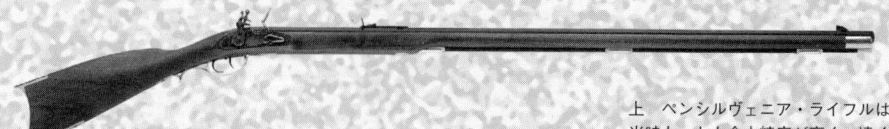

上 ペンシルヴェニア・ライフルは当時もっとも命中精度が高く、遠くまでとどく小火器だった。(Davide Pedersoliの好意による)

　この軽量でほっそりと長く美しいフリントロック式ライフルは18世紀初頭にペンシルヴェニア州ランカスター郡で生まれた。おそらく、スイス人の銃工マルティン・メイリンが開発したものが、地元の多くの銃器メーカー工場で生産されるようになったものと思われる。

　それぞれの銃工が自分らしいデザイン要素や特徴をつけくわえてはいたが、典型的なペンシルヴェニア・ライフルの重量は3〜4キロ、全長は58〜62インチ（約147〜157センチ）である。かくして「ロング」・ライフルとよばれる。ライフリングされた銃身は46インチ（約116センチ）かそれより長く、ライフリングはたいてい銃身の長さいっぱいで一周するくらいの転度である。銃身が長いので、ほかの小火器と比べてフロントサイトとリアサイトのあいだが離れており、それが命中精度の向上につながっている。

　民間利用でも軍事利用でも、このライフルは1日中かつがれていることが一般的だったので、かなりの軽量化がはかられている。平均的には.45口径だが、.40から.50まであり、命中精度を高めるために弾薬にはつねにパッチ弾が用いられていた。そのため、蝶番のついた蓋、または真鍮製の引き蓋のついた小さなパッチ箱が銃床のわきにはめこまれていて、そこに油を染ませた布製のパッチを入れて持ち運びできるようになっている。ときにペンシルヴェニア・ライフルはケンタッキー・ライフルとよばれる。作られた場所のことではなく、1812年戦争のニューオーリンズの戦いで、ケンタッキー連隊がこの銃ですばらしい成果を上げたことに由来している。敵はもちろんイギリス軍だ。

　独立戦争で使用された初期のモデルは、カエデ材の銃床からロックのネジにいたるまですべて手づくりだったので、個々のライフルはほんの少しずつ異なっていた。こうしたライフルは当時の科学技術の最高傑作だったため、入植者にとってはかなり高価な買い物だった。けれども、自分の命を守り、家族に食べ物を与えるために、小火器に投資せずして何になるというのだろう。なるほど、所有者が細心の注意をはらってていねいにライフルを扱ったのもうなずける。

　ライフルを正確に撃つ秘訣は、今も昔のペンシルヴェニア・ライフルも同じで、正しく装填するということにつきる。腕の立つ射手は自分のライフルに最適な火薬の量を見つけ出し、いつも同じ分量が投入できるように計量した。できるだけ着実に点火させ、なおかつ点火孔をつまらせないために、1回分の火薬のなかから細かいものをふるい分けて、火皿用として使うこともあった。また、弾の直径と重さも一定になるように、ライフルとともに弾の型枠も支給されていた。

第1章　マスケット銃からライフル銃へ、射手から狙撃手へ

「零点」とする距離を決めたら、射手は風のない穏やかな日に、水平方向のちょうど中央に着弾するよう、リアサイトでウィンデージの調整を行なう。これは銃身の上にあるドブテイル・スロットにとりつけられたリアサイトを軽くたたいて行なうもので、ドリフティングともいう。零距離へのエレベーションはフロントサイトのブレードをやすりで削って合わせる。いろいろな距離で試すうちに、射手は特定の距離に照準を合わせるには射角をどれくらいとればよいのかを予測できるようになる。

さて、こうしてアメリカ軍の1個連隊全体が非常にすぐれた長距離射程の銃で武装されたことで、イギリス陸軍ははじめて装備で相手に打ち負かされてしまった。そこそこの腕前をもつ射手の手にかかれば、ペンシルヴェニア・ロング・ライフルは、およそ180メートル離れた人間大の標的にいとも簡単に弾丸を命中させることができる。なかにはそれより遠くからでも撃ち抜ける者もいた。射手が正確に距離を計ることができ、適切な射角をとれるとするならば、さらに遠距離から大きい標的を撃つことも可能だった。たとえば、将校集団や歩兵隊列なら約270メートルという具合である。

長距離射程ライフルによる射撃はまた、大きな損害をこうむる可能性のある敵の砲撃に対抗するためにも用いられた。射手が敵の砲兵を狙い撃ちすれば、砲列は沈黙、もしくは破壊力の下がる位置まで後退せざるをえなくなる。ある戦闘では、アメリカのライフル銃兵がイギリス軍の砲兵48名のうち36名を死亡、あるいは負傷させた。こうした軽砲兵隊と狙撃手との対決は、アメリカ独立戦争から第2次世界大戦までの1世紀半のあいだに何度もくりかえされることになる。

意図的に将校を狙い撃つことは、反乱軍の射手のあいだではよく用いられる策略だったが、イギリス軍は「将校狙い」という考え方に眉をひそめていた。したがって、長距離射

左　18世紀終わりごろのイギリス軍歩兵は、射程と命中精度の両方でライフルにおとる滑腔式マスケット銃ブラウン・ベスで武装していた。しかしながら、彼らはしばしば銃剣と短剣をもそなえており、至近距離ではそれが威力を発揮した。

上　通常のアメリカ軍歩兵もたいていはイギリス軍歩兵と同じ状況だった。マスケット銃と銃剣である。

撃で将校ばかりが倒れはじめて、いよいよこれは自分たちが標的にされているということが確実になったときには、ある程度の階級についていた者はみなつくづく不愉快に思ったことだろう。1781年に起きたカウペンズの戦いで、イギリス軍が進軍してくるのを見たモーガン将軍は、アメリカ軍を守るライフル銃兵に命じた。「肩章を狙え」。これはあきらかに将校から撃てという命令であり、今日にいたるまで狙撃手が好んで用いてきた戦略でもある。戦いが終わったとき、イギリス軍の死者はおよそ100人だった。そのうち39名が将校だったことは、死者数が大きく偏っていることを示している。教練、規律、決められたとおりの作戦行動で動く軍隊では、将校や下士官のあいだにこれほどの死者が出てしまっては、もはや立ちいかない。

小火器と弾道に詳しいことで有名だったイギリス軍将校ジョージ・ハンガー少佐は、自分と同僚の将校が、360メートル以上離れていると思われる場所からアメリカ軍の射手に攻撃されたことに愕然とした。ライフル弾はふたりのあいだを通り抜けて、すぐ後ろにいたラッパ手の馬を倒したのだ。射手が次に狙うのは誰か。ふたりは賢明にも撤退を決めた。

不幸なことに、サイモン・フレーザー将軍は同じ道をたどらず、このうえない犠牲をはらうことになる。フレーザーは、1777年に起こったサラトガの二度目の戦いでイギリス

第1章 マスケット銃からライフル銃へ、射手から狙撃手へ

軍の指揮をとっていたときに、アメリカ軍最高司令部からじかに攻撃目標に定められた。この戦いでどちらの軍からも一目置かれていたフレーザーは、会戦当日の10月7日も立派な葦毛の馬にまたがって兵士たちから派手に喝采を浴びていたので、簡単に見分けることができた。彼の存在がイギリス軍を奮い立たせていることは明らかだった。そこで、可能ならばフレーザーを撃てという命令がダニエル・モーガン率いるライフル中隊にくだされたのである。その任務は、中隊のなかでもとくに腕の立つ射手のひとり、ペンシルヴェニア出身の若いティモシー・マーフィーに与えられた。フレンチ・インディアン戦争以降、射手は常日頃から将校を狙い撃ちすることになっていたが、上層部が名の知られた敵軍の要人を撃てと命じたのはこれがはじめてだろう。

マーフィーは標的がよく見えるように、あるいはおそらく長距離射撃の射角がとりやすいように、木がふたまたに分かれているところに登ったといわれている。1発目は将軍の馬の鞍にあたった。2発目はフレー

下 1775年4月19日、レキシントンの戦い。当時のようすが描かれている。かなり近い距離からではあるが、木々のあいだにいるアメリカの「射手」がイギリス軍擲弾兵を倒している。手前の負傷しているイギリス人将校に注目。(LoC)

ダニエル・モーガンと射撃のスペシャリストたち

　1775年に議会が大陸軍を結成したとき、さまざまな植民地出身の100人のライフル銃兵からなる中隊を10個編成するために志願兵が募集された。ダニエル・モーガンは、ヴァージニア出身の射手で構成されたふたつの中隊のうちのひとつをまかされた。兵のほとんどは非常に命中精度の高いペンシルヴェニア・ライフルをもっていた。最初の戦闘となったボストンの包囲戦で、敵のイギリス兵や英国派ロイヤリストの守備陣にたいへんな打撃を与えたことから、彼らは「モーガンの射撃隊」という名前でよばれるようになった。

　言い伝えによれば、モーガンの射撃隊員になるためには、100歩離れた場所から1発で、実物大の国王ジョージの頭型を打ち抜かければならなかったという。それについては議論の余地があるだろうが、ともかく可能なかぎり、モーガンの兵は将校や下士官、砲兵など「戦略的に」重要な人物に狙いを定めるよう指示されていた。「下っ端」に目を向けるのはそのあとである。モーガンの射撃隊員はまたカナダ侵略でも任務にあたったが、こちらは失敗に終わった。ケベックの戦いでアメリカ軍司令官のモンゴメリー将軍が戦死したあと、イギリス軍は残りの侵略軍をとり囲んで、モーガンと部下の兵士数人を捕虜にした。発足時のモーガンの射撃隊はここで終わったといえるだろう。しかし、モーガンその人はすぐにイギリスとの捕虜交換で戦場へとまいもどった。1777年のはじめごろ、彼はふたたび大陸軍に合流し、おもに自分の出身地ヴァージニアからきた500人のライフル銃兵軍団の指揮官となった。戦争のあいだ、ライフル銃兵は終始、軽歩兵や散兵として数多くの戦闘に参加した。なかでもフリーマンズ・ファームの戦いでは、迫りくるイギリス軍軽歩兵隊の将校をひとり残らず撃ち抜いて敵を退却させた。またサラトガの二度目の会戦において、モーガンが射手ティモシー・マーフィーにフレーザー将軍の射殺を命じたことはよく知られている。この事件がきっかけとなって、バーゴイン将軍は退却、ついには降伏することとなり、イギリスにと

第1章 マスケット銃からライフル銃へ、射手から狙撃手へ

っては大きな痛手となった。アメリカ軍にとってはおおいに士気を高める大成功である。1779年、昇進を見送られたモーガンは退役したが、その1年後に説得されて、ふたたび軽歩兵を指揮する准将として陸軍に復帰する。1781年、サウスカロライナ州カウペンズでは、命令を無視した彼がイギリス陸軍との直接対決でみごとな勝利をおさめた。イギリス陸軍を指揮していたのはバナスター・タールトン大佐で、倒した敵を「無慈悲」に扱うことで名高い指揮官だった（この批判には賛否両論ある）。モーガンは、撃っては逃げるという単純ではあるけれどもみごとな戦術を用いて、イギリスの軍勢を前方にいる多勢の市民軍のほうへと押しやり、側面には別の部隊が猛攻撃をしかけた。1000人を超えるタールトンの兵はほぼすべてが殺されるか、捕虜になった。

左ページ　サラトガにおけるバーゴイン将軍の降伏。ジョン・トランブル画。手前右に、明るい色の開拓者らしい服装をしたダニエル・モーガンが見える。（NA）

上　アロンゾ・チャッペルの絵をもとにしたダニエル・モーガンの版画。ふさのついた軍服の色は明るい。（NA）

左　バナスター・タールトン大佐。ジョシュア・レイノルズ画。1782年ごろ。1781年、サウスカロライナ州カウペンズで、タールトンのイギリス陸軍はダニエル・モーガンの正規非正規混成軍に完敗した。（NA）

ザーの目の前にいた馬の首をかすめた。フレーザーが意図的に狙われていることはもうイギリス軍の目にも明らかだった。しかし彼は任務だからと、かたくなに撤退をこばんだ。そうこうしているうちにマーフィーは、今度はきっちりと照準を合わせて3発目でフレーザーに致命傷を与え、さらに4発目で将軍の副官フランシス・クラークを撃ち落とした。

マーフィーが使っていたのは、上下に銃身がふたつ重なったペンシルヴェニア・ライフルの2連発銃だった。標的が馬にまたがり動いていたかもしれないのに、2発目と4発目をこれほどまで正確に撃つことができた理由は連発式だったからだろう。ライフルに装弾するには時間がかかる。そのため、射手が1発目をはずしても、2発目のためにすぐに照準を合わせなおすことができる2連発は有利だった。いずれにしても確かなことは、270メートルを超える距離から命中させるとは、マーフィーがすばらしい射撃技の持ち主だったということである。

アメリカ軍射手の手にかけられたのは将校だけではない。ボストン包囲戦では、数多くの一般兵士や水兵が周囲の丘からの乱射に倒れた。ジョージ国王に宛てた手紙のなかで、イギリスのハウ将軍はペンシルヴェニア・ライフルを「反乱軍のおそろしい銃」とよんでいる。

イギリス軍はまもなく自軍のライフル銃兵を集めはじめた。各連隊10個中隊のうちのひとつを「軽中隊」あるいは散兵隊として訓練し、必要な装備を与え、さらにこのときもまたレンジャー部隊で補った。たとえば、おもに英国派ロイヤリストから集められたクイーンズ・レンジャーズ、あるいはイギリス正規軍から召集したフレーザーの精鋭射手中隊などがそれにあたる。

こうしたレンジャー部隊は、散兵隊や射撃部隊としての役割もかねるはずだったが、ライフル所有者がほんのわずかしかいなかった。そこで、イギリスのために戦うライフル銃兵となったのがヘッセン(ドイツ)人の傭兵で、なかには熟練したイェーガー、すなわち猟兵もいた。彼らは

下 モーガン・ライフル隊のライフル銃兵。1775年ごろ。ペンシルヴェニア様式のライフル、先住民族ふうの服装、顔に絵の具もつけている。(Military & Historical Image Bank. Don Troiani)

第1章 マスケット銃からライフル銃へ、射手から狙撃手へ

上 ヘッセン・カッセルのイェーガー。1776年ごろ。イギリス陸軍が雇い入れたドイツ諸国出身の森林戦を専門とするライフル銃兵。(Military & Historical Image Bank. Don Troiani)

中央ヨーロッパのうっそうとした森のなかで狩りに使う比較的短いライフル銃をもっていた。そうした武器は一般に命中精度が高いと考えられているが、大口径で短銃身、そしてフロントとリアサイトの距離である照準ベースが短いことから、ペンシルヴェニア・ライフルと比べると射程がかぎられていた。たしかにペンシルヴェニア・ライフルをたずさえたアメリカの射手を相手にしたときはいつも、イェーガー側の結果は芳しくなかったようである。

このようにイェーガー・ライフルには欠点もあったのだが、イギリス軍の新しい射撃部隊を武装することを目的に、この狩猟用の銃をもとにした武器が1000挺も発注された。パターン1776ライフルとして知られるその銃は、銃身が30.5インチ(約77.5センチ)、.62口径で、銃工ウィリアム・グライスの設計である。グライスのほか、イギリスのバーミンガムにあるメーカー、マシアス・バーカー、ギャルトン&サンズ、ベンジャミン・ウィレッツで800挺が製作された。くわえて、ドイツのハノーファーからも200挺のイェーガー・ライフルがとり寄せられた。

おそらく、独立戦争におけるイギリス軍きってのライフル銃兵はパトリック・ファーガソン大尉ではない

だろうか。彼は、第一級の射撃の腕をもち、斬新な後装式(ブリーチローディング)のファーガソン・ライフルを発明した人物である。このライフルは、フランス人ショーメットのネジでねじこむ元込め方式をもとにしたもので、毎分4〜6発の弾を正確に発射することが可能だった。

高速射撃ができるこの武器の実演を見た国王ジョージ3世は、ファーガソンを将校に任命して、全員がこの革命的な後装式ライフルで武装する100名からなる散兵軍団を編成するよう命じた。ファーガソンはどうやらこのときのライフルを自己資金で調達したようである。そしてできるかぎり腕の立つ射手を慎重に選んだことはまちがいない。のちのライフル銃兵同様、彼らも緑色の軍服を着ていた。

ファーガソンは、彼のライフルで、およそ180メートル離れた目標をくりかえし撃つことが可能であることをみずから実証してみせた。調整可能な後部のリーフサイトには100から500ヤード（約91〜457メートル）までの目盛りがつけられていた。それにもかかわらず、彼は1発も撃たなかったことで、戦争の流れを変え、歴史を変える絶好のチャンスを

フレーザーの精鋭射手中隊

イギリス軍ではとくに独立戦争開始直後、アメリカの急襲部隊による「一撃離脱」攻撃に対抗する試みがいくつか行なわれた。フレンチ・インディアン戦争を経験したベテランで、サラトガの戦いでティモシー・マーフィーに射殺されたサイモン・フレーザー将軍の甥にあたるアレクサンダー・フレーザー大尉その人も、軽歩兵隊としてライフル銃兵を活用することに長けていた。1776年、彼はカナダに駐屯していた連隊から腕のよい射手を選びぬいて、精鋭の散兵中隊を編成した。フレーザーの精鋭射手中隊、あるいはイギリス軍レンジャー部隊として知られるこの部隊は、フレーザーみずからがひとりひとり選びぬいた男たちで、ライフル銃かマスケット銃で武装していた。おそらくライフルはケベックの兵器庫で獲得したものだろう。あるいは、アメリカに到着した初のイギリス製ライフルも混ざっていたかもしれない。

イギリスと同盟を結んでいた先住民族のイロコイ族と密接に協力することで、フレーザー中隊は部族戦士の森林知識と散兵スキルを組みあわせた。そのうえ、敵の「正規」軍に対する近距離からの一斉射撃になり代わるものとして、しっかりとした訓練による長距離射撃の能力をも身につけた。戦争の初めから終わりまで彼らは勇敢に戦い、大きな成功をおさめたが、大惨事となったバーゴイン将軍のサラトガの戦いで多くの犠牲者を出し、1778年以降しばらくたって、フレーザー中隊の残りの隊員はほかの軽歩兵部隊に吸収された。

第1章　マスケット銃からライフル銃へ、射手から狙撃手へ

上　イェーガーのライフルは、アメリカ軍のペンシルヴェニア・ライフルと比べてめだって短く、たいていの場合は口径が大きかったが、どちらのライフルもその起源はドイツとスイスにある。（Davide Pedersoliの好意による）

逃してしまう。この有名な話は、ファーガソンのライフル銃兵隊にとって初戦となるブランディーワインの戦いより前のことだった。イギリス主軍の進撃より前方で散兵の任務にあたっていたとき、ファーガソンと3人の部下は馬に乗ったふたりの将校を見かけた。のちの説明によれば、ふたりは、黄色と青の大陸軍の服を着たアメリカ人とフランス人軽騎兵だったという。ファーガソンは部下が撃とうとするのを止めた。そして自分自身もそのような正々堂々としていない状況で撃とうとはしなかった。もっともその気になれば、駆け足で走り去っていく将校の背中に楽に6発は打ちこめたはずだという。

不幸にも、ファーガソンはその数日後の戦闘で負傷した。右ひじを痛めて病院にいたとき、彼は自分が逃したあのアメリカ人将校がほぼまちがいなく大陸軍司令官ジョージ・ワシントンその人だったことを知った。ブランディーワインにはフランスの騎兵隊はいなかったことから、「フランス人」軽騎兵の身元はいまだに謎につつまれたままだが、ワシントンの副官でポーランド人の騎兵将校プラスキだったのではないだろうか。

ファーガソンの負傷後、彼のライフル軍団は解隊されたが、ファーガソン本人は軽歩兵隊や英国派ロイヤリストの民兵隊を指揮して戦争で本分をつくし、1780年にキングズ・マウンテンで戦死した。

背を向けて走り去るワシントンを撃つことを拒否したファーガソンの行動は、職業軍人のあいだに騎士道が残っていたことを示す一例である。独立戦争時には、これが下士官兵にまで浸透していた。状況は変わりつつあった。しかし、今なお、多くのふつうの兵士が狙撃手に対して微妙な感情をいだく理由は、敵と正面から向かいあい、敵方向全体への秩序だったマスケット銃一斉射撃で闘い抜くという「高潔な」姿勢を信条としていた、この古くからの軍の伝統にあるのだろう。敵の集団に向けて発砲し、相手もまた同じことをするとき、そこには運という要素が含まれる。弾にあたるかあたらないかは、おもに「戦争の運」だった。ところが今や、兵士は、姿を隠したライフル銃兵、あるいは報復することが不可能なほど離れた場所にいるライフル銃兵に撃たれるかもしれない。一般の兵士にとってそれはおそろしいことであり、またいらだたしいことでもある。捕らえられたライフル銃

37

クイーンズ・レンジャーズ

上 クイーンズ・レンジャーズのほとんどはブラウン・ベス・マスケット銃だったが、中隊半数はライフルで武装していた。当時のイギリス陸軍にしては非常にめずらしい。
(Culpepper Minutemen UK)

上 クイーンズ・レンジャーズは緑色の上着、革製の帽子、黒い装身具を身に着けていた。
(Culpepper Minutemen UK)

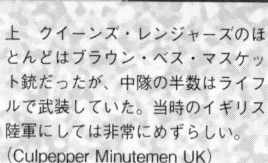

アメリカ独立戦争時、イギリス陸軍はなおも国王を支持していた植民地の住民を集めて多くの連隊を結成することを認めていた。クイーンズ・レンジャーズは国王ジョージ3世の王妃シャーロットに敬意を表して命名された。イギリス陸軍においては、緑色の軍服を着用し、ライフル部隊をかかえた最初の連隊である。当初、緑色が採用されたのは植民地正規軍を赤い上衣のイギリス正規軍と区別するためだったが、戦争が進むと植民地軍が赤へと切り替え、緑色は特殊軽部隊の目印になった。

クイーンズ・レンジャーズは1776年8月にニューヨークではじめて結成された。指揮官はロバート・ロジャース大佐で、フレンチ・インディアン戦争のロジャース・レンジャーズを率いたその人である。クイーンズ・レンジャーズは緑色の上着、羽飾りのついた革製の帽子、黒い装具を身に着けていた。写真にみられるような軽中隊はショート・ランド・パターン・マスケット銃をたずさえていた。異なる羽飾りをつけていた中隊の半数はライフルを携行していたが、おそらくブリティッシュ1776パターンだろう。ロジャースに続いて何人かのイギリス人指揮官が部隊を引き継いだが、1777年になってジョン・グレイヴズ・シムコー少佐の手にゆだねられた。部隊はニューヨーク、サウスカロライナ、ヴァージニアなどさまざまな植民地で戦争が終わるまで戦いつづけ、多くの功績を残したが、1781年の終戦とともにカナダで解隊された。

シムコーはのちに以下のように記している。「(前略)緑色は、暗い色の装身具とともに、ほかの色とは比べものにならないほど軽部隊に適している。春から着ていれば、秋になるころには木の葉のように色あせ、遠くからはほとんど見分けがつかないようになっていた」(M. G. Butterfield、SKG3のグループ歴史学者)

第1章　マスケット銃からライフル銃へ、射手から狙撃手へ

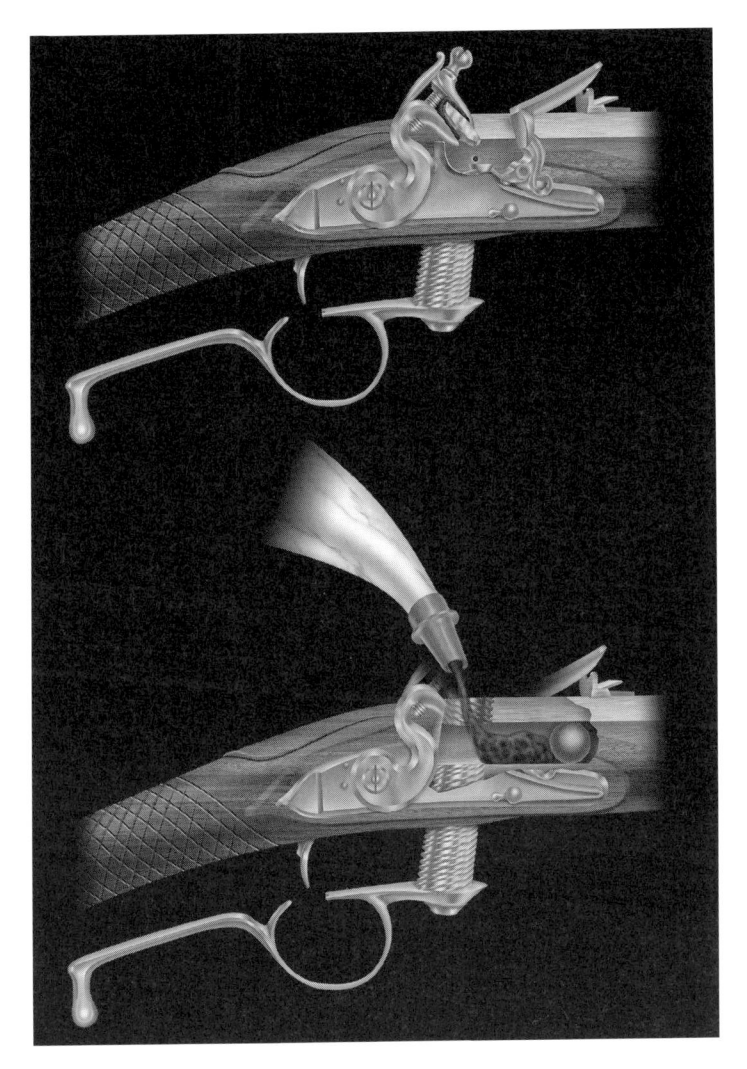

左　ネジでねじこむ元込め方式のファーガソン・ライフル。上図：用心金を1回転させると銃尾が開く。下図：銃尾が開いている状態の内部を示したもの。弾を入れたあとに一定量の火薬を注ぐ。そうしたらふたたび用心金をまわして銃尾を閉め、一般のフリントロック式と同じように撃つ。

兵がひどい扱いを受けたのは、ある意味そのせいだったと解釈できるのかもしれない。

しかしながら、状況によってはライフル銃兵が不利になることもある。とりわけ、よく訓練された多勢の歩兵隊を相手にするときだ。接近してくる正規軍がライフル銃兵の放つ最初の戦火をくぐり抜けてしまえば、そこですみやかに態勢を立てなおして近距離からマスケット銃で一斉射撃、あるいはライフル銃兵に再装填するまを与えず銃剣による突撃を行なってくるかもしれない。きちんと

右　ファーガソンが見つけたとき、ワシントンはフランス人の軽騎兵をつれていたといわれているが、おそらく彼の副官でポーランド人のカジミール・プラスキだろう。H・B・ホールによる版画。(NA)

下　ジョージ・ワシントン、ドーチェスターハイツにて（ギルバート・スチュアート画）。イギリス軍の射手パトリック・ファーガソン大尉が撃つことをこばんで見逃したことで、ワシントンは幸運にも命びろいをした。(LoC)

組織だっているプロの歩兵隊は、射撃と突撃の戦術を用いることで、敵から一度や二度の一斉射撃を受けてもそれに耐えぬいて前進しつづけることが十分可能だった。そうなると、ライフル銃兵には自衛する手だてがあまりない。ペンシルヴェニア・ライフルは民間の武器だったので、銃剣をとりつけられるようにはなっていなかった。ライフル銃兵は携行している斧やナイフで身を守るか、くるりと向きをかえて走って逃げるかのどちらかしかできない。密集した隊形の銃剣突撃がライフル銃兵の列にまでとどいた戦いでは、大量虐殺が起きてもおかしくなかった。

狙撃手としてのライフル銃兵の弱点はもうひとつ、姿を隠して撃ったとしても、発砲する音、火薬が爆発するときの閃光、そしてもちろん立ち上る煙によって、自分の位置がすぐに敵にわかってしまうことだった。見つかれば「煙」の方向全般に一斉射撃で報復されることになりかねない。命中精度の低い軍用滑腔銃でも、木々のあいだの狭い範囲に向けて多くのマスケット弾が打ちこまれれば、隠れている狙撃手はひとたまりもない。弾があたれば、それが正確に狙いを定めたものだったかどうかは、もはや関係がないのだ。

アメリカ独立戦争で射手や散兵が果たした役割は大きかったとはいえ、実際には彼らは反乱軍全体の5％にも満たなかった。最終的にイギリス相手の戦争に勝利したのは、おもにマスケット銃と銃剣を用いて従来どおりの会戦で戦った、大陸軍と組織だった民兵隊の手柄である。

戦争が終わったその瞬間にも、イ

第1章　マスケット銃からライフル銃へ、射手から狙撃手へ

上　カムデンの戦い（1780年）。デカルブの死（アロンゾ・チャッペルの絵をもとにした版画）。アメリカのライフル銃兵が弾をこめなおすあいだは、銃剣突撃や騎兵攻撃を受けやすかった。(NA)

ギリスとアメリカの両政府は、軽歩兵といった特定の役割におけるライフル銃兵の活躍ぶりを忘れてしまったようにみえた。どちらの政府もその後、ほとんど次の世紀に移ろうかというときまで、大規模なライフル部隊を編成しなかったのである。

なおも肩をならべて

18世紀の終わりから19世紀の初めにかけて、おもな戦術と装備はそれまでの100年とそう変わりはなかった。砲兵隊と騎兵隊の支援を受けて、密集した歩兵部隊が肩をならべて立ち、なおも滑腔式マスケット銃と銃剣をたずさえていたのだ。しかしながら、ゆるやかにではあるが、すくなくともイギリスの軍事的見解に変化の兆しはあった。軽部隊の必要性は認識されていたし、1797年には第60歩兵連隊（元第62ロイヤル・アメリカ連隊で、のちにキングズ・ロイヤル・ライフル軍団となる）にライフル大隊が組織された。当時、イギリスはまだフランスと戦争中で、1792年にフランスに対抗するために結ばれたヨーロッパ諸国の第1次対仏大同盟が崩壊してからもなお、武装を解除していないただひとつの同盟国だった。1815年にワーテルローでナポレオンを完全に打ち負かすまで、フランスの脅威はイギリスに重くのしかかっていた。実際、戦時中ほど「必要は発明の母」という言葉がふさわしいときは

次ページ　射手が見つかれば、一斉射撃による報復が待ちかまえている。(Richard Clark)

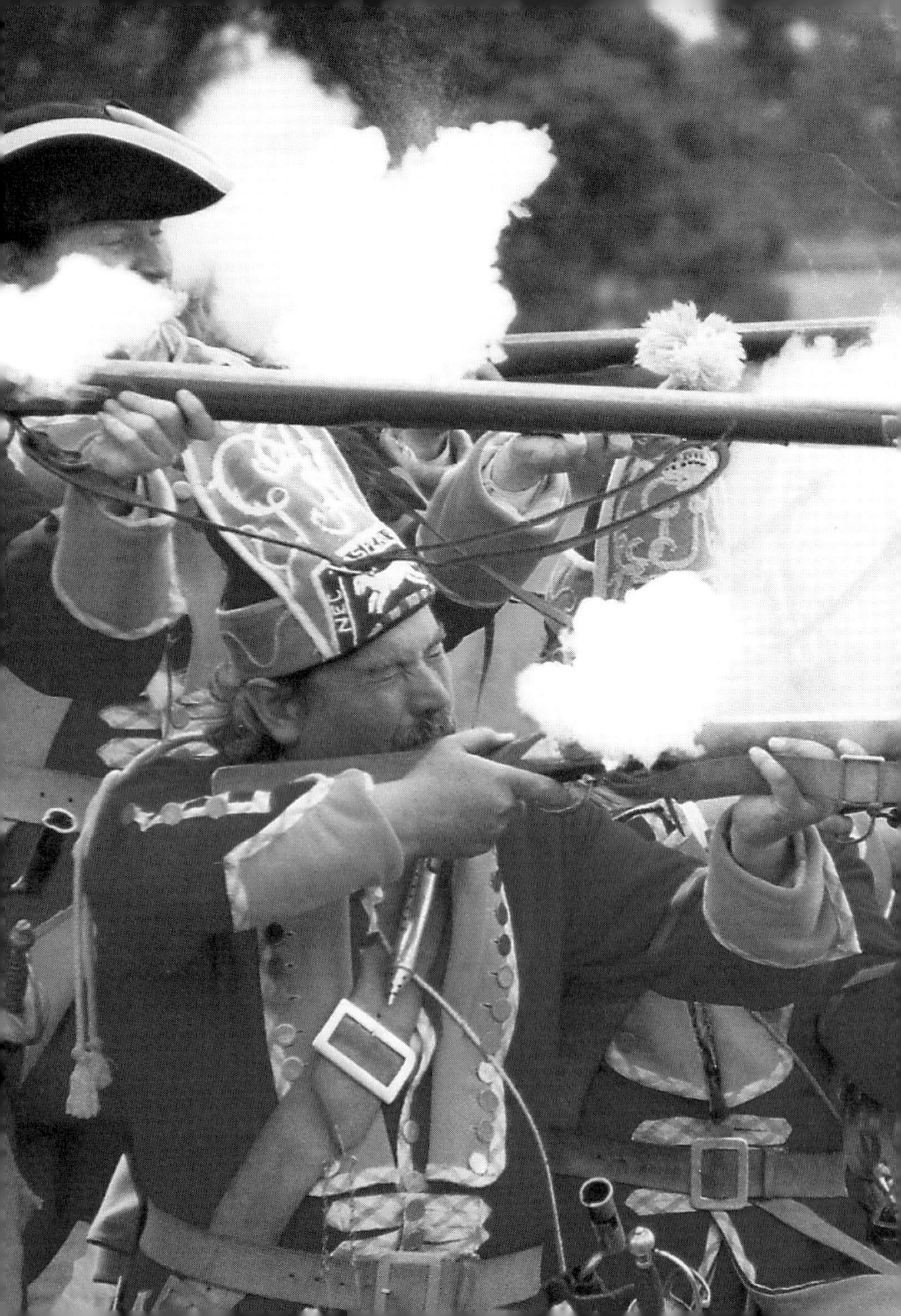

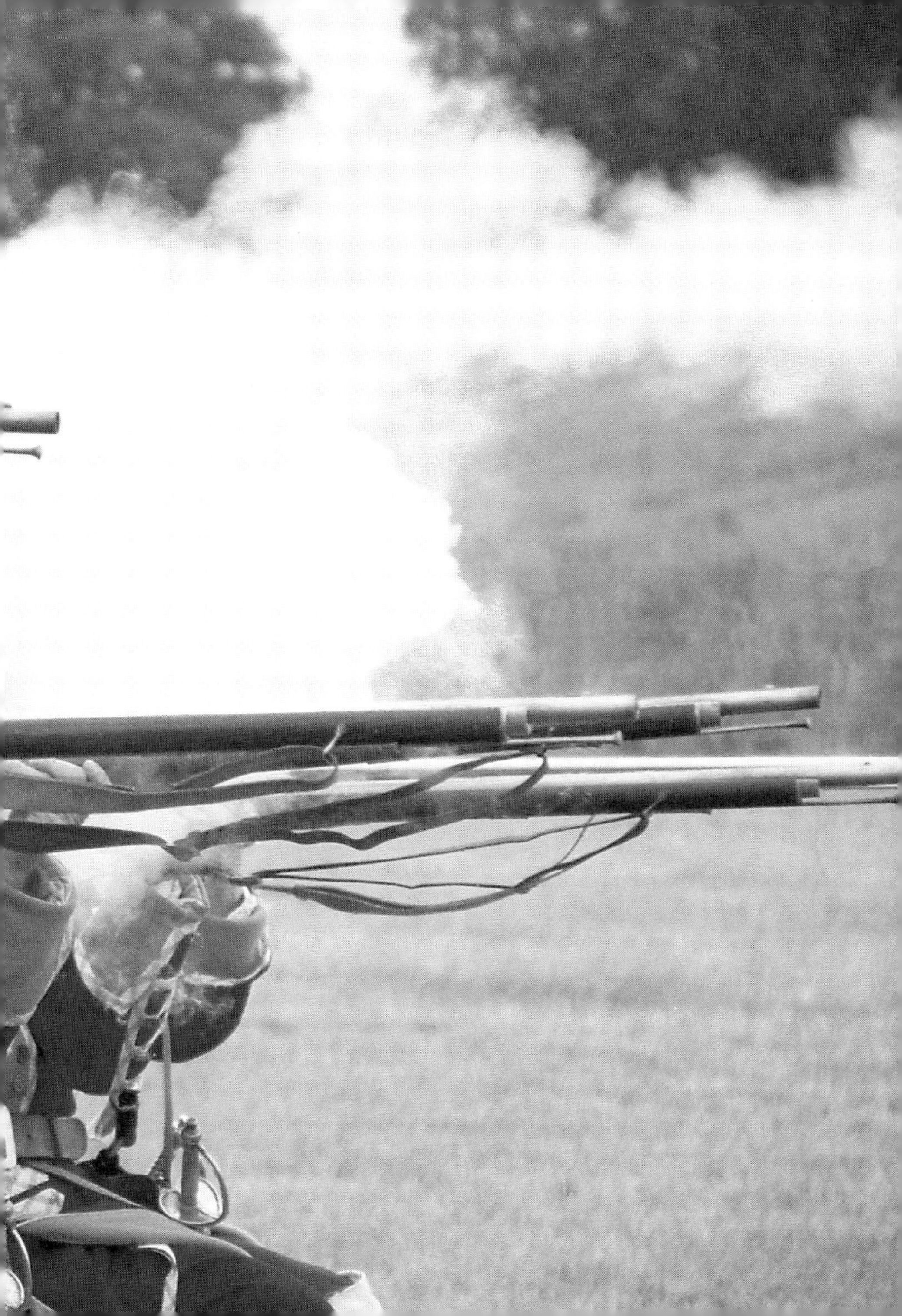

上 1779年10月8日、サヴァナの攻撃。A・I・ケラー画。射手が活躍したのはもちろんだが、独立戦争における最終的な勝利は、この時代のほかの多くの戦争と同じように、訓練を受けた兵によるマスケット銃の一斉射撃、砲撃、銃剣突撃、そして有能な将軍たちの手柄である。(LoC)

右 ナポレオン戦争時、イギリス軍歩兵隊の標準火器はなおもフリントロック式マスケット銃ブラウン・ベスだった。

ない。

　おもにイギリス本土で召集され、新しいライフルで武装するライフル銃兵実験部隊の設立にも認可がおりた。ウリッジ造兵廠で実験が行なわれ、最適な武器として選び出されたのがベーカー・ライフルである。

　そして1800年、実験部隊はクート＝マニンガム将軍が指揮する第95（ライフル）歩兵連隊となる。第95連隊の服装は戦列歩兵連隊の緋色の上着とは違って、のちにイギリス軍ライフル銃兵の特徴的な軍服色となる緑色だった。

　このときもまた彼らの役割は散兵だったが、今度は、アメリカの戦争でイギリス軍が直面したようなライフル銃兵に近いものだった。第95連隊の兵士は散開して戦い、必要があれば自分の意志で動き、隠れ場所を利用することが求められていた。そしてなにより も、彼らは世界中のどんな射撃の名手にも対抗できるほどのライフルスキルを身につけなければならなかった。ライフルのスペシャリスト集団なのだからそんなことは自明の理であるように思われるが、イギリス陸軍ではそのときまで、個々の射撃能力にはあまり重きが置かれていなかったのである。第95ライフル連隊の兵は、適度なライフル射撃能力が求められ、標的射撃の大会でたがいに積極的に競いあうことが奨励された。

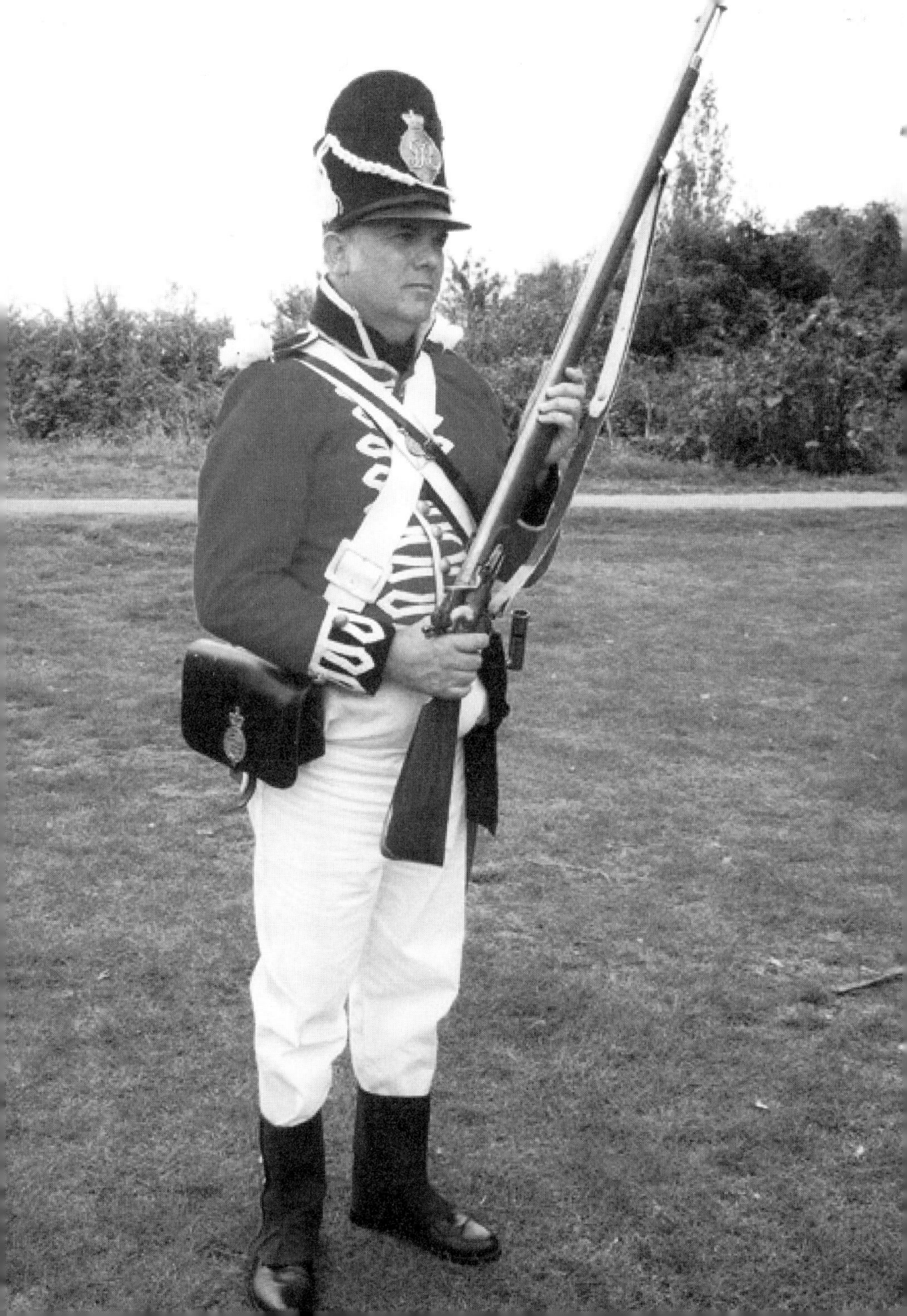

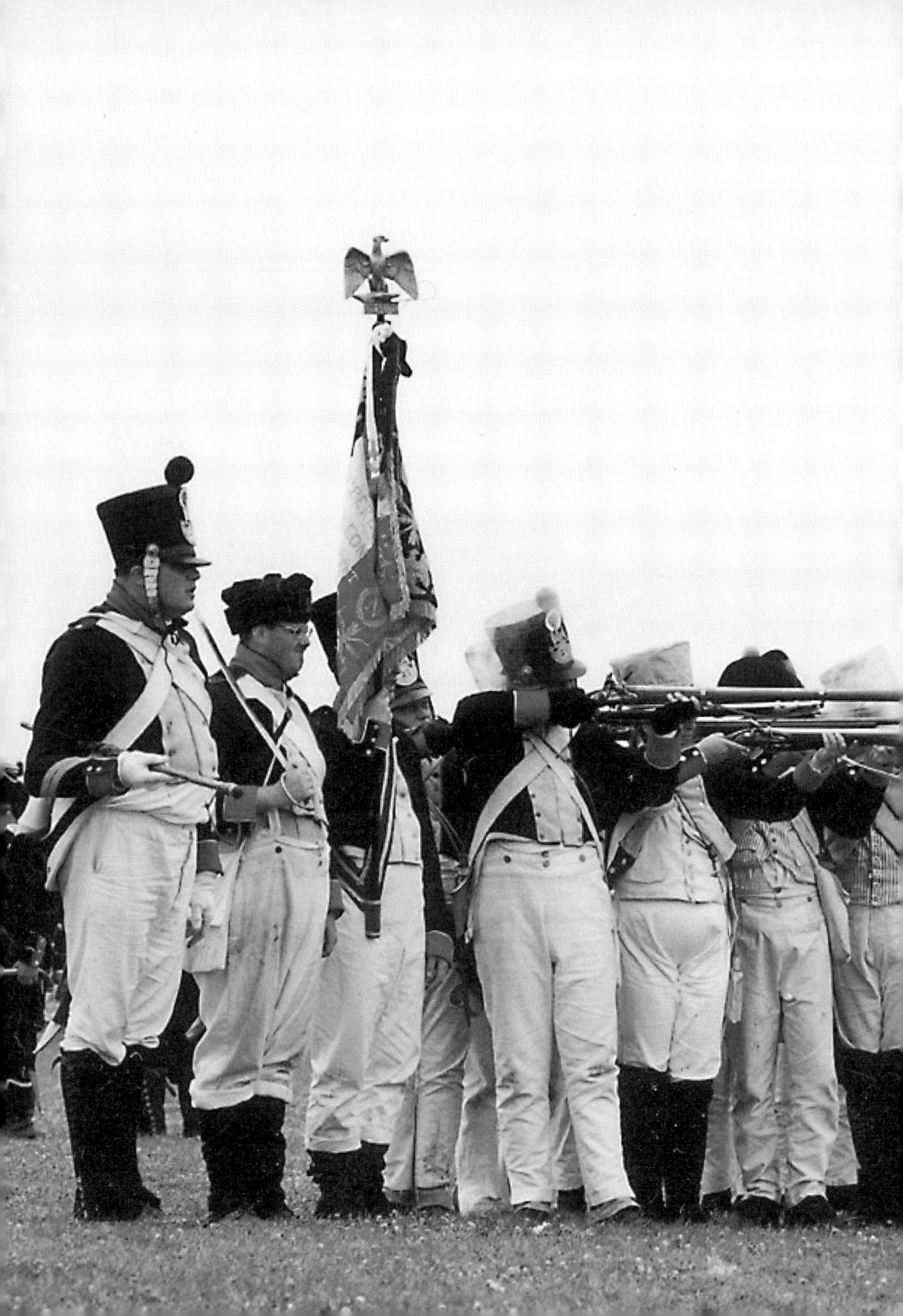

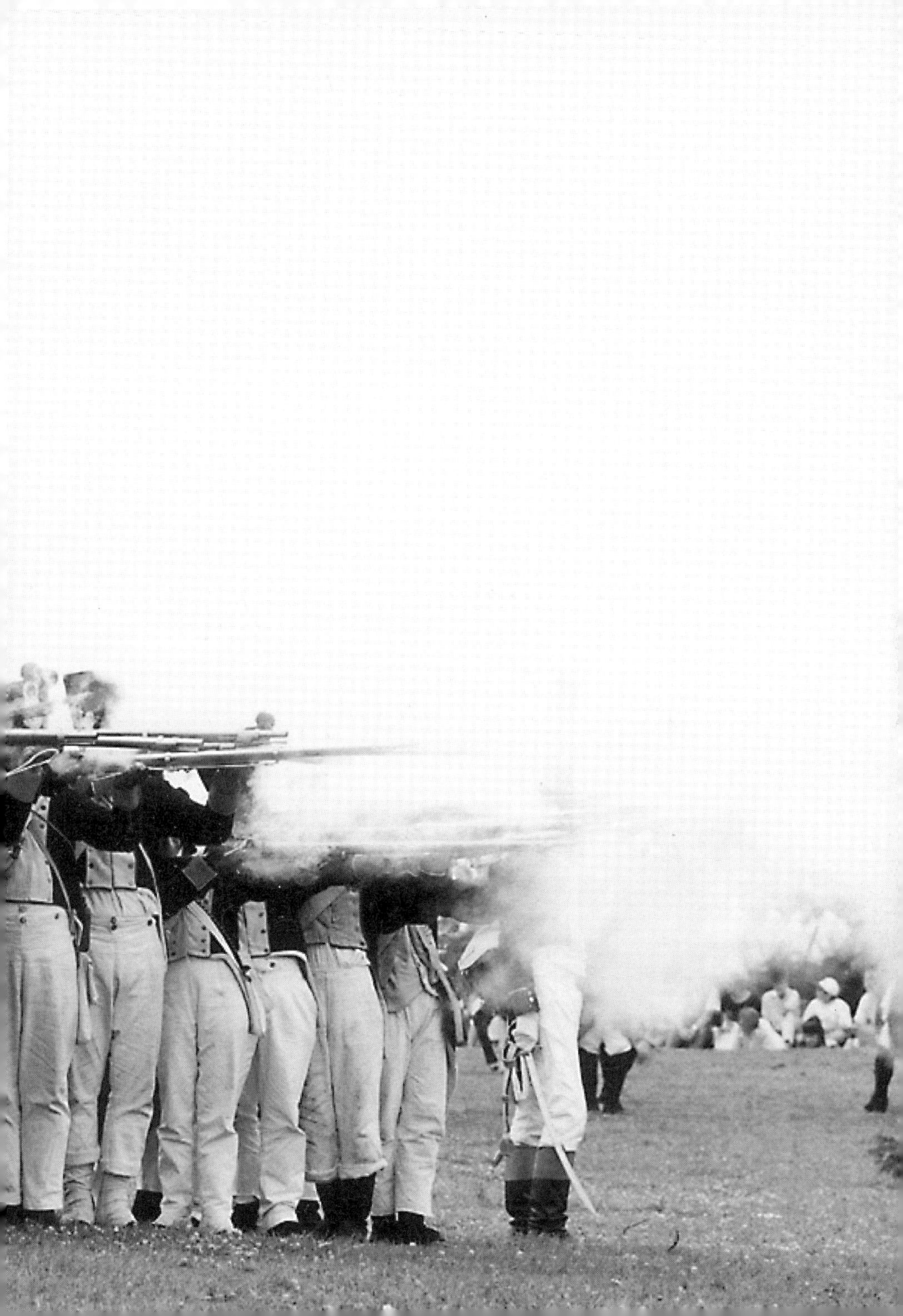

1800年から1850年まで、第95連隊は世界中で多くの戦いに参加した。コペンハーゲンではネルソンの艦隊で海上の狙撃手としても活躍した。しかしなんといっても、ポルトガルとスペインにおける半島戦争（1808〜14年）、そしてワーテルローの戦い（1815年）がよく知られているのではないだろうか。

のちにウェリントン公となったアーサー・ウェルズリー将軍とその軍隊は、1807年と1808年にフランスに侵略された同盟国ポルトガルとスペインを支援するために、イギリスから現地へ派遣された。イベリア半島で起こったこの衝突は半島戦争とよばれるようになるが、しばしば荒れ果てた地形を移動しながら戦ったため、軽歩兵戦術やゲリラ戦にはもってこいの戦場だった。事実、まさにこの場所がゲリラ戦という言葉の生まれた場所である。スペインとポルトガルの非正規軍「guerrilleros（ゲリラ兵）」が、フランス軍の補給縦隊を混乱させ、連絡路を断ち切って、フランスによる支配をむずかしくしたのだった。

この軍事行動が開始されたとき、第95連隊と第60連隊第5大隊は、ライフル銃兵の旅団を編成するためにひとつにまとめられた。軽部隊である彼らは陸軍の先遣隊として、いち早く1808年にポルトガルに上陸した。ライフルで武装した両大隊は軍事作戦最初のいくつかの戦闘をともに戦い、実際にはオビドスで最初の射撃を行なっている。しかしのちに再編され、第60連隊はほかの各旅団に偵察と散兵の軽中隊を提供することになる。

第95連隊にはイギリスから中隊規模の援軍が送られたが、全体として物資がなくなりつつあったイギリス側に有利な状況ではなく、結局退却を強いられ、フランス軍がそれを追撃する形になった。第95連隊は後衛をつとめていたが、その最後の戦闘でライフル銃兵トマス・プランケットが、のちに語り継がれる270メートル級ショットを放った。うつぶせの姿勢から、ナポレオンがひいきにしていた若い指揮官のひとり、オーギュスト・コルベール将軍をしとめたのである。第95連隊はまたコルーニャの戦いにも参加した。指揮官のジョン・ムーアは戦死したが、部隊は味方の軍勢がイギリス行きの船に乗りこむあいだ、2万人ものフランス軍勢を寄せつけないよう力をかした。

1809年の夏までに、第95連隊はふたたびポルトガル、スペイン、オランダでフランス相手に戦った。そして1810年2月、連隊の4個中隊約200名はバルバ・デル・プエルコでアゲダ川の橋を守っていた。すでにいくつか小競りあいが起きていたため、ピーター・オヘア大尉指揮下のライフル中隊は橋を監視していたのである。周辺には兵力3000を超えるフランス軍旅団がおり、それを率いるフェレイ将軍はその橋に夜襲をかけることを決めた。選抜歩兵と擲弾兵あわせて600名のフランス軍勢が橋を渡る襲撃隊として送り出され、さらに1500名が予備隊とし

前ページ　ナポレオン時代をとおして、兵士はなおも肩をならべて戦い、密集隊形で射撃と移動を行なっていた。十字にかけられた白いベルトはライフル銃兵の格好の的となった。

第60歩兵連隊（1830年以降はキングズ・ロイヤル・ライフル軍団に改称）

左　ナポレオン戦争時代、第60連隊第5大隊のライフル銃兵。緑色の軍服に赤の縫いとりが特徴的だった。水筒に部隊を識別するマークがついている。（Richard Clark）

　1755年、フレンチ・インディアン戦争のさなか、ブラドック将軍率いる緋色の軍服のイギリス軍と、偶然にもジョージ・ワシントン大佐が指揮をとっていたヴァージニア民兵隊との混成軍は、はるかに規模の小さいフランス軍と先住民族の襲撃を受けて大きな敗北を喫した。敵はアメリカ北東部の木々の生い茂った森林地帯に最適なゲリラ戦法を用いていた。

　これを受けて1756年、イギリス軍は同じような敵の攻撃から13の植民地を守るために第62（ロイヤル・アメリカ）連隊を創設した。1000人からなる4個大隊で構成されたこの部隊には、おもにアメリカの植民地開拓者とイギリスの志願兵のほか、森林や山岳地帯での戦闘経験が豊富なオーストリア、ドイツ、スイスの兵が含まれていた。1757年には連隊の名称が改められて、第60（ロイヤル・アメリカ）連隊となる。

　連隊の将校のひとり、アンリ・ブーケはスイスの職業軍人で、みずからが指揮する第1大隊を、アメリカ先住民族のなわばりで彼らと対等に戦えるだけの戦力をもつ部隊にすることに着手し、みごとにそれをやりとげた。フレンチ・インディアン戦争を通じて、この大隊は軽歩兵ならびに散兵とよばれていたが、同時に正式な会戦で戦列隊の役目もこなすことができた。第60連隊の各大隊は1759年のケベック、1763年のポンティアック戦争、アメリカ独立戦争ほか、アメリカ以外の国でも任務にあたった。

　1797年、ライフル銃兵だけで構成される第5大隊が、ド・ロッテンバーグ大佐の指揮下に結成された。兵の多くはさまざまな中央ヨーロッパ諸国のイェーガーと、元英国派ロイヤリストのアメリカ入植者ですでにイギリス軍に入隊していたドイツ人である。1800年以降、第5大隊はベーカー・ライフルを装備して、ほかの部隊とは異なる赤い縫いとりのある緑色の上着を着ていた。ナポレオン戦争が初陣だったが、軽歩兵としての任務がすばらしい成功をおさめたため、それまでマスケット銃で武装していた連隊のなかの軽中隊すべてがライフル中隊に変更された。

　まもなくふたつ目のライフル大隊である第6大隊が連隊にくわえられて、ウェリントン公の軍勢とともに半島戦争におもむき、そのあいだにもアメリカとイギリスが戦った1812年戦争のために第7大隊が結成される。ナポレオン戦争終了後、連隊はヨーク公直属ライフル軍団へと改称され、1830年にはキングズ・ロイヤル・ライフル軍団となった。

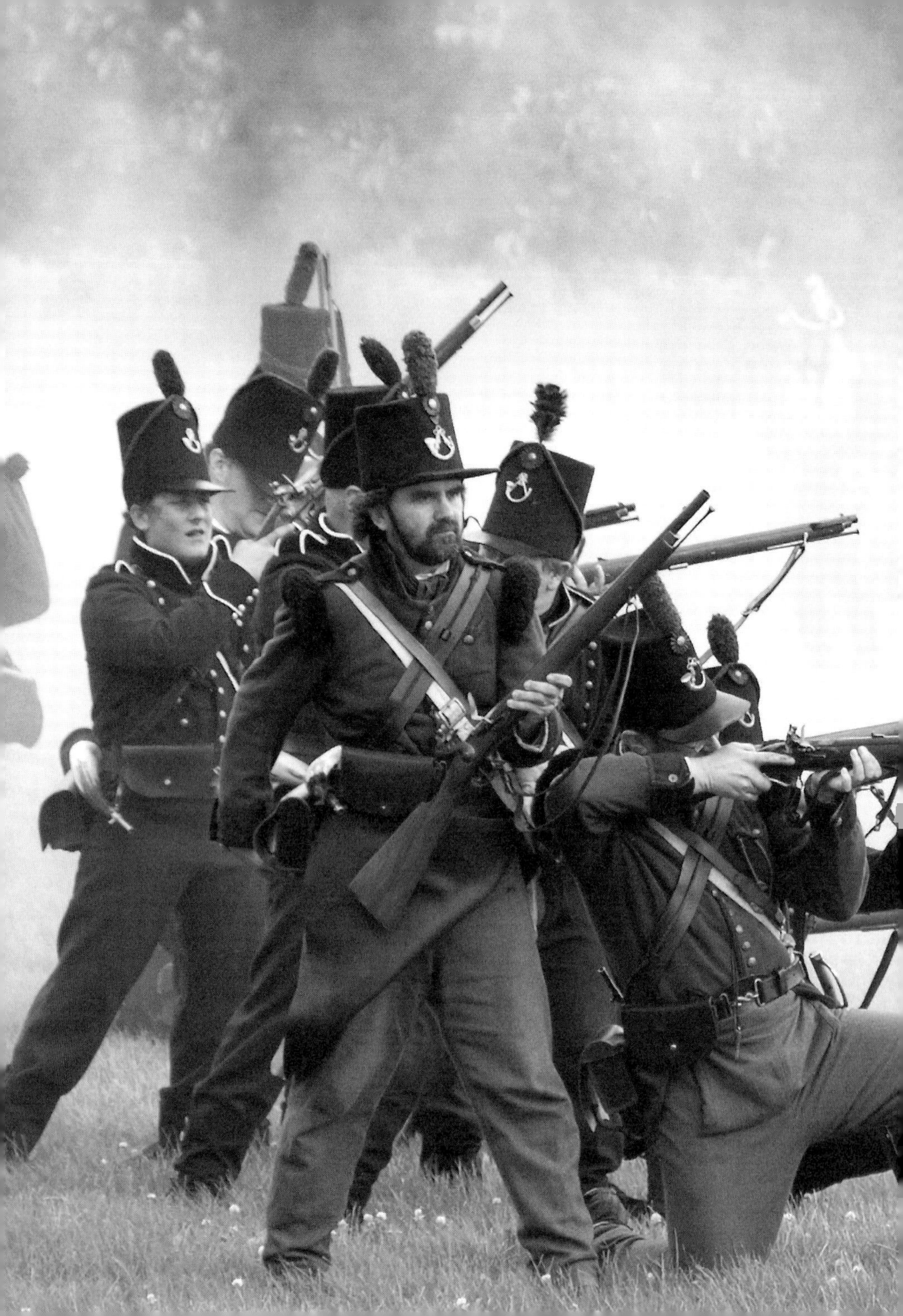

第1章　マスケット銃からライフル銃へ、射手から狙撃手へ

てひかえていた。

　悪天候のなかを闇にまぎれて、フランス軍は一斉に侵略を開始、前方で小哨任務にあたっていたふたりのイギリス軍ライフル銃兵を殺害した。しかしそのひとりがなんとか一発の銃声で、橋と残りの中隊がいる丘の上の教会までのあいだにひそんでいた13名のライフル銃兵に警戒をうながした。13名のライフル銃兵は戦いながら丘を退却、ようやく戦闘にくわわった味方の支援を受けながらフランス軍に銃弾を浴びせる。

　このような嵐の暗い夜、濃い緑色の軍服を着たライフル銃兵は標的にされにくいが、フランス軍の白い十字ベルトは闇のなかでもめだつ。事実、ライフル銃兵はこのベルトを目印にして狙いを定めることが多かった。

　この銃撃戦のとき、弾込めに使う棒、朔杖（さくじょう）がライフルから「放たれる」という事件が実際に起きた。ライフル銃兵ウィリアム・グリーンの話によれば、彼ともうひとりの仲間は「10メートルほどの距離に迫ってきた3人のでかくて醜いやつら」に突撃された。彼はライフルに弾をつめている最中だったので弾と一緒に朔杖も発射せざるをえなくなり、やむなくそのまま撃ってフランス兵ひとりを、仲間がもうひとりを倒したのだという。グリーンはその後、負傷した仲間のライフルをひろって戦いつづけた。

　追いつめられた状況ではあったが、ライフル銃兵たちはなんとかもちこたえ、ついにベックウィズ中佐率いるふたつのライフル中隊が応援に駆けつけた。その時宜を得た介入で襲撃は阻止され、フランス軍は丘をくだって橋の向こう側、主軍の保護のもとへと退却した。4個中隊のうち3つまでが戦闘にくわわった（ひとつは予備隊として残っていた）第95連隊は、600名ものフランスの「精鋭」部隊をわずか150名のライフル銃兵でしりぞけた。フランス軍の犠牲は死傷者が100名を超えたのに対して、第95連隊のライフル銃兵は死者7名、負傷者15名だけに終わった。

　この戦いは、第95連隊の戦闘部隊としての評価をさらに高めることになった。さらに、ライフル銃兵は近接戦でも立派に働けると証明できたことはまちがいない。その大きな理由は、ベーカー・ライフルが最初から軍事目的でデザインされていたことにある。そのため、過去の射手が用いていた多くの民間用ライフルとは異なり、銃剣をはめこめるようになっていたのだ。実際、ベーカー・ライフルの銃「剣」はそれだけでもなかなかおそるべき武器だった。ベーカー・ライフルは軍用マスケット銃と比べてかなり短かったので、銃剣戦では大きな問題となる、銃剣がとどく距離が短いという欠陥をなんとか補うために、銃剣自体を長くしなければならなかった。およそ60センチの刀身、柄、握りをもつこの銃剣は、ライフルに装着していないときには短剣として用いることもできた。むろん、長距離射撃のプロにとっては、刃先のとがった武器

左　第95ライフル連隊（ライフル旅団）の兵は、射撃能力、偵察戦術、そして緑色の軍服で有名になった。（Richard Clark）

下　フランス軍にも特殊技能をもつ軽歩兵隊や突撃隊があったが、ライフルを装備している部隊はほとんどなかった。
(Richard Clark)

を用いた「近接戦」は概して「近すぎる」と感じられたことだろう。

半島戦争を通じて、軽師団のライフル銃兵は、通常の戦闘と、正確な長距離射程ライフル射撃を生かした散兵、偵察、攪乱という特化した任務の両方において、自分たちに価値があることを証明してみせた。重要な攻撃目標を選ぶよう上官から教えこまれていたライフル銃兵は、敵の将校、鼓手、ラッパ手（連絡係）、そしてもちろん砲兵を狙った。

第1章　マスケット銃からライフル銃へ、射手から狙撃手へ

上　ライフル銃兵は射撃術を習得することが奨励された。膝射、座射、伏射など、さまざまな姿勢からライフルを撃つ。(Richard Clark)

1808年8月20日のヴィメイロの戦いでは、ライフル銃兵の正確な長距離射撃が敵フランス軍の砲兵や馬を倒し、武器を奪いとることができた。またそれ以外の会戦や包囲戦でも、たえまない狙撃にさらされたフランス軍砲兵隊は、ほとんど砲撃ができなかった。

こうしたイギリス陸軍初期のライフル銃兵を讃えるものとして、おそらくフランス軍司令官スルト元帥の言葉ほどふさわしいものはないだろう。

53

うつぶせの姿勢で発砲するライフル銃兵が、ライフルを安定させるために自分のシャコー（筒型の軍帽）を用いている。
(Richard Clark)

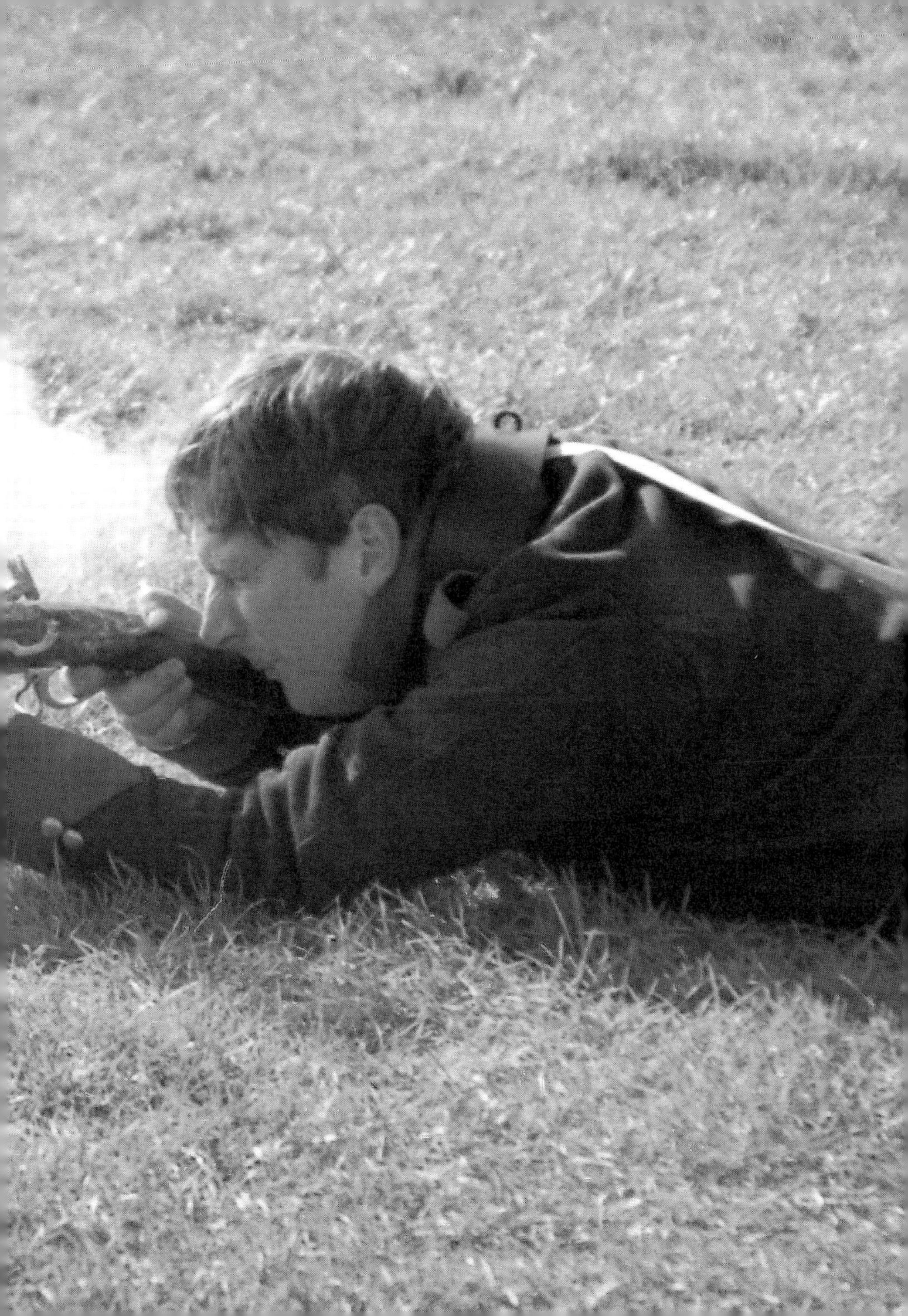

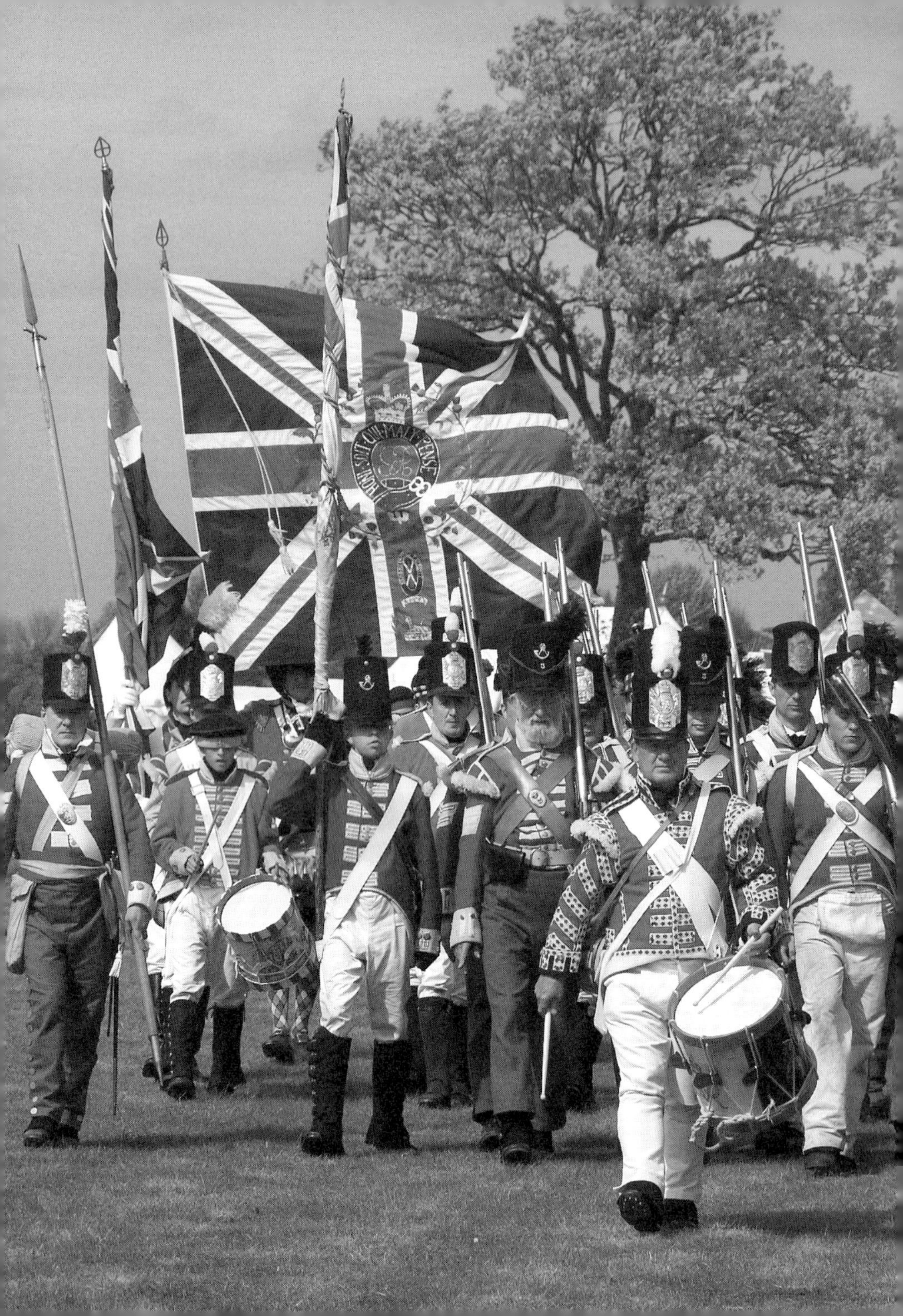
HONI SOIT QUI MAL Y PENSE

第1章 マスケット銃からライフル銃へ、射手から狙撃手へ

上 将校の一団と砲兵が射手のおもな攻撃目標だった。

「イギリス軍第60連隊の1個大隊は、短いライフル銃を装備している。兵は射撃の腕をかわれた者ばかりだ。偵察任務を行ない、戦闘ではことさら将校を狙うよう命じられている。とくに佐官や将官級だ。この戦法と敵軍に与える損害の大きさは、われわれにとってきわめて都合が悪い。将校の負傷者はかなりの数にのぼり、何度か戦闘を重ねると、たいていは全員が使い物にならなくなっている。昨日見た大隊では、将校1名に対して兵士8名という割合で動けなくなっていた。ほかの大隊では、負傷兵が全体の6分の1だったにもかかわらず、こともあろうか将校は2、3名しか残っていなかった」

ナポレオンとの戦いに比べたら、アメリカでの1812年戦争（米英戦争）は規模という点ではお遊びのようなものだった。しかし、ライフル戦術の発展という意味において、このしばしば忘れられがちな衝突は、ナポレオン戦争に負けずおとらず、いやそれ以上に重要だったといえる。すくなくとも1個大隊のライフル銃兵をともなって攻め入ったイギリスの軍勢は、自前の狩猟用ライフルで武装したアメリカの民兵や射手ばかりでなく、新しい軍用モデル1803ライフルを装備して、きちんと組織された正規の歩兵部隊ともぶつかることになったのである。

この軍事行動は完璧にイギリスの敗北に終わった。ここで得た大きな教訓のひとつは、ライフルの射程内に姿をさらけ出した司令官は、みずから撃ってくれといっているようなものだということだった。比較的短期間のこの戦争で、イギリス軍死傷者の多くは階級の高い将校であり、アイザック・ブロック将軍やロバート・ロス少将も含まれていた。ふたりとも非常に有能でありながら、不幸にも先頭に立って軍を率いるという伝統に従ってしまったのである。1815年1月8日のニューオーリン

左 進撃するナポレオン軍のびっしりと寄り集まった横列は標的にされやすく、白い十字ベルトは狙いを定める格好の材料となった。
(Richard Clark)

57

第95ライフル連隊（1816年以降はライフル旅団）

1800年に結成されたライフル銃兵実験部隊はベーカー・ライフルを装備した最初の部隊で、1802年に第95ライフル連隊として戦列にくわわった。そして1803年、第95連隊は第43ならびに第52軽歩兵連隊と統合される。クート＝マニンガム将軍とジョン・ムーア将軍のもと、彼らは第60歩兵連隊第5大隊のド・ロッテンバーグ大佐が作成したライフル銃兵と軽部隊の教範にしたがって訓練を受けた。

彼らは海兵隊ではないが、第95連隊の一部は初期に、ネルソン提督の艦隊がデンマーク艦隊を壊滅させた1801年のコペンハーゲン海戦で、射手として海上で戦闘任務にあたった。1800年代初頭、第95連隊は終始、陸軍の部隊のなかでもっとも多忙だったといえる。スペインやドイツでの軍事作戦にくわわったほか、当初は首尾よく進んだものの最終的には失敗に終わった南米のスペイン軍を相手にした遠征にも参加した。

スペインとポルトガルでくりひろげられた半島戦争では、おもな会戦のほとんどに出陣した。なかでも、イギリス陸軍がコルーニャへ撤退したときの後衛としての活躍は有名である。

第95連隊の射撃の名手としては、半島戦争作戦時のライフル銃兵トマス・プランケットの話がよく知られている。イギリス陸軍の軍勢がコルーニャに向けて撤退するとき、第95連隊はしんがりをつとめていた。ライフル銃兵のプ

上　ライフル銃兵は散兵と偵察のスペシャリストだが、通常の歩兵としての任務を命じられることもあった。(John Norris)

第1章 マスケット銃からライフル銃へ、射手から狙撃手へ

上 ライフル銃兵プランケットが、かの有名なオーギュスト・コルベール将軍を射殺したときの270メートル級ショットを放った姿勢。

プランケットは、騎乗したフランス軍の将校が撤退するイギリス軍の追撃を急ぐよう指示を出していることに気づいた。仰向けに横たわったプランケットは、ベーカー・ライフルを太ももの上にすえ、さらに安定性を高めるために吊革を足でぴんとひっぱって、引き金を引いた。将校は即死して馬から転落。ラッパ手が将軍を助けにかけよるが、再装填したプランケットはチャンスを逃さずラッパ手も射殺。1発目がまぐれではなかったことをその2発目が語っていた。のちに、死亡した将校はオーギュスト・コルベール将軍だったことが判明した。二度とも270メートルをゆうに超える場所からの狙撃で、犠牲者はふたりとも頭を撃たれていた。

ワーテルローの戦いでは、第95連隊の第1と第2大隊、そして第3大隊から2個中隊がくわわって、将校と兵士総勢1300名がふたたびウェリントン公の指揮下に置かれた。カトル・ブラ、ラ・エ・サントほかの戦いに参加した第95連隊のライフル銃兵は、すばらしい戦績こそあげたものの、部隊本来の目的どおりに使われたのではなかった。戦いが終わったとき、部隊は将校35名、兵士482名もの犠牲をはらっていた。

1816年以降、第95ライフル連隊はライフル旅団へと改称された。おそらく、イギリス陸軍部隊のなかで、この第95ライフル連隊ほど、ほかに先駆けて近代的な任務にあたった部隊はないだろう。そして彼らは戦略的に重要な攻撃目標を選択するという狙撃手の基本スキルを、通常の陸軍戦術として軍に導入したのである。

ベーカー・ライフル（歩兵ライフル）

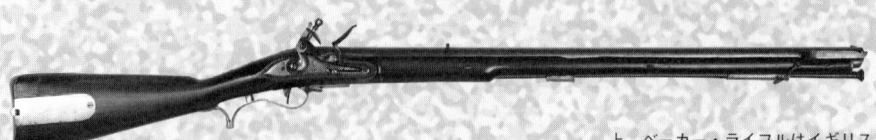

上　ベーカー・ライフルはイギリス陸軍のライフル専門部隊によって40年も使用されていた。このモデルは1823年以降の型。ロックにはTowerという文字とGRの上に王冠が刻印されているが、軍の支給品であることを示すしるしはない。E BAKER製の銃身には固定照準器があり、銃口には銃剣をとりつける棒がついている。銃床は分割できるタイプで真鍮製のパッチ箱がついている。（オーストラリア戦争記念館、REL/04959.001）

　18世紀の終わりごろ、イギリス陸軍は、のちにライフル旅団となるライフル銃兵の軍団を武装するにふさわしい武器を探していた。そのため、1800年2月4日にウリッジ造兵廠で国内外の銃メーカーに競わせることになった。勝利した設計は、ロンドンのイーストエンド、ホワイトチャペル通りにある銃工エゼキエル・ベーカーの手による、ライフリングされた前装式マスケット銃だった。当時多くのライフル設計で用いられていた一般的な4分の3回転のねじれと比べると、銃身には7条の溝が4分の1回転ねじれているだけだった。そうすることで摩擦を減らしながらも、弾が安定して飛んでいくのに十分な回転をかけるという構想である。

　こうしてでき上がったライフルは、全長45.25インチ（約115センチ）、重さ9ポンド（約4キログラム）で、30インチ（約76センチ）の銃身は口径.625インチ、固定照準器がとりつけられていた。油を染ませた布につつむ鉛の球弾を用いたので、銃床の右側に「パッチ箱」がついていた。また、ライフルとともに支給された牛の角の火薬筒は、弾の重さのほぼ3分の1という火薬の量を正確に量るために、切断された先端部分が計量に使えるようになっていた。

　ちょうど敵の十字ベルトに照準を合わせるときのだいたいの距離に等しい180メートル離れた人間大の標的に対する命中精度はなかなかのもので、55メートルほどのブラウン・ベス滑腔式マスケット銃に比べると大きく向上した。

　ベーカーは標準マスケット銃より短く扱いやすくなっていたが、唯一の欠点は装填に時間がかかったことである。緊急時には装填時間を短くするために、布にくるまれていない弾と標準仕様の火薬カートリッジを用いることはできたが、そうすると若干命中精度が落ちてしまう。ベーカー・ライフルはイギリス陸軍で40年ほど使用されたのち、パーカッションロック式のブランズウィック・ライフルに入れ替わった。その長い歴史のなかで、ベーカーは多くの国で使用されたが、そのなかにはアラモ砦のメキシコ軍も含まれていたようである。イギリス志願兵部隊用にいくつものヴァリエーションが作られたほか、狩猟用のモデルまであった。

イェーガー、シャスール、カサドール、ティレユール、ヴォルティジュール

左 ヨーロッパの「猟兵」部隊員は射撃と野外活動技術をかわれて入隊したものの、多くはライフルではなく滑腔式マスケット銃をあてがわれ、なかには軽歩兵隊ではなく戦列隊として扱われた者もあった。(Richard Clark)

　ヨーロッパ主要国の初期のライフル銃兵は、そのほとんどがもともと仕事道具としてライフルを用いていたハンターだった。彼らの射撃の腕前と追跡技術は軍の特殊任務に最適だった。歩兵部隊のほとんどが滑腔式のマスケット銃で武装していた時代とあればなおさらである。
　傭兵となった「jägers（イェーガー）」は、ドイツ、スイス、オーストリア、オランダ、ポーランド、バルト諸国などさまざまな国の出身で、イギリスのために戦った者もあれば、フランスに雇われていた者もあった。半島戦争時は、ポルトガルの「caçadores（カサドール）」がイギリスの軽歩兵隊と密接に協力しあって戦い、ポルトガルとスペインの「guerrilleros（ゲリレーロ）」がフランス軍に圧力をかけた。歩くハンターを意味する「chasseur à pied（シャスール・ア・ピエ）」はフランスの精鋭部隊で、一般には射撃の腕前をかわれて集められていたが、イギリスの歩兵部隊同様、その多くはライフルではなく滑腔式のマスケット銃を使用していた。「tirailleurs（ティレユール）」はフランスとイタリアの広い範囲からひき抜かれた専門の射手で、彼らもまた軽歩兵隊の偵察任務にあたっていた。跳躍する人を意味する「voltigeurs（ヴォルティジュール）」はフランス陸軍の射手として選びぬかれた兵で、軽歩兵の役割を果たすために各連隊に1個中隊ずつ配置されていた。
　精鋭部隊という部類に入るこうした「猟兵」や「専門の射手」は、軽歩兵としての役目にまさにふさわしいと思われるにもかかわらず、おもな戦闘ではたんなる歩兵として扱われた。

海の射手

左 ネルソン提督。歴史に残る有名な狙撃犠牲者のひとり。(Wallis & Wallisの好意による)

　射手の活躍はなにも陸にかぎられたことではない。帆船の時代、マストや帆桁、ロープのあいだに射手をおくことがどれほど重要だったかを軽視すべきではないだろう。船上で「長」距離戦といえばほとんどは大砲だが、ひとたび船が近づいて船員が近接戦に突入すれば、マスケット銃やライフルを用いての「狙撃」も活躍する。18世紀の終わりから19世紀の初めにかけて、イギリス海軍はブラウン・ベス・マスケット銃で武装した海兵隊を活用していたが、1801年のコペンハーゲンの戦いでは第95連隊のライフル銃兵が投入された。

　アメリカ独立戦争では、イギリス海軍から港町を守ろうとしたアメリカ海軍が、ライフル銃兵と海兵隊を海と陸の両方で起用した。船上の水兵は隠れる場所がない。マストや帆桁の上はとくにそうだ。1812年戦争のころまでには、アメリカ海軍もイギリス海軍も、将校を狙い撃ちするために射手を用いるようになっていた。

　ことによると、もっとも世に知られている海軍の狙撃犠牲者は、1805年のトラファルガー海戦で倒れたホレーショ・ネルソン提督であるのかもしれない。軍艦ヴィクトリー号の後甲板にいた提督は、フランスの艦船ルドゥタブル号の策具のあいだにひそんでいた海兵隊員ロベール・ギユマールに撃たれた。

　わずか15メートルほどともいわれる至近距離から放たれたマスケット銃の球弾は、ネルソンの肩、肺、背骨をつき抜けた。こうして、イギリスの偉大なる英雄のひとりである提督は、船内に運ばれたもののそれきり回復することはなく、苦しみながら数時間後に死亡した。

　だが、フランスにとってはあきらかに小さな勝利でしかなかった。フランスは海戦に敗北し、艦隊を失い、ついには皇帝を失って、戦争に負けたのである。

第1章　マスケット銃からライフル銃へ、射手から狙撃手へ

左　将校の装身具である首に巻きつける襟章(写真には写っていない)、金色の肩章、特徴的な頭飾りは、1812年戦争でアメリカ軍射手の格好の標的となった。
(John Norris)

ズの戦いでは、7000人の緋色のイギリス軍が4000人のアメリカ軍(うち半数が熟練ライフル銃兵)と対戦した。イギリスの犠牲者には、最高司令官のエドワード・パケナム中将以下、少将はサミュエル・ギブズとジョン・キーン、大佐がパターソンとデール、中佐はレニー、デビーグ、ジョーンズ、フォンス、ブルックとならぶ。さらに下位の将校も標的にされた。ジョン・ウィッテイカー少佐は狙いを定めた1発のライフル弾に倒れた。アメリカ軍の分遣隊をつとめたケンタッキー・ライフル銃兵の指揮官アデア大佐に格好の標的にされたのである。このとき、一目でイギリス軍将校とわかるけばけばしい「肩章と襟章を狙え」という命令が、アメリカ軍射手にとって大きな力を発揮した。

意図的な将校狙いは誰が見てもたいへん効果の高い戦略だった。最大の被害者であったイギリスとフランスの将校も、とうとうそれを「正当な」戦術として受け入れた。そうな

ると、正確に狙える武器としては、まさに「運まかせ」の滑腔式マスケット銃よりも、調整可能な照準器をつけたライフルが有利であることはもはや無視できない。そして、それと同じくらい重要なのが、戦術を最大限有効に活用するにあたって、武器を正確に、かつ的確な判断をともなって扱うための、兵の訓練が必要だということだった。ライフル銃兵に正確な射撃ができれば、攻撃目標を有利に選ぶことができる。まさにそれは、イギリス軍がニューオーリンズの戦いから学んだとおり、敵の重要な指揮官を失わせ、敵軍勢の協調性と結束力をくずし、結果として敵の敗北につなげることができるということだった。

ナポレオン戦争と1812年戦争の結果として、戦争の性質が変化しつつあることに、もはや疑いの余地はなかった。滑腔式マスケット銃はすたれ、全部隊にライフル銃を装備することが戦いで優位に立つための必要条件となった。そして全兵を訓練して射撃能力を高めることも。

下　ニューオーリンズの戦いにおけるパケナムの戦死。F・O・C・ダーリー画。1860年ごろ。ニューオーリンズの戦いでは、アメリカの熟練ライフル銃兵が一目でそれとわかる将校を冷静に狙い撃ちして、イギリス軍に多大な損害を与えた。犠牲者には、ウェリントン公爵の義弟で最高司令官のエドワード・パケナム中将の姿もあった。以後、それより低い階級の将校が次々に正確な射撃に倒れていった。(LoC)

CHAPTER TWO
*N*EW *S*KILLS *AND* *F*ORGOTTEN *L*ESSONS

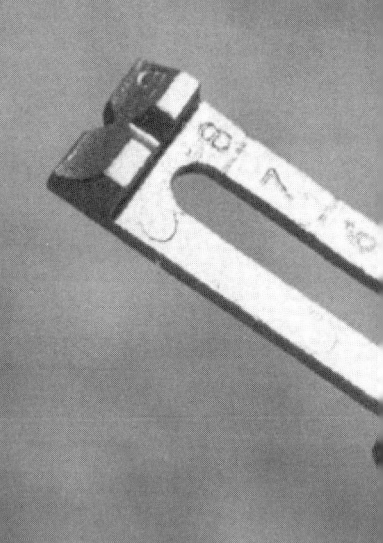

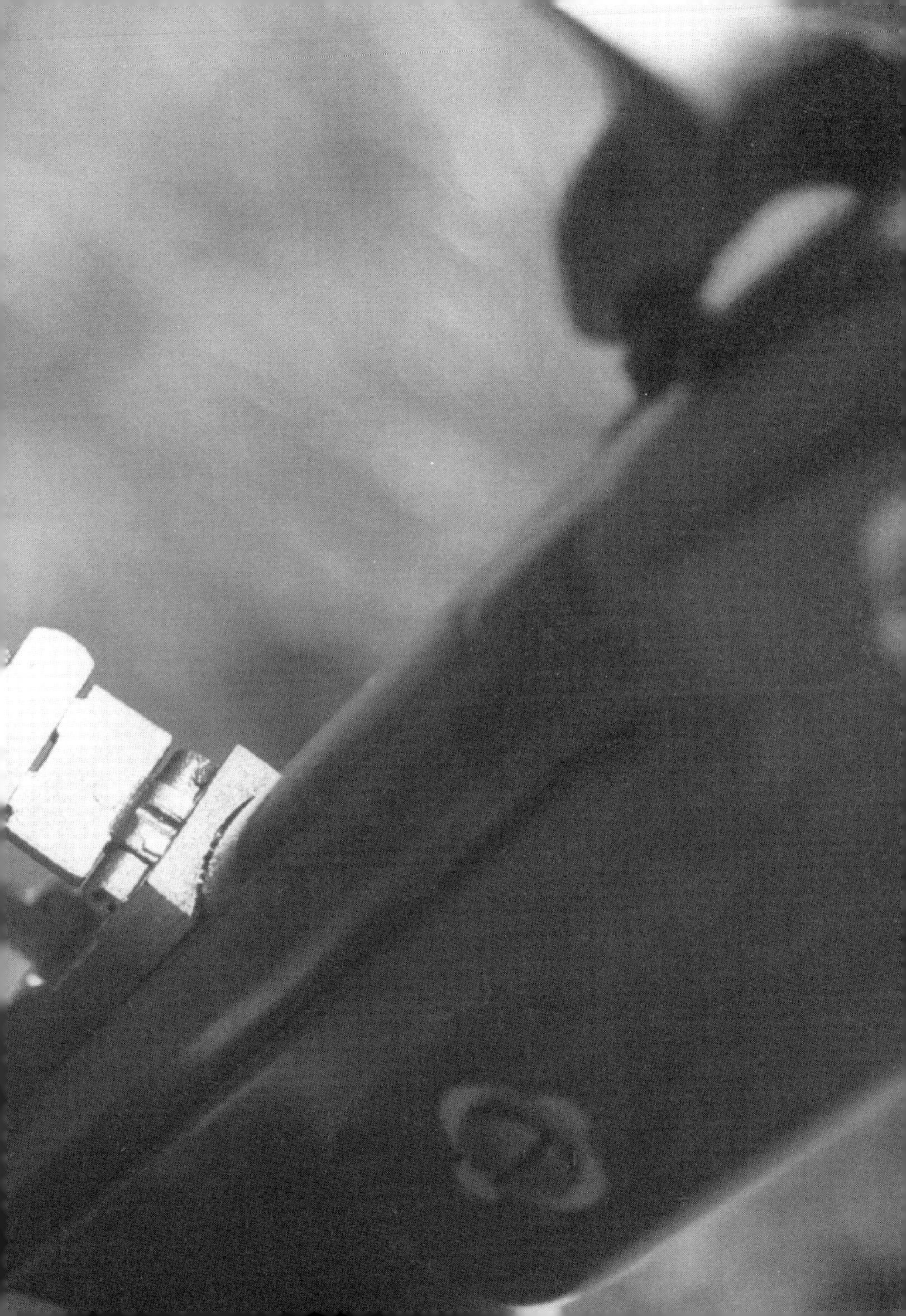

第2章

新たな技能と忘れられた教訓

前ページ　P53エンフィールドでは射程調整の可能な照準器が標準装備だった。
下　エンフィールド・ライフル複製品のパーカッションロック。火門座に雷管がかぶせてある。

ナポレオン戦争の終結から30年、ヨーロッパには比較的平和な時期が訪れていた。それでもやはり、小火器技術の進歩には拍車がかかった。

実際、1830年から1890年までのあいだに、ヨーロッパ諸国の兵がたずさえる標準装備は、フリントロックの滑腔式マスケット銃から、ボルト

パーカッションロック

フリントロックの仕組みがどんなにすぐれていても、良好な状態を保つためには念入りな手入れが欠かせないことは事実だ。フリントは定期的に交換し、火皿の火薬は湿らないように保ち、銃尾の点火孔はつまらないようにしておく必要があった。そうしないと「火皿発火」、つまり発火はしてもその火がメインの火薬にとどかないという事態が生じてしまうのである。

それに比べて、パーカッションロック式の小火器は、注意をはらわなければならない部分が少なく、悪天候にも耐え、使用も手入れも簡単だった。この方式を構成しているのは撃鉄、内部に揮発性の化学物質を塗布した使いすての小さな銅製雷管、そして雷管をはめこむための中が空洞になった金属製の「火門座」である。引き金を引くと、撃鉄が雷管をたたいて壊し、内部の化学物質が爆発を起こす。そのときの火花が空洞の火門座をとおって銃尾の火薬に達し、銃を発射させる仕組みだ。火門座はとりはずしができるので、点火孔をむき出しにして簡単に掃除ができる。ライフル銃兵は、装填するたびに新しい雷管を火門座にはめればよい。

パーカッションロックの原理は1805年ごろ、聖職者であり野鳥狩りの愛好家であり、科学者でもあったアレクサンダー・フォーサイス牧師によって発明された。もともとはフランス人化学者ベルトレが発見した塩素酸カリウムと雷酸水銀という不安定な化合物を起爆剤として用いているうちに、フォーサイスはたたけば火がつくという有用性の高い「起爆」薬を作ることに成功した。当初は、カモやガンを撃つときにフリントロックの火花や煙を隠すために考案されたこのフォーサイスの発明は、軍用小火器にとってもすばらしいアイデアだと考えられたので、陸軍は彼に開発を依頼した。ところが不運なことに、イギリス政府の兵器長が交替になり、新しくやってきたチャタムはパーカッションロックに将来性があるとは考えなかったので、フォーサイスは自力で開発することになる。

かたや、この方式を高く評価していたフランスでは、ナポレオンがこの発明に２万ポンド支払おうとフォーサイスにもちかけた。当時にしてはけっこうな金額である。イギリス軍にとって幸運なことに、フォーサイスはこの申し入れを断わって自分ひとりで研究を続け、1807年に特許を取得した。名称は、起爆薬を入れる小さな容器の名前をとって「セントボトル」ロックである。この案は好評で、狩猟用の銃では人気を博したが、何も問題がなかったわけではない。

パーカッションロックが軍用として実用可能になったのは、アメリカ在住のイギリス人ジョシュア・ショーが1814年に金属製の雷管を発明してからのことだ。それから６年もたたないうちに、この雷管は狩猟用ほか民間の武器として、ジョゼフ・マントンやジョゼフ・エッグなどいくつものイギリスの銃メーカーで用いられるようになった。しかし、それにもかかわらず、イギリス軍がフリントロックからパーカッションロックへの変更に着手したのは、1838年になってからだった。

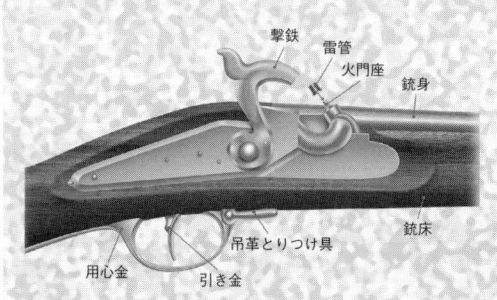

左　パーカッションロックはフリントロックと比べると大きく進歩した。撃鉄が雷管をたたくと、内部の化学物質が爆発し、火花が空洞の火門座を通って銃尾へ送られ、メインの火薬に点火する。

を操作して弾倉からカートリッジを給弾するライフル銃にまで進化した。イギリスでは、後者のさまざまな型が、朝鮮戦争や1950年代半ばまで長年にわたって主要な個人用兵器として支給されることになる。

こうした大改革は、型どおりに進められたのではない。むしろほとんどの場合、まったく関係のない個々の人間が、そのときどきの小火器における特定の問題を解決しようと頭を悩ませ、その結果として進歩がもたらされたのだといえる。改良の多くは、スポーツとしての射撃で、より多くの獲物を得ようとしたことから生まれた。雷管の導入もそのひとつで、野鳥狩りが発端だ。フリントロックの点火方式では、火花と閃光が鳥を警戒させ、弾があたる前に逃げられてしまう。パーカッションの方法はその問題を解決した。簡単な金属製の雷管の利用が、フリント、フリズン、火皿、むき出しの点火薬という、信頼性が低く複雑なことで悪名高いフリントロック式にとって代わったのである。

雷管は小さな金属製の円柱で、一方の端にふたがついており、内部の底には雷酸水銀を含む化合物と塩素酸カリウムが層に塗られている。これを銃尾にある小さな金属製の、内部が空洞になっている火門座の上にかぶせる。そして銃の撃鉄がこの雷管をたたくと、化学物質の被膜が発火して、銃尾に入れられた火薬に火花が飛ぶ仕組みだ。この方式はどのような天候でも用いることができるので、信頼性が高い。実際にたくさんの火花が飛びちることもないうえ、引き金を引いてから弾が銃口から飛び出すまでの時間が短縮されるので、命中精度も向上した。

イギリスとフランスの両方でそれぞれ特許が取得された1818年ごろから、この方式の優位性は誰の目にも明らかだった。頑固なイギリス軍上層部でさえ、1834年以降長い時間をかけて試行したのちにそれを認めた。もっとも1830年にフランス軍が実験を開始したことも理由のひとつだろう。イギリスでは1842年にパーカッションロック式のマスケット銃P42が採用され、19世紀の半ばごろまでには、当時の近代的な軍隊のほとんどでこの雷管方式が一般的に用いられるようになった。

一方、滑腔式の武器よりもライフルのほうがいちじるしく有利であることはすでに広く認められていたとはいえ、装填と維持管理がむずかしいことは確かだった。いうなれば、利用者がかなり手をかけなければならないということである。むろんイギリス陸軍上層部の見解は、歩兵隊が標準装備する武器の性能を向上させる必要があるということであって、

右　ブランズウィック・ライフルは、2本の帯がライフリングにぴたりとはまる「帯つき弾」を用いたが、それでも装填しにくく、火薬の残りで銃身がつまるとなおさら厄介だった。

第2章　新たな技能と忘れられた教訓

それは揺るがなかった。

　パーカッションロックが人気を集め出したのとほぼ同じころ、何人かの銃工や発明家がそれぞれ射程を伸ばしたり、装填を簡素化したり、装填時間を短くするなどの方法を試みていた。だがそこには両立しがたい問題があった。射程を長くして命中精度を高めようとすれば、発射される弾を回転させなければならず、そのためには弾が銃身のなかのライフリングに密着するようにきつくつめる必要がある。しかし装填をすばやく簡単に行なおうとすれば、弾はゆるいほうがよい。パッチ弾はかなりの命中精度を達成できるとはいうものの、装填に時間がかかり、効果的に用いるためには相当な技能を必要とした。

　そこで、さまざまな方法が試みられた。たとえば、凹凸模様をつけた弾丸や帯をつけた球弾などである。後者はブランズウィック・ライフルで使用され、銃身の内部には、帯の部分がぴたりとはまるように２本の溝がきざまれていた。ブランズウィック・ライフルは、比較的数は少ないながらもイギリス陸軍と海軍の両方で用いられた。だが、重量があったことにくわえて、弾につけられた「帯」をきちんとはめこむためには「帯」が正確に形作られていなければならず、またどこも破損していない状態を保つ必要があったので、戦場での信頼性に欠けていた。そのためこのライフルはイギリスの軍人ほぼ全員から嫌われ、かつて支給されたなかで最悪の武器だとみなされていた。

　問題を解決するには、装填時にはゆるめの弾をこめ、銃尾でそれを拡大させて、発射時に銃身のなかを進んでいくときにライフリングに密着する方法を探せばよい。なかでも銃尾に輪や支柱を用いる方法は支持を集めた。ひとつ目の方法は、かなりゆるい弾を銃身に落とし、銃尾の輪あるいは肩にぎゅっと押しこんで、柔らかい鉛を大きく広げるものだ。支柱の方法もそれと似ているが、中央の突起を利用して弾を拡大する。銃尾で行なうこの方法はどちらも槌（つち）か重い朔杖（さくじょう）を使わなければならず、作業の途中で発射物が変形してしまうこともよくあった。これでは命中精度の向上にはつながらない。それを踏まえたうえで、デルヴィン・ライフルにかんする有名な話をしよう。この銃では、弾は銃尾にある縮射口径の薬室を通って、弾を止めるための「肩」部分で止まり、そこでライフリングにあわせて拡大するべく強く押しこまれる。アルジェリア戦争（1830〜48年）時、オルレアン公が指揮するフランスの猟兵がたずさえていたのは、このようなライフルだった。あるとき、見たところ、ひとりのアラブ人（家長だともいわれている）が遠くからフランス軍をばかにするように、身ぶり手ぶりで物まねをしている。これに腹をたてたオルレアン公は、怒りのあまり、そのアラブ人を始末できた射手には褒美を出すとまで言いきった。われこそはと挑戦したひとりの猟兵は、540メートルを超える距離から、そ

69

ミニエー弾——射程と命中精度の向上

左　鉛製のミニエー弾（写真左）。溝は獣脂から作られた油でなめらかにしてある。写真右はブラウン・ベス・マスケット銃用の球弾。

「ミニー」とよばれることもあるミニエー弾は、長距離射撃の発展に大きく貢献したといっても過言ではない。イギリスの歩兵隊将校だったノートン大尉がそもそもの発案者だという説もあるが、この円柱と円錐形をした自動的に拡大する弾丸を完成させたのは、ヴァンセンヌのフランス陸軍学校で講師をしていたクロード＝エティエンヌ・ミニエー大尉である。また、彼が開発したミニエー・ライフルもフランス軍で採用されたほか、短期間だがイギリスでも使用された。

若干内径よりも小さい縮射口径になっているミニエー弾は楽に装填できるが、発射時に弾を押し出すガスの力で、柔らかい鉛でできた弾丸の空洞になった底部が広がって、外側表面の凹凸がライフリングとかみあうようになっている。そのため弾に回転がかかり、空中で安定するため、飛距離が伸びて貫通威力も増大した。決定的なのは、紙製カートリッジを用いて弾と弾薬をひとまとめにしたうえで正しく装填し、さらに火薬の点火が迅速で信頼のおけるパーカッションロックとあわせて用いれば、このミニエー弾は非常に安定した、結果の予測できる弾丸だということである。命中精度は反復できるかどうかがすべてである。つまり何度やっても、どのような距離でも、着弾地点が予測できるかどうかということだ。長距離の正確な射撃においてはなおのことそれが重要だ。

試験射撃では、ミニエー・ライフルのイギリス版P51で.702口径ミニエー弾を撃ったときの500ヤード（約457メートル）までの精度はかなり高く、7回の試みで900ヤード（約820メートル）離れた約180センチ×90センチの標的に命中させることにも成功している。当時の銃にしてはこれは驚くほど正確で、1846～52年のカフィール戦争では、よく訓練されたライフル銃兵による一斉射撃のさい、およそ1キロメートル地点近くに着弾、先住民族の戦士を退却させたといわれている。

のちの改良されたライフルP53では、さらに小さい.577ミニエー弾を用いても、腕の立つ射手なら2回に1回は1000ヤード（約914メートル）先のほぼ240センチ四方の標的に命中させることができたと考えられている。つまり理論的には、パッチ弾ではない球弾を滑腔式マスケット銃で撃ったときと比較すると、歩兵の正確な射撃範囲は、率にして10倍に拡大されたことになる。

第2章　新たな技能と忘れられた教訓

の不運なアラブ人をみごとに射殺。おそらく弾丸が変形していただろうと考えられるライフルでこの快挙をなしとげたことは、文句なしに名射撃だといえる。

　こうしてさまざまな案が試されてはいたが、どれも満足のいくものではなかった。だがついに、弾丸そのものを自動的に膨張させるという形で答えが導き出される。イギリス海峡の両側で同じような発想をした銃工がいたのだが、各国で採用されたのは、1847年にフランス陸軍将校のクロード＝エティエンヌ・ミニエー大尉が発明した自動膨張弾、ミニエー弾だった。当初のミニエー弾は、鉛弾の内部が空洞の円柱形で、外側に獣脂の満たされた溝が3本ついており、先端は円錐形で、底の部分に鉄製のカップがはめられていた。この弾は銃の内径よりも少し小さいので、朔杖の使用を最小限に抑えて楽に装填できる。発射時には、鉄製のカップが弾の空洞に押しこまれて、鉛弾をライフリングに密着する大きさまで拡大させるようになっていた。のちのタイプでは、鉄製のカップが小さな木製の栓に変わったが、効果は同じである。ミニエー弾はクリミア戦争（1853～56年）時に英仏両軍で用いられたが、そのころまでにイギリスは、本体とは別の金属製カップや木製の栓を使わずに、底部分の凹型のくぼみだけで膨張するシンプルなメトフォード・プリチャード弾を使用するようになっていた。溝を満たした獣脂は装填時に潤滑油の役目を果たし、ガス充填のような働きをするので、弾はしっかりとライフリングに密着し、なおかつ発射時の摩擦は最小限となった。

　ミニエー弾は火薬とともに紙製カートリッジで携行され、装填方法は古いマスケット銃用の球弾カートリッジとほぼ同じだった。違いは、兵士が装填するのは滑腔式マスケット銃ではなくライフル銃だという点である。ライフルは射程が長く、命中精度の高い小火器なので、そこにパーカッションロックがくわわったことで、起爆がさらに簡単かつ安全になり、全体として迅速に、効果的に武器を用いることができた。

　ミニエー大尉はまた、弾薬を有効活用するためにミニエー・ライフルも開発したが、その性能もすばらしく、すくなくともおよそ450メートルまでは安定した命中精度を保ったため、1846年にはフランス陸軍がアルジェリアのズアーヴ兵や猟兵の射手向けに採用した。こうしたミニエー・ライフルで武装した部隊は、北アフリカのフランス植民地戦において、敵の地元部族が自家製の長銃身ライフルで放つ長距離射撃に対抗して、いくつかの成功をおさめている。

　イギリス軍もまたP51という形でミニエー・ライフルをとりいれた。これは1852年に支給が開始され、ちょうどその1年後のクリミア戦争勃発にまにあう格好となった（もっとも、多くの部隊ではパーカッションロックの滑腔式マスケット銃P42を使いつづけた）。ほぼ4.5キロと重く、内径が0.703インチと大きかっ

エンフィールド・パターン1853ライフル・マスケット銃（P53）

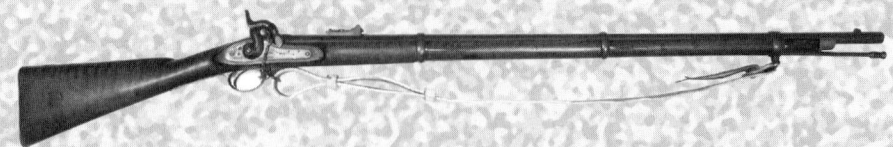

上　パターン1853エンフィールド・ライフル、第2モデル。ロックには王冠の上にV＋Rの文字、そして1856ときざまれている。軍用証明付き。銃身にはフランスとイギリスの検印があるほか、楕円で囲まれたF*Pという製造印もある。リアサイト台には100ヤードから400ヤードまで、さらにリーフサイトには1000ヤードまでの目盛りがつけられている。このモデルは、フランスのサンティティエンヌ造兵廠が製造を請け負った。（オーストラリア戦争記念館、REL_04837）

P53はパーカッションロック式の.577口径前装式ライフルで、最初に使用されたのはクリミア戦争だった。そののち、1853年から1867年まで大英帝国各地で用いられたほか、アメリカ南北戦争では敵対する両軍で使われていた。重量8.8ポンド（約4キロ）、全長55インチ（約140センチ）、銃身長39インチ（約99センチ）で、3条の浅いライフリングがきざまれており、転度は一周が78インチ（約198センチ）である。P53はクルミ材でできた銃床に3つの金属製帯金を締めてつないであったので、「3バンド」モデルともよばれていた。

それに対して全長49インチ（約124センチ）、銃身長33インチ（約84センチ）のカービン銃型は「2バンド」モデルだ。カービン銃ではロックが改良されており、銃床にきざまれた5条のライフリングは一周が48インチ（約122センチ）である。このライフリングも当初のものからは改良されていて、その先すべてのエンフィールド・ライフルに採用されている。また1858年には、銃尾では0.13インチ（約3.30ミリ）で銃口では0.005インチ（約0.127ミリ）と先に行くほど細くなるプログレッシブ・ライフリングが導入された。すべてのモデルに、それぞれに応じて100ヤード（約91メートル）から900ヤード（約823メートル）、あるいはそれより長い距離までの、調節可能な4タイプのリアサイトのうちのひとつがとりつけられている。通常の兵士が人間大の標的に命中させることのできる実際の距離は、立った状態でおよそ150ヤード（約137メートル）だが、射撃台などに固定して撃てばその2倍は可能かもしれない。熟練射手ならば、いずれの距離にも100ヤード（約91メートル）プラスできる。

このライフルには、黒色火薬約たにもかかわらず、ミニエー弾を使用するこの新しいライフルP51がマスケット銃をはるかにしのぐ性能だということは歴然としていた。したがって、クリミア戦争が終わるころまでには、その先の歩兵用主要兵器がライフルだということに疑問の余地はなくなっていた。

まもなくP51の後を継いだのが、エンフィールドP53パーカッションロック式ライフル・マスケット銃だ。これはP51よりも450グラムほど軽量で、口径は.577と標準化された大きさになり、メトフォード・プリチャード弾を使用した。初期の問題を克服してからのこの組みあわせは、

第2章　新たな技能と忘れられた教訓

左　パターン1853エンフィールド・ライフル用のエンフィールド・カートリッジパックと紙製カートリッジ。(Graham Lay)

4.4グラムと、重量が約35グラムの改良されたミニエー型の弾丸をつつむ、油を染ませた紙製カートリッジが使用された。この装填量で秒速およそ260～275メートルほどの銃口速度を得られる。有能な兵士なら1分間に2、3発撃つことが可能だっただろう。

機械の進歩にともない、P53には大量生産技術を応用することができた。そこで、部品の多くは互換性をもち、修理や交換のたびに専門技術をもつ銃工に頼ることが少なくなった。

エンフィールドP53とそのさまざまな型は、このタイプの銃ではひときわすぐれていることがわかっている。イギリス軍の装備としては最後の前装式ライフルだが、1865年にP53の派生型で後装式のスナイダーが導入されるまで使いつづけられた。

1857～58年のインド大反乱（セポイの反乱）では、このP53が暴動のきっかけにもなった。東インド会社に属していたインド人部隊（セポイ）のあいだで、新しいエンフィールド・ライフルとともに支給された紙製カートリッジに、イスラム教では不浄とされる豚の脂が使われている、あるいはヒンドゥー教徒にとっては神聖な牛の脂が使われているなどのうわさが広まったのである。火薬をライフルに入れるためには、この紙製カートリッジを歯で噛み切らなければならず、セポイにとって、不浄な豚、あるいは神聖な牛の油に口をつけるということはいまわしいことだった。この問題が、それ以外の社会政治的問題と重なって、現地人部隊が反乱を起こす要因となった。現在では、この大反乱と情け容赦ないその鎮圧は、大英帝国の歴史のなかでもっとも血なまぐさいできごとのひとつだと考えられている。

このタイプの銃としては最適だと考えてよいだろう。P53は難なく装填でき、命中精度と信頼性が高く、維持管理が簡単だった。事実上「どの兵でも使える」銃であったため、またたくまに大英帝国中に広まり、のちにアメリカ南北戦争でも両軍に支給されることになる。こうして1850年代半ばまでには、軍事力を誇る各国で似たようなパーカッションロック式のライフル銃が採用されるようになった。

つまり、いまや一般の兵士でも、訓練さえ受ければいっぱしの射手になれる武器を手に入れたということである。また、P53には調整可能な

右上　ミニエー弾の切断面図。（左から右へ）底部に鉄製のカップでできた拡張器具が入れこまれた鉛ミニエー弾の原型。底部に木製の栓でできた拡張器具の入った初期のイギリス型ミニエー弾。壁を薄くして底部に拡張するための広い空間をとった後期のミニエー弾。
右中央　エンフィールド・ライフル用紙製カートリッジ弾薬パック。
（Graham Lay）
右下　ライフル・マスケット銃装填用に火薬とミニエー弾がつつまれた紙製カートリッジの一般的な形。

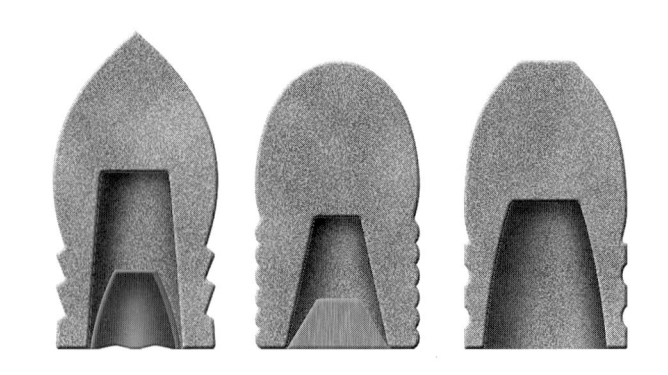

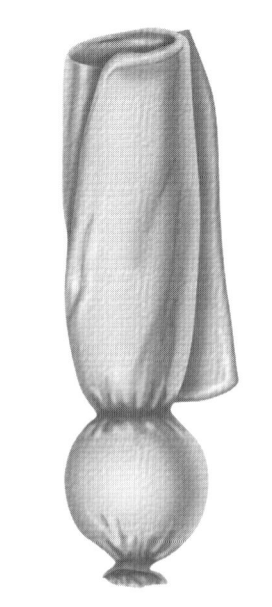

右ページと次の見開き　新しいライフルで射程がのびたにもかかわらず、南北戦争では依然として隊列を組んで戦っていた。
（Roy Daines）

照準器がとりつけられていたので、たんに照準器を調節して「そのものずばり」を狙えばすむようになった。以前のように標的までの距離と偏流に合わせて武器の向きを調整する手順などは「前世紀の遺物」あるいは「ケンタッキー偏差」だと揶揄されたほどだ。かつて、ふつうの兵士がこれほどまでにすぐれた装備を与えられたことはなかった。旧式の滑腔式マスケット銃では、およそ90メートルの距離から撃ってあたれば運がよかったのだ。しかしもう、武器に慣れて練習を積めば、なみの兵士でもおよそ230メートルの距離から人間大の標的に命中させることができる。熟練射手ならおそらくその2

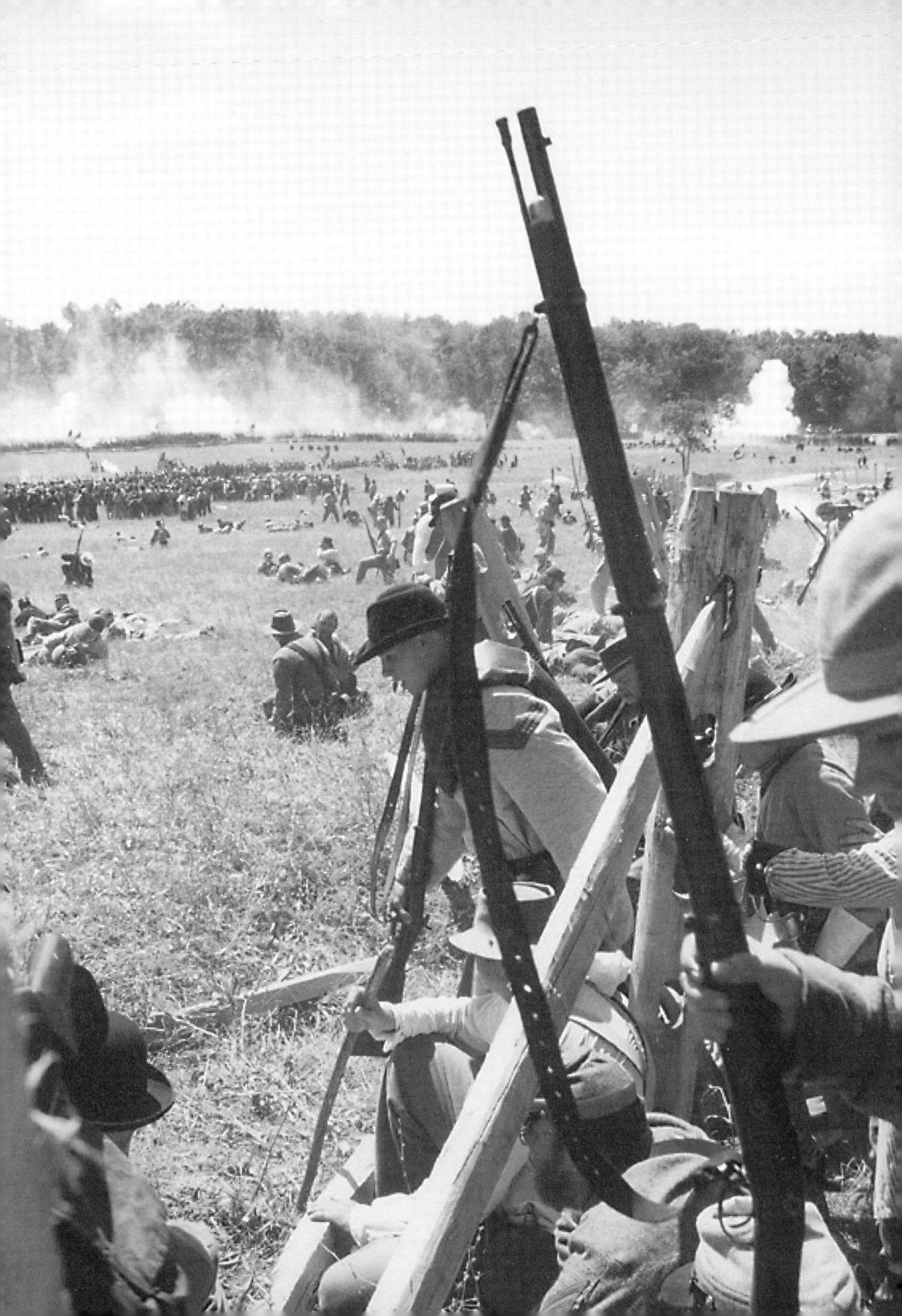

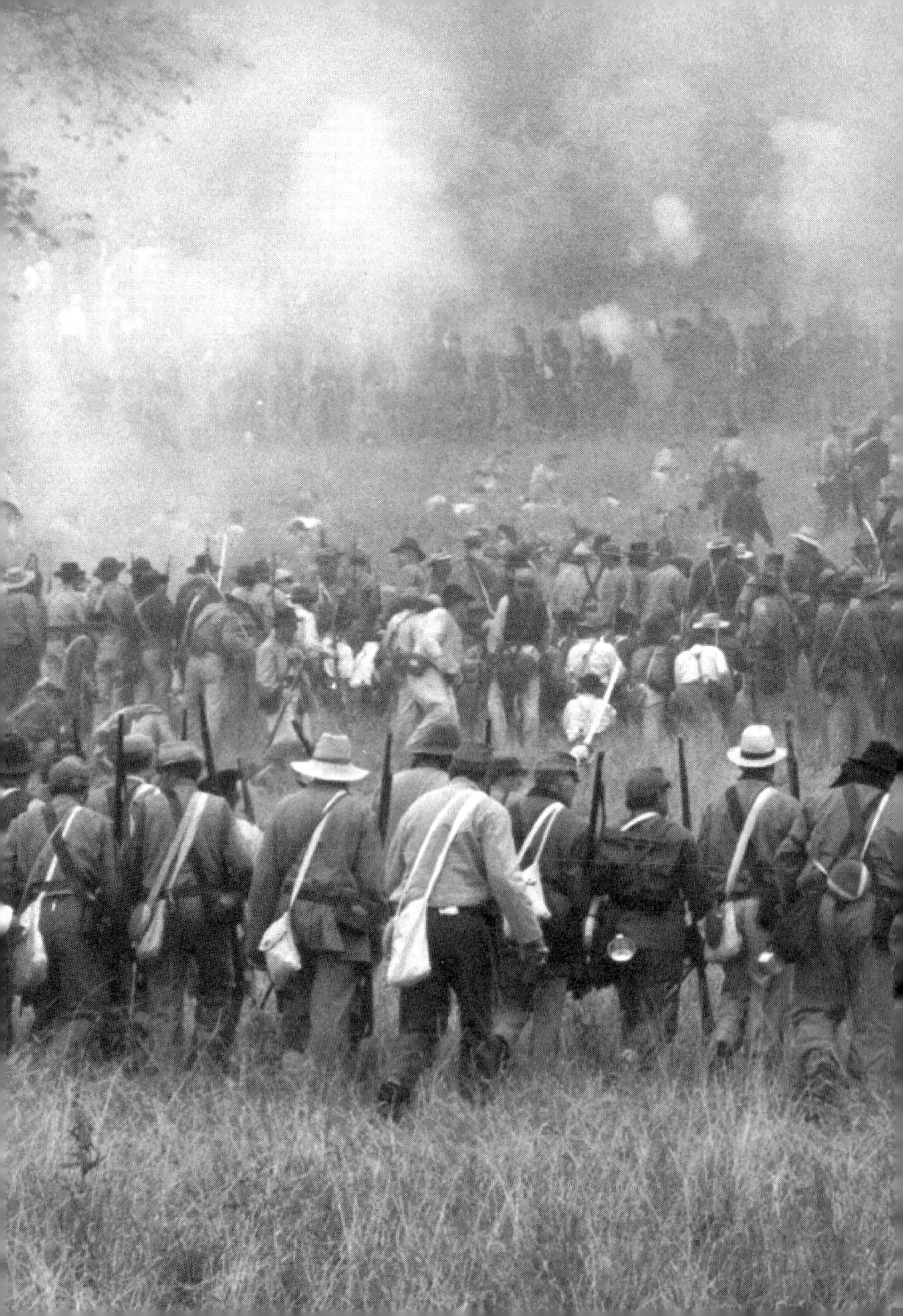

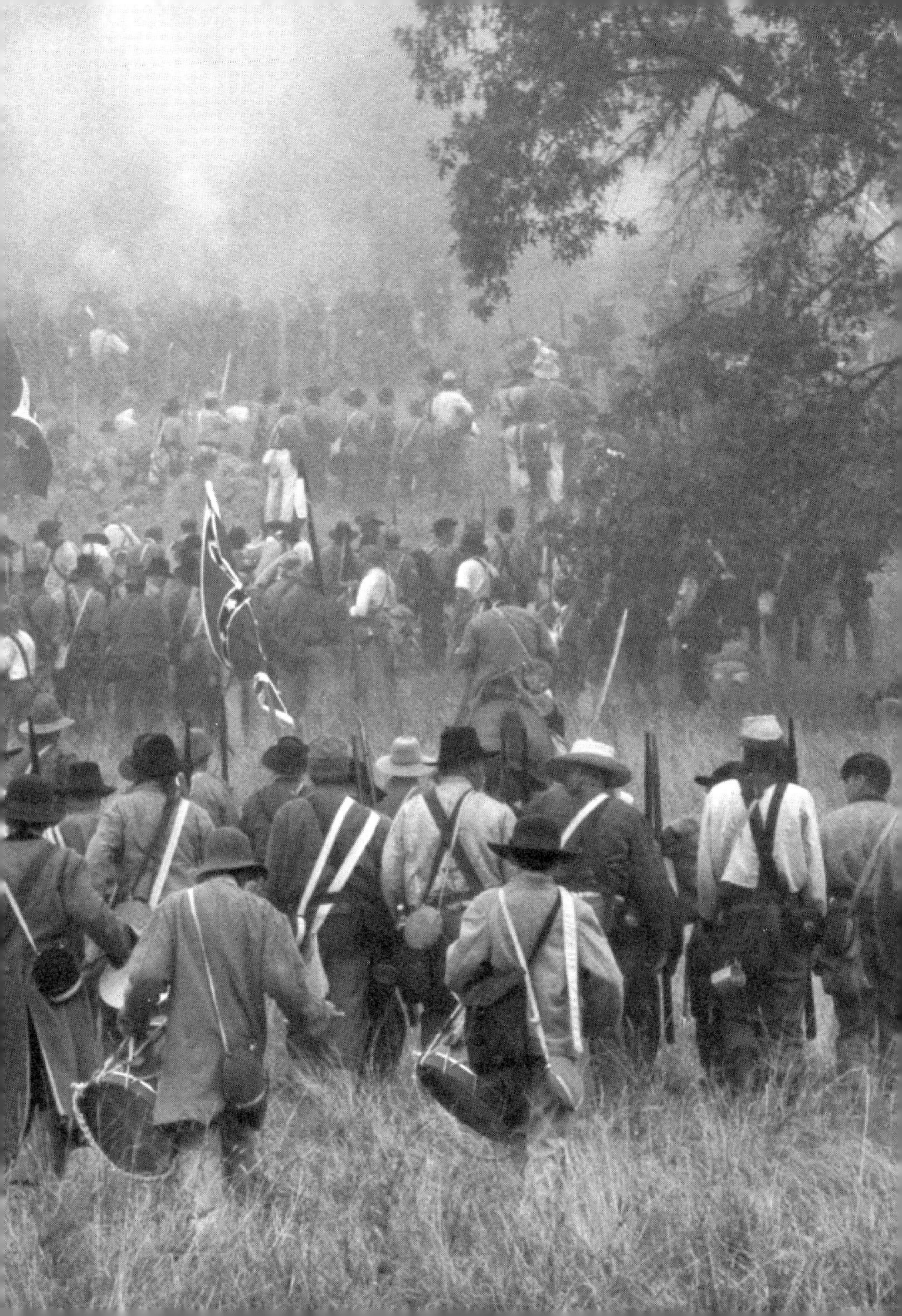

ジェイコブズ・ライフル

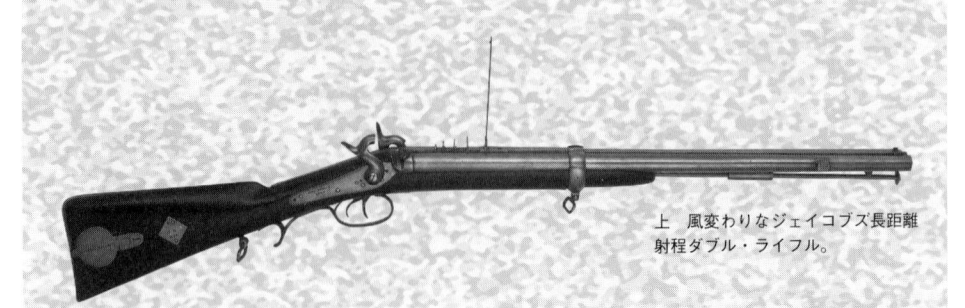

上 風変わりなジェイコブズ長距離射程ダブル・ライフル。

インドで任務についていたイギリス軍のジョン・ジェイコブ准将は、着弾時に弾薬が爆発するという長距離射撃向けの風変わりなライフルを発明した。彼の目的は、敵の大砲用弾薬箱（黒色火薬倉庫）に火をつけ、なんとか1発の弾丸で砲兵隊のいる場所をまるごと破壊しようとすることだったので、これはライフル初の「対物」弾ということになる。

ジェイコブズ・ライフルは.53口径の銃身が2本あるパーカッション式で、照準器は大胆にも2000ヤードまで目盛りがつけられていた。弾丸も通常とは異なって、ライフリングに合わせて安定させるために4つの「ヒレ」がついており、先端部分に爆薬が入っていた。着弾時にこの火薬が爆発して弾が標的からどのくらいそれたかがわかるため、それを頼りに狙いを調整して、最終的には攻撃目標に命中させることができる。あたれば驚異的な破壊力だ。もうひとつ変わった特徴といえば、これまででもっとも長いライフル用銃剣がとりつけられていたことだ。

クリミア戦争でこのライフルの威力を見せつけたのは、インドから帰国する途中にセヴァストポリの兄弟のところに立ち寄ったイギリス人将校、マルコム・グリーンだった。ジェイコブズ・ライフルをたずさえていた彼は、イギリスの同盟軍であるフランス軍を悩ませていたロシア軍砲兵隊の陣地に向けて発砲した。相手に深刻な打撃を与えたという記録は残っていないが、彼はたしかにロシア軍に銃を引っこめさせたようである。

ジェイコブズ・ライフルのどこか風変わりなデザインと、人体にあたって爆発するという残忍でおそろしい効果を考えると、この武器が軍事史のすみのほうに追いやられてしまったことは十分納得できる。

倍の距離でも同じことができただろう。

不可解なのは、武器の有効射程が倍になって、各兵士の能力が格段にあがったにもかかわらず、歩兵戦術はナポレオン時代あるいはそれ以前とほとんど同じだったことである。

なおもナポレオン時代の戦法で

クリミア戦争とアメリカ南北戦争のほとんどにかけて、軍隊はなおも会戦で敵と向かいあい、肩が触れあうほど密に固まって戦っていた。彼らの標準装備なら、およそ450メートルも離れた場所から敵を撃ちぬく

第2章　新たな技能と忘れられた教訓

ことができるのに、である。むろん、それまでは滑腔式マスケット銃を漠然と敵全体の方向へとかまえて、相手に大きな損害を与えられることを祈りながら（そうなれば報復射撃が減る）一斉に発砲すればよかったのだから、歩兵を一から教育しなおす必要があったことは事実だ。しかし、正しい訓練を受けさえすれば、ライフルで正確に狙って敵を倒せるチャンスは高い。それなのに、彼らはほとんどの銃撃を、号令にしたがって同時に行なっていたのである。

ほぼ一定量の火薬とミニエー弾、そして迅速なパーカッションロックと調整可能な照準器を用いれば、ライフル銃兵が一斉に撃って敵歩兵部隊の進撃に大損害を与えることは可能だ。ただし、射程さえ間違えなければの話である。そのため、下士官など経験豊富な上官がどなる指示を頼りにライフル照準器の目盛りを合わせるのではなく、兵が自分で距離を測れるようにすることは重要だった。その補助となるように、条件が許せば戦闘に先立って、前線からの距離を示すものとして、木の杭や石がおよそ90メートル間隔でならべられることもあった。

イギリス軍の標準装備としてライフルが導入されると、志願入隊のライフル部隊に興味をいだく者が増え、射撃試合が増加し、なによりも一般の兵士に対する射撃の指導内容が改善された。1853年、イギリスでは、陸軍のさまざまな連隊の指導教官を養成するために、ハーディング陸軍総司令官によって南部のケント州ハイズにイギリス陸軍銃兵隊学校が創設された（ライフル部隊にはすでに訓練施設があった）。ハイズの広大な海岸は射撃訓練には最適だった。射程の推測、立つあるいはひざをつく姿勢にとどまらないさまざまな射撃姿勢、820メートル強までの長距離射撃は、そこで訓練されていた重要な新技能の一端である。このころまでには、射撃の特殊部隊のみならず陸軍全体が、的をしぼって撃つという考え方を受け入れるようになっていたので、戦略的な価値の高い将校や砲兵を攻撃目標に選ぶことも具体的に教えられていた。したがって、これは最初の「正式な」狙撃訓練だといえるのではないだろうか。

こうしたスキルは、ハイズで訓練された教官によってイギリスの一般兵士に伝えられた。そしてまもなく、彼らはクリミア戦争（1854～56年）で、ロシア帝国陸軍相手に訓練の成果を試すことになる。イギリス陸軍の全兵士がライフルで武装し、その扱い方を学んだことで、小火器による長距離射撃で敵と交戦する能力は

左　イギリス、ケント州ハイズにあった銃兵隊学校。

図説狙撃手大全

上　アメリカ南北戦争でも、義勇兵のようないくつかの部隊は明るい色あいの軍服で現れて、簡単に標的にされた。
(Roy Daines)

かつてないほど高まっていた。通常のライフル銃兵でも、360メートルほど離れたところから人間大の標的に命中させられるはずだった。つまり、依然として滑腔式マスケット銃を装備していたロシア軍よりも潜在的にはるかに優位に立っていたことになる。さらに、全体として射撃のできる兵の数が増えたことから、特別な才能をもった射手を選びぬくチャンスも広がった。そのため、各大隊のすぐれた射手10名が集められ、意図的にロシア軍の砲兵隊を狙う小規模な射撃部隊が組織された。大砲の多くがまだなおライフルよりも射程の短い滑腔式だったことを考える

と、これまでにはなかったことだが、小火器で「大砲を黙らせる」こともできた。セヴァストポリでは、イギリス軍ライフル銃兵によって多くの砲兵が犠牲になり、ロシア軍将校のフランツ・トートレーベンにこういわせている。「大砲よりもライフルのほうが数多く発射され、われわれの砲兵隊にとどいた。それによってほとんどの兵が死ぬか、負傷するか、したのだ」。最後の文から、ミニエー弾の破壊的な威力がわかる。この回転する大きな弾丸はおそろしいほどの強い衝撃で相手を負傷させた。手足にあたれば、ひどい骨折か、あるいは骨が粉々にくだけてしまうの

がふつうで、ときには破片でさらにけがをすることもあった。多量の出血や病原菌の感染で命を落とすよりもまだましな手段として、結果的に戦地で手足を切断することも多かった。

クリミア戦争時代における長距離射撃の功績については、おもに通信技術が進歩して印刷が可能になっていたことから、きちんとした記録が残されている。当時のイギリス軍射手でもっとも目をひくのが、近衛連隊のG・L・グッドレイク大尉である。30名からなる彼の射撃班は、セヴァストポリで500名にもおよぶロシア海兵隊の攻撃をしりぞけた功績で、最初のヴィクトリア十字勲章を授けられている。また、この町の包囲戦では、前方に配置された射手が工兵隊を支援して、敵を徹底的に抑えこんだ。町の守備状況を調べていたときにたまたまチャンスがあったからと、ロシア軍司令官パヴェル・ナヒモフ提督を射殺したのも、そんな名の知れない射手だった。

クリミア戦争でもっともたくさんの戦果をあげたのは、おそらく第1ライフル旅団のヘンリー・トライオ

ふたり1組

ナポレオン戦争からクリミア戦争までのあいだ、イギリスの軽歩兵隊で一般的に用いられていた散兵の戦術は、左右に12歩ほど離れてふたり1組で行動することだった。敵と交戦するときには、まずひとりが撃ってから再装填するために1歩わきへ下がり、そのあいだにもうひとりが進みでて発砲する。このようにふたりが射撃と装填を交替して行ないながら、散兵は徐々に前進する。散兵が退却するときも基本的には同じ要領で、後ろへ下がる。後退しながら、たがいに装填している仲間を掩護するのである。フランスの散兵のなかにも同様の戦術を用いている部隊があったが、1班4名という構成だった。

あきらかにクリミア戦争では、このふたり1組が射撃戦術にまでとりいれられたようだ。ただしこの場合は、ひとりが攻撃目標を見つけ出し、もうひとりが撃つというものである。経験豊富なライフルの専門家であるD・デイヴィッドソン中佐は、セヴァストポリの郊外でこの戦術を練習しているふたりの兵士を見かけたと述べている。ひとりはうつぶせになってライフルをかまえ、もうひとりは望遠鏡で敵砲兵隊員の動きをとらえて射撃を担当する仲間の注意をそちらへ向けようとしていたという。たしかにこのとき以降、物事はそうした考え方へと向かうことになる。ふたり1組の方法は当時ハイズで教えられていたやり方ではないが、次の世紀には基本的な狙撃手法となった。そして実際に見たことからヒントを得たデイヴィッドソンは、ライフルにとりつける望遠照準機の製作にのりだした。

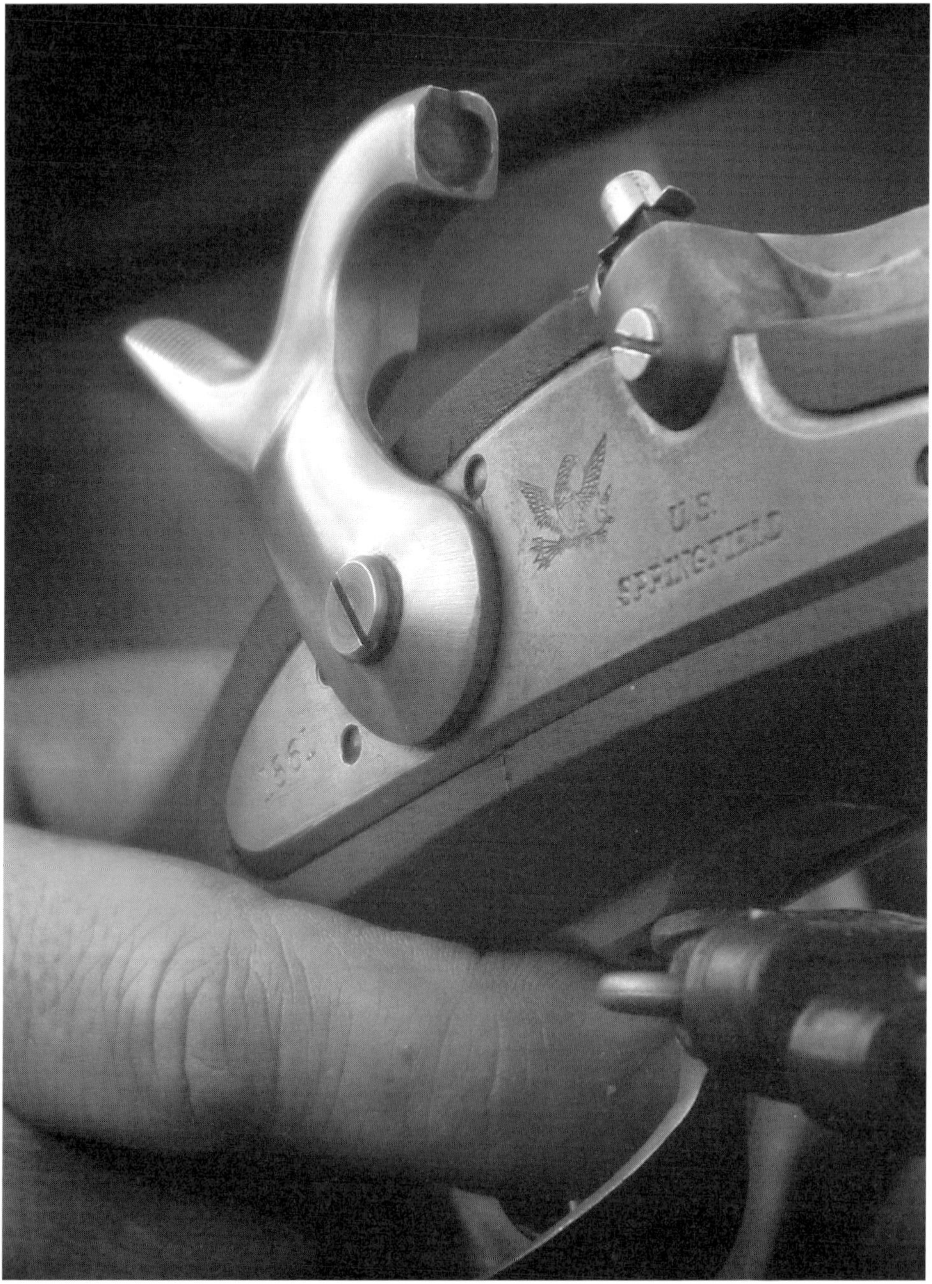
U.S.
SPRINGFIELD

第2章　新たな技能と忘れられた教訓

左　エンフィールド・パーカッション式ライフルはイギリス軍の標準支給兵器だったが、アメリカ南北戦争の両軍でも数多く使用された。
(Roy Daines)
左ページ　スプリングフィールド・ライフル複製品のパーカッションロック。

ン中尉だろう。戦争中に100人を超えるロシア兵を撃ち、とくにインケルマンでは1日に30人も射殺したが、1854年11月20日にセヴァストポリでロシアの射撃壕へ突入して奪取したさい、みずからも敵の銃弾に倒れた。この第1ライフル旅団の射撃の名手たちは、クリミア戦争中、ほかのどの連隊よりも多い8つのヴィクトリア十字勲章を授与されている。

おもにマスケット銃で武装していたロシア軍の歩兵隊は、イギリスやフランスのライフル銃兵に対して、会戦ではまったく勝ち目がないことを悟った。密集隊形で前進すると、これまでの小火器ではとどかなかった距離で、大量の死傷者が出てしまうのである。

クリミアでは、従来の「ナポレオン時代の」戦列で戦うこともあった一方で、兵はまもなく自分が標的にならないようにすることも学んだ。散兵だけではなく通常の兵士も、できるかぎり物陰に隠れたり、姿勢を低くしたり、隠れた場所から発砲したりする方法を身につけた。第1次世界大戦のような塹壕はまだ存在していなかったが、射撃壕、要塞、大砲のはざまなど、すぐに築くことのできる守備を強化した陣地は一般的になった。

ロシア軍にもわずかながらライフル特殊部隊があったが、そうしたライフル銃兵のほとんどは、散兵や射手など従来のライフル銃兵の役割をになっていた。彼らもいくつかの功績を残しているが、重い大口径の武器はすでに時代遅れで、対抗勢力の新しい武器より射程も短いうえ、ロシア軍はイギリスやフランスの陸軍がくりだす長距離射程ライフル射撃の数の多さにも負けてしまっていた。

クリミア戦争は事実上、アメリカ独立戦争時代の射手支配に終止符を

次ページ　1863年7月、ゲティスバーグのデヴィルズ・デンにて。戦死した南軍の射手。(NA)

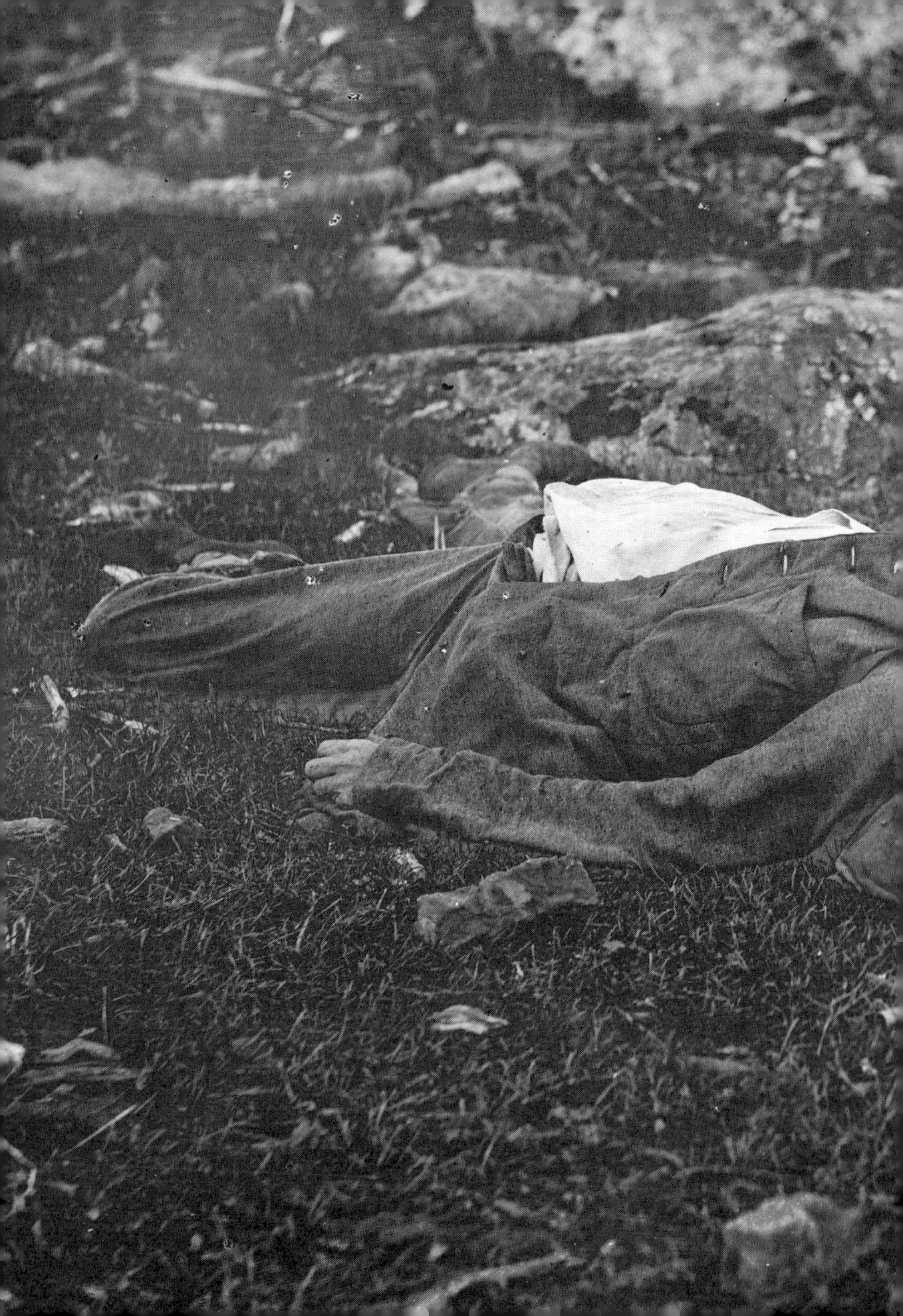

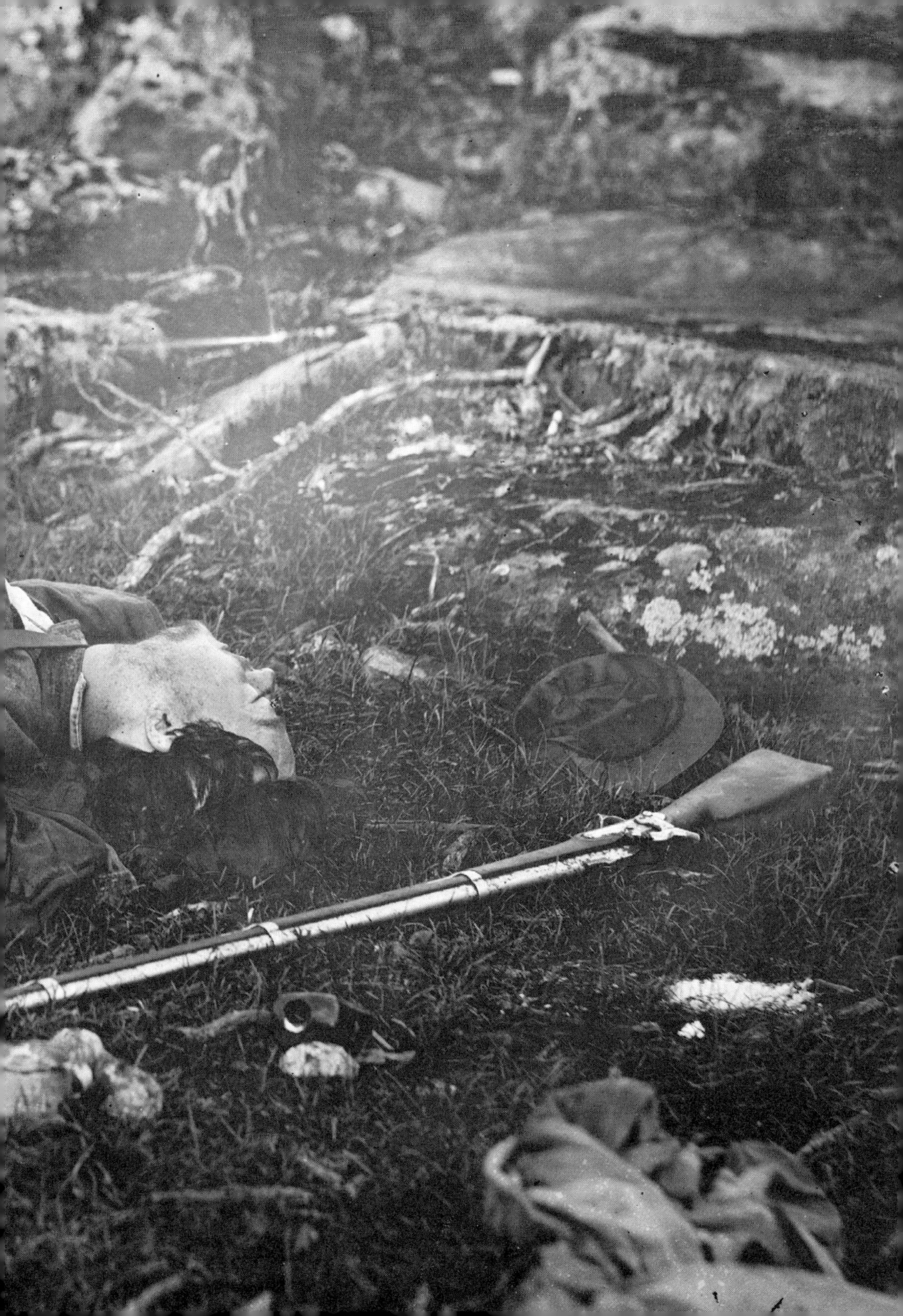

スプリングフィールド・モデル1861、モデル1863ライフル・マスケット銃

上　スプリングフィールド・モデル1861ライフル・マスケット銃は、北部連邦軍でもっとも広く使用された小火器だった。(Davide Pedersoliの好意による)

　一般にはたんに「スプリングフィールド」とよばれるこのモデル1861ライフル・マスケット銃は、マサチューセッツ州のスプリングフィールド造兵廠で製作されたが、南北戦争の需要を満たすために民間企業にも下請けに出されていた。戦争中に75万挺の1861年モデルが生産された（うち50万挺は請け負い）が、27万挺生産された派生型のモデル1863も合わせると、合計で100万挺以上製造されたことになる。スプリングフィールドは、北部連邦軍でもっとも広く支給されたライフル・マスケット銃だが、捕虜や兵器庫から奪ったり戦場でひろったりした南部連合軍でも人気があった。

　このライフルはパーカッションロック式で、40インチ（約102センチ）の銃身から.58口径のミニエー弾を発射する。ライフリングは3条で転度は1/72（一周が約183センチ）、全長は56インチ（約142センチ）で重量はおよそ9ポンド（約4キロ）である。最大有効射程は500ヤード（約457メートル）だとされているが、通常の兵では300ヤード（約274メートル）先の人間大の標的に命中させるのがせいぜいだろう。ふたつの跳ね上げ式リーフサイトの目盛りがそれを反映しているが、戦闘照準は100ヤードである。

　モデル1863は基本的にモデル1861を改良したもので、いくつかの変更がくわえられている。コルト社が製造したモデル1861の「特別請負」モデルをもとに、ロックの表面を硬くする、撃鉄のデザインを変える、火門座の支えを短くする、銃身の金属帯や朔杖を新しくするなどしてある。

打った。軍事的戦術の教訓や小火器技術の進歩は、誰の目にも明らかだった。新聞は世界中でそのニュースを報じ、クリミア戦争で戦った兵の多くは、新しい人生を求めてアメリカへと移っていった。それにもかかわらず、10年後にアメリカ南北戦争が始まったときには、すべての教訓が忘れさられてしまったかのようだった。両軍ともパーカッション式ライフルを装備してはいたものの、なおもナポレオン時代の戦法にしたがって、密集した横列で敵に向かって進撃したのである。いくつかの部隊にいたっては、依然として、義勇兵のようなヨーロッパ植民地軍のきわめて非実用的な明るい色の軍服を着用していた。

　南北戦争初の大規模会戦となったブルラン（マナッサス）の戦いでは、議員などの要職にある人間や一般市民が着飾って戦場の光景を見物に来ていたといわれている。3500人もの兵が戦闘中に死んだり負傷したりするのをまのあたりにして、みなさぞかしショックを受けたことだろう。両軍とも比較的戦争に不慣れだったことを考えると、この犠牲者の数は

第2章 新たな技能と忘れられた教訓

あまりに多い。しかもこれはその先に続く大虐殺のほんの前触れにすぎなかったのだ。

南北戦争では滑腔式マスケット銃が使われることもあったが、両軍とも兵のほとんどはライフルで武装していた。部隊によっては、イギリス軍がクリミア戦争で使用したものと同じモデル、エンフィールド1853ライフル・マスケット銃も使用していた。これらの銃はイギリスから合法的に、あるいは非合法に輸入され、終戦までには90万挺を数えるほどになっていたとみられている。数でそれをしのいだライフルはスプリングフィールド1861ライフル・マスケット銃で、これは北部連邦軍の主要な武器だったほか、南部連合でも数多く用いられた。

ほぼすべての兵がライフルを手にしたことから、通常の兵士と射撃に専念する射手との違いは、携行している武器以外の要因で区別されるようになった。事実、結局は有能な射手の多くが特殊な武器や装備を使用するようになっていくのだが、一番の違いは高度な射撃技能ということになる。

戦争開始直後、男たちが競って敵対する両軍に入隊したとき、彼らはたいてい自分の故郷である州や町の名前を冠した部隊にくわわったが、なかにはもっと冒険心をくすぐる名称の、州や町とは関係のない中隊にひかれる者もいた。「射撃隊」などと銘打った部隊も少なくなかったのだ。ただし、そのほとんどが名ばかりの射撃部隊だっただろう。実際、

かなりの割合ですぐれた射手を戦闘に参加させた部隊があったことはまちがいない。とりわけ男たちが日頃から家で当然のごとくライフルを扱っていた地域ではそうだった。しかし、だからといってかならずしも誰もが射手になれたとはかぎらない。どのみち、ほとんどの指揮官は彼らを通常の歩兵として扱ったからである。

のちに、正確な射撃の訓練を受けた専門の部隊が結成されることになるが、当面は、クリミア戦争など過去の戦争と同じように、射手は数ある兵のなかから選び出されていた。彼らが持ち前の熟練技を発揮していたためである。

そのなかには、射撃が得意なだけではなく、山野に慣れていて周囲の状況をうまく利用することのできる兵がいた。一言でいえば、ヨーロッパ各国の軍隊にいたプロのイェーガー、シャスール、カサドール、カッチャトーレのような猟兵のスキルを身につけていた者である。大きな違いは、まだなお過酷な環境だった辺境開拓地や、植民した地域でさえ荒野の多かったこの国には、これまでのどの戦争と比べても射撃の名手が数多くいたということだろう。

戦争が始まっていくらもたたない1861年7月13日、階級の高い参謀将校としてははじめて、南部連合軍のロバート・S・ガーネット将軍が北部連邦軍射手の弾に倒れた。これは予想外のことだった。なぜなら、戦争開始時には南部のほうがもともと腕のよい射手が多いと考えられて

図説狙撃手大全

上　誰もがライフルを手にしていたにもかかわらず、南北戦争ではどちらの軍勢でも実際の射撃訓練は行なわれていなかった。(Roy Daines)
右上　北軍も南軍も、最初から軍の中に「才ある」射手がいた。
(Roy Daines)
右下　ライフルが手に入ったことで、腕のよい射手なら誰でも「射撃兵」になれる可能性があった。(Roy Daines)
次ページ　ベルダン射撃隊は緑色の軍服を着用、たいていはシャープス・ライフルを携行していた。(第1アメリカ射撃兵隊UK)

いたからである。もっとも、北部の将校もまもなくひときわ正確な銃撃に襲われるようになる。

ちょうどそのころ、北部連邦軍では、全兵が熟練射手という連隊を送り出す動きがすでに起こりつつあった。自身も標的射撃で張りあえるだけの腕をもち、裕福で政治的影響力もあったハイラム・ベルダンは、1861年6月、リンカーン大統領と陸軍長官に対して、あらかじめ高い射撃能力を有する兵を集める案を申し入れた。そうして10個中隊からなる第1射撃兵連隊を結成する許可を得たベルダンは、大佐という階級で指揮官として任務につく。この部隊は非公式にはベルダン射撃隊として知られている。

ハンター、標的射撃競技の選手ほか北部州の経験豊富なライフル銃兵が、ベルダンの入隊募集広告を見聞きして集まった。入隊前に各個人の技能が最低水準に達していることを示さなければならなかったのは、これがはじめてである。ベルダンが部下に求める水準は高かった。「(…)求められる基準に達しない者を部隊に受け入れるつもりはない。全員が50インチ撃ちに長けていなければならない。私が考えるに、射撃軍団たるものは、400メートルの距離からなら毎回、800メートルなら5回

第2章　新たな技能と忘れられた教訓

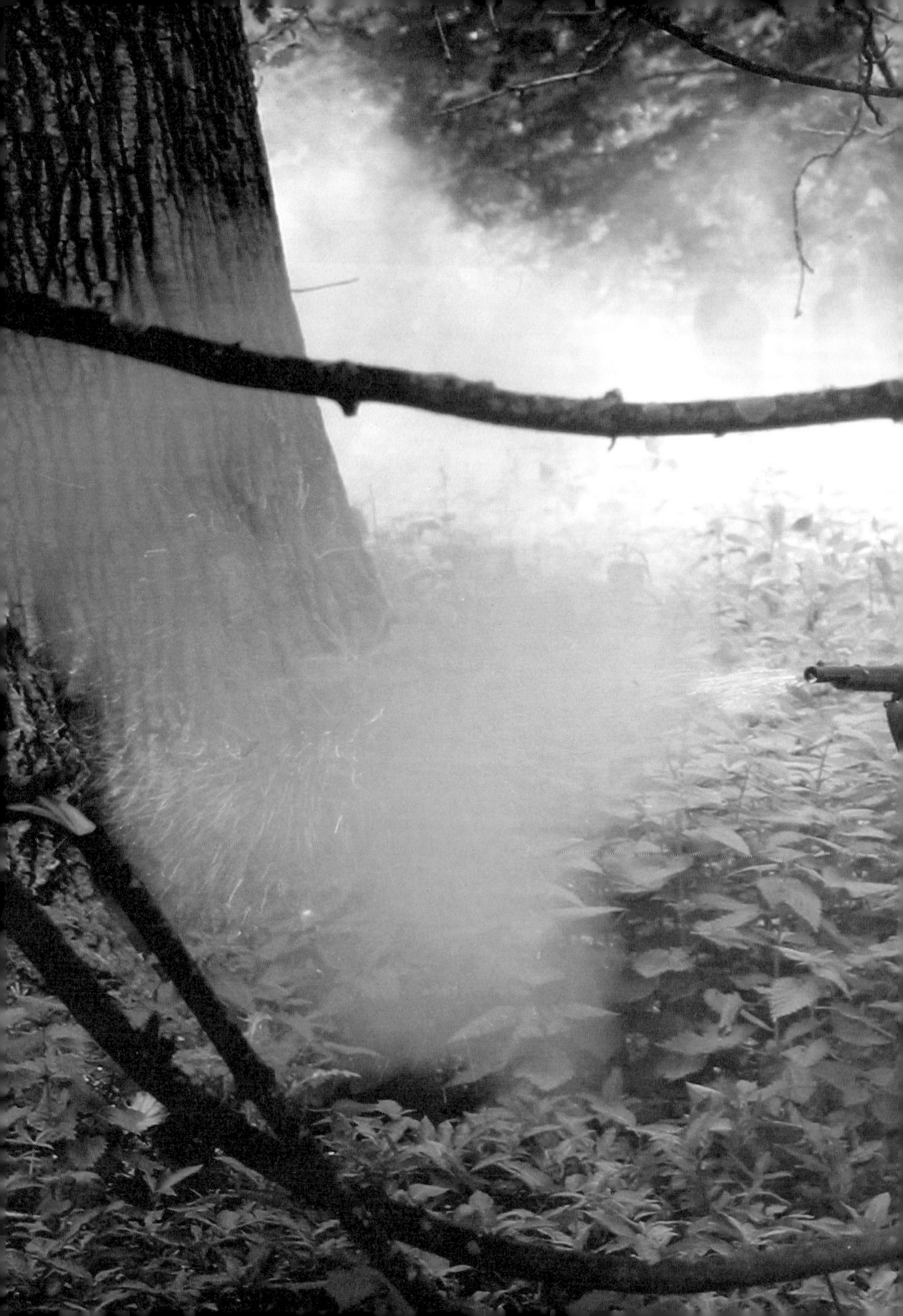

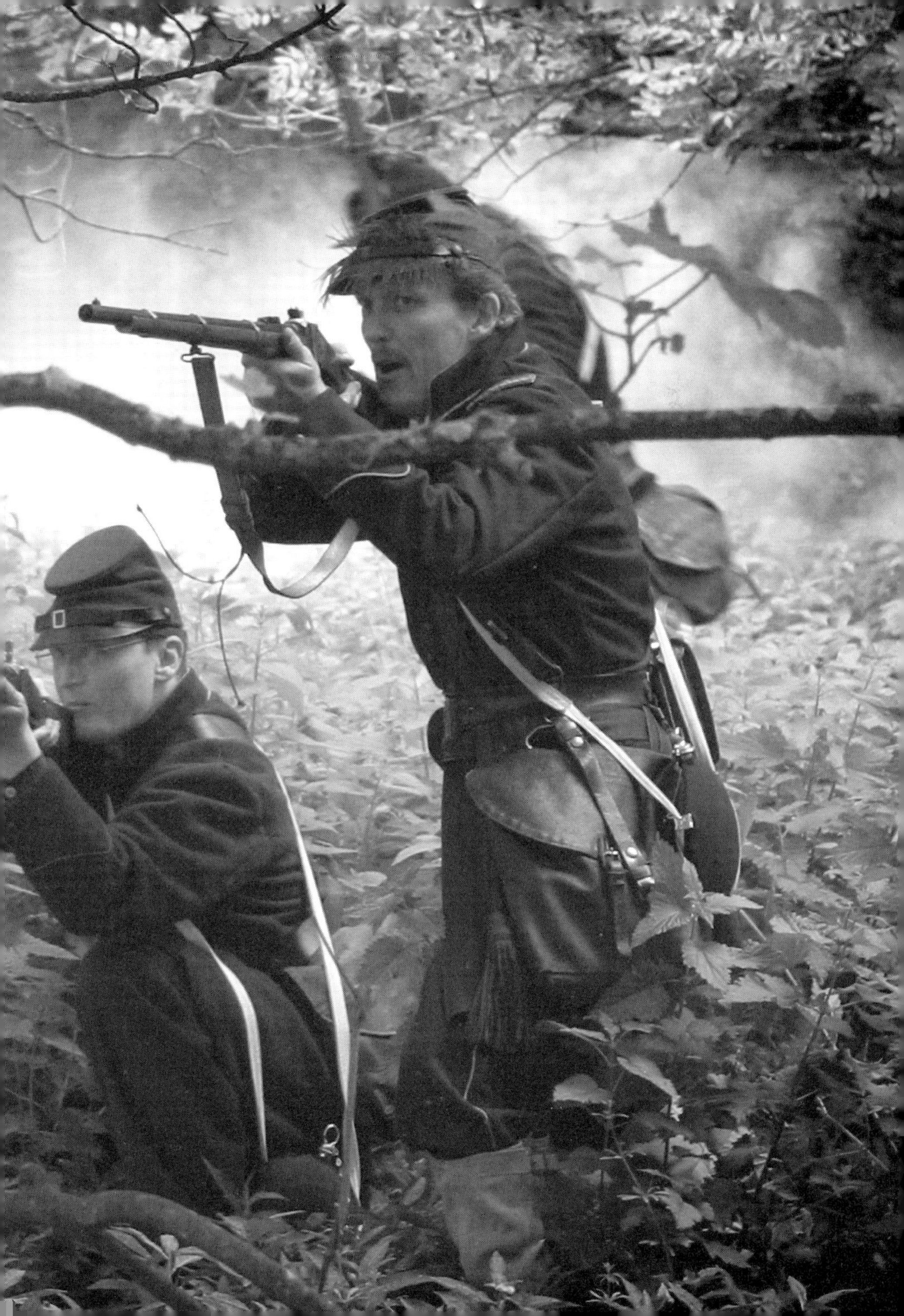

上　射撃兵は超長距離射撃にヘビー・バレルのスコープつきライフルを用いることもあった。（第1アメリカ射撃兵隊UK）

に3回は、射撃台から通常の大きさの人間を撃てて当然だろう。ほとんどの隊員は立射でも、すくなくともそれと同じ、あるいはそれ以上のことができるはずだ」。当時にしては、これは本当にかなり高い基準である。

実際にベルダンが課した試験は、新兵候補が180メートルほど離れた射撃台から、自分のライフルか、あるいはアパチャーサイトか望遠照準器のついた中隊のライフルで10発撃って、中心から着弾点までの距離の総計が50インチ（約127センチ）にならなければならないというものだった。わかりやすい言葉でいえば、およそ25センチの円の中に10発す

べてを入れるということである。当初は、各個人が自分のライフルを戦闘に持参するはずだったが、なかには標的射撃用の手のこんだライフルもあって、重さが約13キロと、軍隊での実用には適していなかった。

兵員の募集は大成功だった。求められる水準に達したライフル銃兵があまりにも多かったので、新たに8個中隊からなる第2射撃兵連隊が結成されたが、1862年1月までにはそれも新兵で埋まった。この連隊は当初10個中隊となる予定だったが、ベルダンの試験に合格して第2射撃兵連隊に合流するはずだった「アンドリュース射撃隊」として知られる

第2章 新たな技能と忘れられた教訓

マサチューセッツ州の2個中隊が、考えを改め、自分たちの州に属する連隊の射撃隊となることに決めたのだった。

射手はライフル射撃の徹底的な訓練を受ける。一見あたりまえのようだが、ほとんどの北部連邦軍の兵にとってはそうでもなかった。彼らは、銃撃されているときには身を低くすること、隠れられる場所をうまく利用すること、慎重に攻撃目標を選ぶことなども教えこまれた。つまり、射手は戦列歩兵任務にはつかず、4名の分隊から中隊規模までのグループ単位で独立して行動し、必要と思われるときに最大の損害を与えるという方法である。機動性が高いという点から、彼らはときに散兵として活動したり、正確な射撃で進撃や退却を掩護したりもするが、ヨーロッパの軽歩兵隊とはかなり違っていた。ここではもっぱら、将校、下士官、砲兵、偵察兵、哨兵、そして当然のことながら敵の射手といった戦略的な攻撃目標を長距離射撃でかたづけることにかかわっていた。

射手は、特殊技能をもつライフル銃兵の伝統のようになった緑色の軍服を着用していた。また、イェーガーやイギリス軍ライフル連隊のように、命令は太鼓ではなくラッパで伝えられた。そして革製の長いゲート

下 ベルダン射撃隊は通常、主軍から離れて任務にあたっていた。(第1アメリカ射撃兵隊UK)

ハイラム・ベルダン、キャスパー・トレップ、カリフォルニア・ジョー

南北戦争が始まったとき、南部連合軍のほうが多くの射手をかかえていた。この不均衡を是正しようと、裕福な発明家で一流の射手だったハイラム・ベルダン（1824～93年）は政治的影響力を駆使して政府に働きかけ、北部連邦軍に射撃兵連隊を創設する許可をとった。そうして北部のさまざまな州から募集され、特別な射撃の条件を満たした者たちが、大佐という階級のベルダンを指揮官と仰ぐアメリカの射撃兵となった。

ベルダンが凄腕の射手であることはまちがいなく、彼自身もいつもそれを周囲に示そうとしていたし、みずから率いる射撃兵連隊にも同じくらいの情熱を注いではいたものの、やはり軍人ではなく、前線に立つというよりむしろ後方で官僚政治的な闘いに多くの時間をさいていた。しかしそれにもかかわらず、彼は部下の装備や訓練がいきとどいているかどうかに気をくばり、各階級にふさわしい将校を手元におくことで、兵の忠誠心を失うことなく、ベルダン射撃隊の父として後世に名を残すこととなった。1864年1月に退役した彼はまた、武器や弾薬の実験に着手した。その後いくつもの価値ある特許を取得したが、そのなかに連発式ライフルと金属製カートリッジ雷管がある。

もうひとり、射撃隊の将校として有名なのがキャスパー・トレップ（1829～63年）だ。彼はスイス生まれの射撃の名手で、クリミア戦争ではイギリス軍の将校だった。もしかするとハイラム・ベルダンに射撃兵連隊という思いつきを提案したのは彼だったのかもしれない。当然のことながら第1アメリカ射撃兵連隊が結成されるとすぐに、トレップはA中隊の最初の中隊長になった。最後には中佐となって連隊を率いている。

経験豊かな歩兵だったトレップは、ヨーロッパ諸国の陸軍によるナポレオン時代の戦闘戦術が時代遅れであることや、最新ライフルの射程や命中精度が向上していることにすでに気づいていた。そして軍隊全体が最新の武器をもち、それを正しく用いる技能を身につけて戦闘に参加したなら、どれほどの利点があるかということも理解していた。北軍の巨大な軍隊すべてというわけにはいかないが、

右上　ハイラム・ベルダンは高水準の射撃能力をもった兵を募集して、第1アメリカ射撃兵連隊（ベルダン射撃隊）を結成、みずから大佐として指揮をとった。(NA)

右下　「カリフォルニア・ジョー」はベルダン射撃隊のなかでもっとも個性豊かな人物だった。(NA)

第2章　新たな技能と忘れられた教訓

アメリカ射撃兵連隊のひとつやふたつだけでも相当な力になっただろう。トレップがイギリス軍ライフル連隊の行動を実際に見ていたことを考えると、北部連邦軍の射撃隊が、遠く離れた敵を正確なライフル射撃で襲って擾乱したり、少人数グループで行動し、しばしばみずから判断を行なったり、地形を最大限有効に利用するという手法をとりいれたりしたこともまた彼の功績かもしれない。

歩兵戦術に対する最新のアプローチを見通す力だけではなく、キャスパー・トレップ自身が有能な指揮官だったこともわかっている。不運なことに、前途有望な彼のキャリアは1863年11月30日のマイン・ランの戦いで終止符を打たれた。皮肉なことに、彼は南部連合軍の射手に殺されたのだといわれている。

射撃隊に入隊した兵のなかで、あるいは軍全体の射手のなかで、もっとも有名な人物はトルーマン・ヘッド（1809～88年）ではないだろうか。「カリフォルニア・ジョー」として知られる彼は、どのような基準に照らしても個性豊かな人間だった。1861年に入隊したとき、彼は42歳だと申告している。本当はそれよりも10歳年上だったのだが、兵役の資格に合うように上下に年齢をいつわる兵は当時めずらしくなかった。

入隊時、ヘッドは自分の職業は「猟師」だと述べた。どうやら熊を狩っていたらしい。たしかに自分で購入していたシャープス・ライフルは一流の腕前だった。当時、北部連邦軍は戦争開始時のお粗末な状況から注意をそらし、新兵をひきつけるような新しい「英雄」を探し求めていた。トルーマンはまさにうってつけだった。カリフォルニアで砂金をふるい分けて一儲けしていた彼は「カリフォルニア・ジョー」というあだ名をつけられて、その手柄がおもしろおかしく北部の新聞で語られるようになった。

ヘッドが使用していたのはシャープスのライフルだけではない。彼はスコープつきの標的射撃用ライフルにおいてもかなりの腕前だった。ライフルは彼自身の所有物だった可能性もあるが、おそらくは、射撃兵用の輸送隊が運び、移動していないときにだけ用いられた連隊の重い前装式標的射撃用ライフルだろう。製造元の記録は残っていないが、およそ14キロというかなりの重量で、六角形の銃身に真鍮製の7倍スコープがそなえつけられていた。ヘッドはこの設定で800メートルを超える一撃を放ち、射撃兵が好んで獲物にしていた南部連合軍の砲兵隊将校を撃ちぬいて、その砲列を事実上沈黙させたという。

彼は3年間兵籍にとどまっていたが、1862年11月に「老齢と視力低下」で除隊になった。もっとも現在ほどその言葉に深刻な意味はなかったのかもしれない。その後サンフランシスコ税関でまた国家のために働いて、それから26年も生きながらえたのだから。

左　アメリカ射撃兵隊（再現）がもうもうとたちこめる戦闘の煙のなかでライフル銃を装填する。
(Roy Daines)

「ベルダン」シャープス・モデル1859ライフル

上 後装式ベルダン・シャープスはモデル1859ライフルによく似ている。

　この単発、雷管、フォーリング・ブロックアクションの後装式ライフル銃はクリスチャン・シャープスの設計によるものだ。.52口径30インチ（約76センチ）の銃身をもち、6条のライフリングは一周が48インチ（約122センチ）、全長47インチ（約119センチ）で重量はおよそ10ポンド（約4.5キログラム）である。用心金（トリガーガード）のレバーを引き下げると、ブロックがさがり銃尾があらわになる。紙製カートリッジを装填してレバーを引き上げてもとにもどすとブロックが上がると同時に、その動きによって紙製カートリッジの端が切りとられて、閉鎖された銃尾のなかで火薬が出るようになっている。

　ベルダン射撃隊が用いていた特別なシャープスは、基本的には後装式のモデル1859ライフルだが、ふたつの引き金と目盛りの細かい照準器をそなえていた。ソケット式の銃剣はとりつけ可能だが、銃剣用の突起はない。このセットトリガーの仕組みでは、第1の引き金は第2の引き金をセットするために用いられる。そのため第2の引き金は「触発引き金」となり、雷管をたたいて点火するために露出した撃鉄を解放するにあたってほとんど力を必要としないので、命中精度が上がる。くわえて後装式であることから、内径にぴったりの弾丸を使用できるので、精度はさらに向上した。スピードが命である近距離の行動では、二重セット構造のひとつめの引き金を無視して、直接第2の引き金を引くこともできる。ただし発砲時の引き金の重みは非常に大きくなる。

　南北戦争中には1万1000挺を超えるシャープス・ライフルが北部連邦同盟政府によって購入された。よくあるまちがいを正しておくと、「射撃の名手（シャープ・シューター）」という言葉はシャープス・ライフルとはなんの関係もない。これはドイツ語で射手を意味するScharfschütze（シャルフシュッツェ）がなまったもので、シャープス・ライフルの案さえ生まれていないころからずっと使われている。

ルを巻き、磨かれていない子牛革でできた独特の背嚢を背負っていた。おそらくもっともめだつ特徴は、前装式のライフルをたずさえていた北部連邦軍歩兵の大部分とは違って、いくつかのモデルを試したすえに、彼ら全員が後装式のシャープス・ライフルを装備するようになったことかもしれない。シャープス・ライフルの支給については陸軍とのあいだで一悶着あった。スプリングフィールド・ライフル・マスケット銃はできのよさ、つまりグレードに応じて1挺が16ドルから20ドルだったのに対し、シャープスがおよそ40ドルという費用の問題と、シャープス

第2章 新たな技能と忘れられた教訓

左 シャープス・ライフル複製品のセットトリガー(ダブルブレード「触発」引き金)。

下 北部連邦の射撃混成軍、ベルダン射撃隊とバックテイルズ隊。おもにシャープス・ライフルで武装している(再現)。(Roy Daines)

の工場が騎兵連隊向けのカービン銃の製造に追われていたこともめた原因だ。結局リンカーン大統領本人が仲裁に入ったともいわれているが、どのような存在がかかわったにせよ、ベルダンはついに部下に当時最高のライフルを装備させることに成功した。

M1859シャープス .52口径は、標的射撃用ライフルの正確さにはかなわないものの、なかなかの超長距離ライフルだった。このライフルのとくにすぐれた点は、すばやく発砲できることと、450メートルくらいまではむろんのこと、中長距離の命中精度がきわめて高かったことである。

ウィットワース（ホイットワース）・ライフル

このたぐいまれな命中精度をもつパーカッション式ライフルは、指折りのイギリス人技術者ジョゼフ・ウィットワース（1803～87年）によって発明された。彼は、イギリス陸軍総司令官のハーディングから、P53エンフィールドの後継ライフルをデザインするよう依頼を受けた。技術者としてはきわめてすぐれているものの銃の設計には慣れていない彼を助けるために、名銃工ウェストリー・リチャーズが補佐役に任命された。

この銃の設計は独特である。溝ではなく六角形のライフリングをもつ前装式小火器で、それに合う六角形の弾丸を使う。33インチ（約84センチ）の銃身のライフリングは一周が20インチ（約51センチ）という高回転で、内径はわずか0.451インチ（約1.15センチ）、全長は52.5インチ（約133センチ）で重量はほぼ9ポンド（約4キロ）である。

1857年にハイズで行なわれた試射では、ウィットワースはP53よりもはるかに、とくに長距離で命中精度が高いことが証明された。試射では、射撃台から10発撃って、的の中央からの距離を計測して平均した。当時、軍用ライフルの500ヤード（約457メートル）の結果は最高で27インチ（約69センチ）だった。試射当日、ウィットワースはそれをわずか4.5インチ（約11センチ）へと大幅に縮める。一方のエンフィールドはまずまずの28.75インチ（約73センチ）だった。ウィットワースはその後も800、1000、1400、1800ヤードでP53をしのぐ結果を出した。1400ヤードの時点では、P53の結果があまりにも悪かったので比較をあきらめ、1800ヤードではもうP53はテストすらしなかった。このようにすばらしい成績を出したとはいえ、ウィットワースの六角形の内径は角のくぼみによごれが付着しやすかったことから、イギリス陸軍はこの

左上　デイヴィッドソン・ライフル望遠照準器。とりはずし可能な金具で側面に装着する。こうしてみるとよくわかる。
上　ウィットワース・ライフルの特徴ある六角形のライフリング（と朔杖）。

ライフルを採用しなかった。しかし、ウィットワースは標的射撃競技用ライフルとして大きな成功をおさめ、アメリカの南部連合軍では特殊射撃兵の武器として使用された。

南部の州へとたどりついたこのライフルには、通常のリーフサイトがついているものがあれば、「グローブ」（アパチャー）標的射撃用サイトや光学照準器つきのものもあった。このライフルにとりつけられた光学照準器のなかでもっとも一般的だったのは、側面に搭載する「デイヴィッドソン・ライフル望遠照準器」で、銃身とほぼ同じ長さだった当時の多くのも

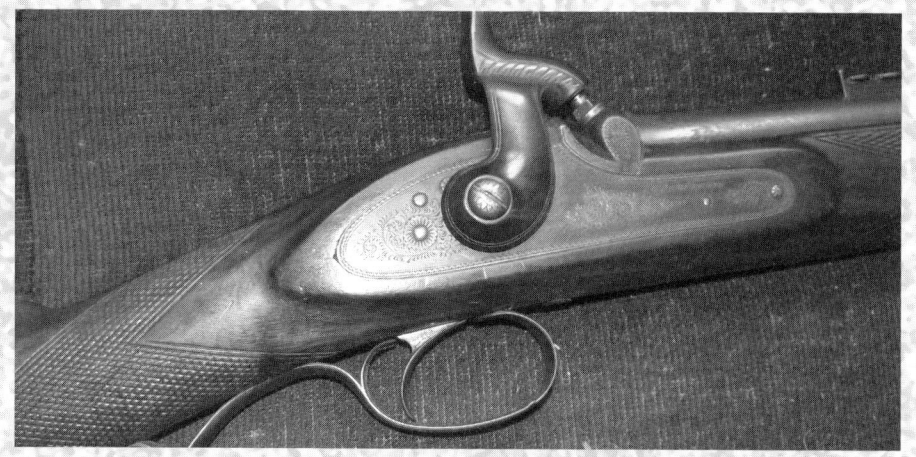

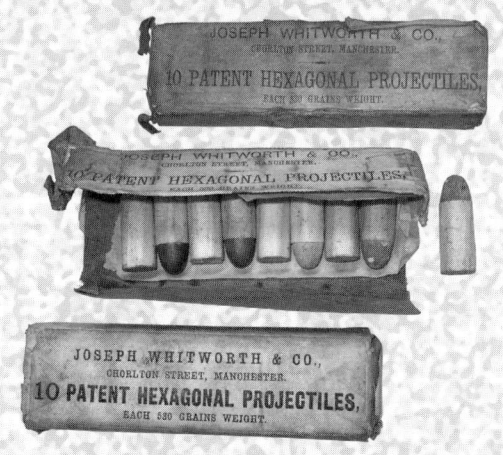

第2章 新たな技能と忘れられた教訓

上　ウィットワースはパーカッションロック式だった。
右　ウィットワースのカートリッジパック。(Graham Lay)

のと比較すると約37センチとかなり短いモデルだ。むろんきちんと機能したのだが、側面にとりつけると、自然な射撃姿勢を維持するときに、正しい位置に頭を置くことがきわめてむずかしい。よくできたライフルはすべて、射手の目が「自然に」銃身上にある照準のところへくるよう設計されているものだ。(著者注　右ききである著者が、銃身と同じ長さをもつマルコム製の望遠照準器を側面に装着した複製品で狙いを定めようとかまえたところ、照準器は望遠の筒が長いにもかかわらず驚くほどよく見えたが、頭をぴたりと合わせることは実際かなりむずかしかった。すると、オーナーが彼のやり方を見せてくれた。簡単だ。右目ではなく左目を使うのである。このときは実際にライフルを発射することはできなかったが、彼いわく、好成績を出したことがあるそうだ)

スコープつきで1挺1000ドルという言い値で南部連合軍がウィットワースを購入したとき、1000発分の弾薬も送られてきた。しかしウィットワースのこの6角形の弾薬を使い果たしてしまった射手が代わりにミニエー弾を用いたところ、命中精度に大きな差はなかったといわれている。

ウィットワースは非常に有能な長距離射程ライフルだった。チカモーガの戦いにおけるリトル将軍、スポットシルヴェニアの戦いにおけるセジウィック将軍をはじめとする多くの北部連邦軍の命を奪ったのである。

上　通常の歩兵として扱われてしまうと、射撃兵は直接銃撃を浴びる範囲外から正確な長距離射撃を行なうという最大の強みを発揮できない。
(Roy Daines)

後装式のシャープスは、前装式ライフルを装填して1回発砲するあいだに、5発以上の弾を発射することができた。一度に数多く用いれば、シャープスのすばやい正確な射撃は、よほど決意の固い相手でないかぎり全員がちりぢりに逃げてしまうほど圧倒的な成果をあげることができた。

射手はまた予備に「大砲」をもっていた。これはヘビー・バレルで前装式の標的射撃用ライフルで、アパチャー（グローブ）サイトか望遠照準器がとりつけられており、とくに長距離射撃に用いられた。こうした望遠照準器つきのモデルにはモーガン・ジェイムズ・ライフルがあるが、それ以外にも兵士が個人的に所有していたさまざまなメーカーのものが存在していた。ライフルによっては重さがおよそ5〜6キロ、あるいはそれ以上のものもあり、重量級になると標準の小火器として持ち歩くには重すぎた。そこで連隊の供給物資を運ぶ荷馬車にのせておき、必要なときだけ用いて、仕事が終わればまたもどすという方法がとられていた。

戦果という点では、ベルダン射撃隊は北部連邦軍内のほかのどの連隊よりもたくさんの敵を殺したといわれている。実際の数字をあげることは困難だが、この射撃隊が65回の会戦以外にも戦闘に参加して、しかも全員が試験に合格した射撃の名手であることを考えると、おそらくその説は正しいと思われる。それとは対照的に、北部連邦軍のほとんどの

第2章　新たな技能と忘れられた教訓

兵は、支給された軍用ライフルで、戦場へ送られる前に5回も標的を撃つ練習ができればよいほうだったのだ。

ほかに、北部連邦軍の指揮下に入らない射撃兵部隊もいくつか結成された。大部分は中隊規模だったが、ペンシルヴェニア州のバックテイルズ隊のようにそれよりも大きな編成の射撃部隊を戦闘に参加させたところもある。バックテイルズ隊は、ペンシルヴェニア州知事の許可を得てトマス・ケインが組織したライフル大隊だ。隊の名称は、彼らがかぶっていた略帽につけられた鹿の尾からとったもので、彼らが鹿を狩るほどの腕前の持ち主だということを暗に示している。おそらく多くの兵が本当にそうだったのだろう。だが、彼らは北部連邦にあったほかの州の射撃部隊と同じ道をたどった。戦争が進んでからはシャープス・ライフルが支給されたにもかかわらず、通常の歩兵として扱われたのである。射撃の腕前が認められていたことは確かだが、名声を得た理由は射撃ではなく、大規模会戦の多くで勇敢に戦ったことと、一目でそれとわかる「鹿の尾」(バックテイル)の装飾品のためだった。

南部連合軍の射手は、北部連邦軍のそれと比べてあまり組織化されていなかったが、むろん同じくらいの腕前をもち、ときには北部よりも長距離射撃ライフルの装備がよいこともあった。前にも述べたが、一般的には北部州よりも南部の連隊にいる射手のほうが射撃水準は高いと考えられていた。指揮官にはすぐにどの兵がなみはずれた射撃で「めだっている」のかがわかるので、ことさらむずかしい射撃をしなければならない状況では、そうした腕の立つ兵が射手の役割をまかされた。いつもながら、このような兵の多くはハンターだったので、その野外活動技術から偵察兵や散兵としても適任だった。

左　側面に装着するスコープをライフルにとりつけた南部連合軍射手（再現）。(Roy Daines)

上 「バックテイル」射撃兵（再現）が向かってくる南部連合軍に狙いを定める。(Roy Daines)
右 南部連合軍ではまもなく、有能な射手に狙撃の役割が与えられるようになった。
(Roy Daines)
右ページ スコープ付きライフル（複製品）をもつ南部連合軍の射手（再現）。(John Norris)

第2章　新たな技能と忘れられた教訓

射撃実験——リンカーン大統領を狙った長距離射撃を再現

左上 スコープ付きライフルも試みたが、標準のアイアンサイトのほうが結果はよかった。
右上 マイケル・ヤードリーが人間大の標的に命中した場所を指で示す。

　1864年7月、ジューバル・A・アーリー将軍率いる南部連合軍の北ヴァージニア軍は、連邦の首都ワシントンDCのはずれにいた。リンカーン大統領は「戦況をみる」ために守備陣地のひとつであるスティーヴンズ砦を訪れていた。すでに北部連邦軍の兵が何人も長距離射撃に倒れていたにもかかわらず、大統領はみずからの安全に対する忠告を無視して、遠くにいる「南軍兵」がよく見わたせる欄干に立っていた。だがそれがただちに敵の射手の注意をひいた。もっとも、たとえ望遠照準器を用いたとしてもそれがリンカーンだとはわからなかっただろう。何発かの弾が音を立てて通り抜ける。そのうち1発は大砲の砲身にあたって跳ね返り、不運な軍医に命中した。リンカーンは無傷だったが、とうとう部下の忠告にしたがって危険な場所から離れた。

　何人かのアメリカ大統領暗殺を含む歴史上のユニークな狙撃をとりあげるテレビシリーズで、イギリス人の射撃専門家であり、作家でアナウンサーでもあるマイケル・ヤードリーは、スティーヴンズ砦でリンカーン大統領の命を狙った南部連合軍の試みを再現しようとした。彼は、南部連合軍射手用のもっとも命中精度の高い武器、すなわちウィットワース・ライフルを使った。ヤードリーは以下のように述べている。「何年か前に、ディスカバリーチャンネル向けに長距離狙撃によるエイブラハム・リンカーン射殺未遂についてのドキュメンタリーを制作した。すると南部連合軍の狙撃手は、リンカーンが戦い（1864年に南部連合軍のジューバル・A・アーリー将軍がワシントンDCを急襲したことが原因で起きた）の状況を見ているときに、近距離から撃った可能性があることがわかった。リンカーンが、スティーヴンズ砦の欄干から戦況を眺めていたときに、

　南部の一般的な歩兵用長距離兵器には、エンフィールドP53、スプリングフィールド・ライフル・マスケット銃、1841ミシシッピ・ライフルほか、実質的に軍で利用可能な小火器はすべて含まれていた。射手用の武器としては、おそらくエンフィールドがもっとも多く使用されていたのではないだろうか。理由として、一般的に手に入れやすかったということと、当時の軍用ライフルとしてはすぐれた照準装置をもっていたこ

第2章　新たな技能と忘れられた教訓

左上　標的から取り出した使用ずみのウィットワース弾
右上　ワシントンのはずれにある守備陣地スティーヴンズ砦。リンカーン大統領はもう少しで射手の弾丸に倒れるところだった。(NA)

弾丸をよけるためにさっとかがんだからだ（かくして彼はアメリカ初の在任中に狙撃された大統領となった）。

事件の再現には、ウィットワース・ライフルを使用した（なぜなら南部連合軍は狙撃目的で高い金額を支払ってこのライフルをいくつか手に入れていたので）。もっとも、スティーヴンズ砦の一件で実際にこのライフルが使われたという証拠はない。最初の実験はノースカロライナ州のブラックウォーター訓練施設にある射撃場で実施して、それからペンシルヴェニア州西部へ移動した。ひととおりの射撃訓練は受けているとはいえ、黒色火薬、前装式のウィットワース、それからめずらしい六角形のライフリングや弾丸になれる必要があったのだ。すると、紙でつつんだ弾丸では命中精度が低いが、蜜蝋と獣脂という単純な組みあわせでうまくいくことがわかった。

このライフルはもともと非常に命中精度が高い。最適な装填方法が判明したので、次は照準器である。最初は当時製造された短い（30センチほどの）側面装着式望遠照準器を試してみた。ところがこれが高低を変えなければならず、まったく使えない。視覚的にはかろうじてこれでいいだろうという感じだった。南北戦争の狙撃手は光学照準器を使うこともあったようだが、実際に利点はないと思う。私たちはオープンサイトを使って100ヤード（約91メートル）でおよそ5センチの範囲に撃ちこむことができた。400ヤード（約366メートル）でもすばらしい結果を出せた。ラダーサイトを伸ばして使ったときは、はなから4発中3発を800ヤード（約732メートル）離れた人型の標的にあてることに成功した。そして1000ヤード（約914メートル）では1発で『しとめた』。しかしながら、頭を銃床にのせたまま金属製のサイトを伸ばして長距離射撃をすることは不可能だ。射角が大きすぎる。では、いったい初期の狙撃手はどのように武器を使っていたのだろうか。同じ疑問が大口径で低い銃床の後装式にもあてはまる」

とがあげられる。

わずかながら南部の射手も、望遠照準器や正確なアパチャーサイト（グローブサイトともよばれる）を装着した標的射撃用ライフルをもっていた。もっとも、何度もいうようだが、きわめてまれなことだったに違いない。おそらく軍で支給されたというよりも個人で手に入れたものだろう。

南部連合軍ではイギリス製のウィットワース（ホイットワース）・ラ

イフルとそれによく似たカー標的射撃用ライフルが支給され、標準照準器、ときには望遠照準器などの強化された標的照準装置がとりつけられて、効果的に使用されていた。そのなかのひとつが、イギリス陸軍将校が開発した、側面に装着する「デイヴィッドソン・ライフル望遠照準器」である。当時、この照準器はかなりめずらしいものだった。ほとんどのスコープがたいてい銃身と同じ長さか、それよりも長かったのに対して、長さはたったの37センチほどで、筒の直径が2.5センチにとどかないくらいだったのである。

「銃身の長さ」ほどの長い光学照準器の典型的な例は、ニューヨーク州シラキュースのウィリアム・マルコム製スコープだろう。これは直径が約1.9センチの真鍮管に、拡大するレンズと照準合わせに使う十字線レティクル（クロスヘア）をつけただけのものである。フロントマウントは零点を調整するさいにおおざっぱなウィンデージ調節に用いることができるが、エレベーションと、零点や狙点の細かい調節は後部にあるベースユニットで行なう。

標的射撃用アパチャーサイトと比べたときの望遠照準器の最大の利点は、標的を拡大できるということだが、そうはいっても、初期のスコープは3倍から7倍くらいのかなり低い倍率だった。それでもやはり、射手にとっては観測や照準の助けになった。（著者注　現在の有能な射手が、シャープス・ライフルで、19世紀のアパチャーサイトと望遠サイトの両方を使って約550メートルまでの距離で射撃するのを見たが、命中させるという点では両者に大差はないといえる。しかし長い距離では、もしかすると標的の拡大という点でスコープに軍配があがるかもしれない）

南部連合軍の射手には単独で行動するほうがうまくいくという者もいたが、現在のようにふたり1組で動くこともあった。とくにヘビー・バレルの標的射撃用ライフルの場合がそうだった。ひとりは攻撃目標を見つけ出し、必要なら仲間を掩護する役目を負い、もうひとりが長距離射撃をになうのである。また、軽歩兵部隊が用いている散兵戦術を応用して、4名の班で行動し、たがいに交替で発砲、装填、掩護をする部隊もあった。

クリミア戦争でロシア軍とイギリス軍が行なったように動きまわらずに守備や包囲にあたる場合は、南北戦争のどちらの軍も射撃壕を利用した。これは、効果的に狙撃するために十分な距離まで近づきつつ、敵に見つかって一斉射撃をまねいてしまわないようにするもので、きちんとした土塁を掘ることもあったが、往々にして夜間に掘られるひとり用の小さな塹壕だった。掘り起こした土を遮蔽物のように前面に盛り上げ、ひとりの人間を隠すには十分でありながら、警戒を怠らない敵の注意をひきつけるほど地形に変化を与えない程度の大きさだった。

このようなケースでは、前装式よりも後装式のほうがはるかに有利で

第2章 新たな技能と忘れられた教訓

上 狙撃手はチームで行動することが多い。たがいに敵の位置を観測したり、射手の背後を掩護したりする。(Roy Daines)

ある。後装式ライフルは、事実上うつぶせも含めてどのような姿勢からでも楽に装填できる。ところが前装式ライフルに装填する場合は立ち姿勢が最適だ。それ以外の姿勢ではよくてもぎこちない操作で時間がかかり、最悪の場合は敵に姿をさらけだしてしまうことになる。また前装式では仮にひざをついた姿勢や軽い覆いをかけたまま装填したとしても、その動きや伸ばした腕が容易に敵の射手の注意をひいてしまう。

当時の印刷物や手書きの絵には、南北戦争時代の射撃の名手が木立のあいだから発砲している姿が描かれているが、黒色火薬から生じる煙はまちがいなく敵の射手の目にとまったことだろう。周囲の戦闘でたくさんの煙が上がっていれば、1発なら大丈夫かもしれない。だが2発目からは報復されてしまう。あたりが静まっているときに撃てば、たった1発でも、それにともなう煙や火花という「動かぬ証拠」が相手の目にとまれば、射手にとって破滅をまねくものとなりうる。もちろん、正面からの敵の銃撃なら木の幹がいくらか身を守ってくれるが、側面は無防備だ。このような状況でもまた、後装式ライフルで武装した兵のほうが有利である。前装式ライフルで正確な射撃をするためにはきちんと装填し

なければならないが、射撃台に立って行なうだけでも厄介なのだから、ましてや木の上でバランスをとりながらというのはさぞかしたいへんだっただろう。

　大砲を攻撃するとなると、射手はなおのこと有利だった。歩兵用標準ライフルの有効射程が野戦砲と同じとあっては、砲手はもはや距離があるから安全だとはいえない。兵と装備が比較的狭い範囲に集まってならんでいた砲列は格好の標的となった。射手は450メートルほど離れていても、大砲につきそっている無防備な兵士を倒すことができるので、とくに軽砲兵隊の活動は困難にさらされた。従来の戦闘方法ならば、彼らは必要とあらばどこへでも全速力で大砲を運んでいって、敵の戦列に砲弾を浴びせ、また全速力で退却できた。ところがこの戦争では、ライフル射撃による犠牲があまりにも多すぎて、一発も有効な砲撃ができないことさえあった。狭間や土塁が築かれてようやくなんらかの防護壁があるといえるような状態だったが、砲手はそんな遮蔽物でさえ最大限に活用しないと、ちらりとでも姿を見せたとたんにほぼ確実に弾が飛んでくるのである。さらに馬や弾薬箱もまず標的にされた。それがなければ野戦砲は役に立たないからである。

　非常に離れた場所からの砲撃に対しては、イギリス軍から拝借した戦略がとられた。遠く離れた攻撃目標の距離と角度を求め、命中率をあげるために、射手のグループ全体でその方向へ「一斉射撃」をするのである。個人を狙ったものではないのでこれ自体は正確な射撃とはいえないが、遠方の目標を排除するという意味では同じ結果を得ることができた。

　射手が単独で遠距離から狙うときにも同じような戦術を用いることが

右　銃身に装着するマルコムタイプの光学照準器をつけた南北戦争時の狙撃手。

第2章 新たな技能と忘れられた教訓

上　しっかりと築かれた土塁のなかの射手。

できる。個人ではなくグループ全体を狙うことで的を大きくするのである。距離が遠ければ、相手は自分たちが無防備であるとか攻撃を受けやすいなどとは感じていないので、そのなかのひとりが撃たれればかなり動揺するはずだ。

　標的を拡大する望遠照準器や狙いを「しぼる」アパチャーサイトがなければ、700メートルを超える距離から裸眼で人間大の標的を見分けるのはかなりむずかしい。ちなみに、およそ900メートルの距離から、実物大よりやや小さめのアメリカ野牛の形をした真っ黒なシルエット標的を見ると、若干歪んだ丸い点にしか見えない。それでもやはり、口径の大きいミニエー弾の弧を描くような弾道でも、エンフィールド・ライフルで800メートル強離れた2.4メートル四方の標的に命中させることができる射手なら、ひとかたまりになった少人数グループはつい撃ってみたくなるだろう。それほど離れていても命中する可能性はある。射手にとっては、それを知るためにもやってみる価値はまちがいなくあるだろう。

上　砲座は自然と射撃の標的になった。(NA)
右　北部連邦軍の兵士(再現)がスコープつきの重い標的射撃用ライフルを使う。(Richard Clark)

次見開き　密集した大砲の砲手と将校。おそらくまっさきに射手に狙われただろう。(Roy Daines)

攻撃目標となる兵士が騎乗していれば、標的全体としてはさらに大きくなる。しかも馬に乗っているとなれば、ほぼまちがいなく将校か、砲兵か、将校づきの騎兵だ。弾が馬や階級の低い兵にあたったとしても、すくなくとも相手は動揺したり、あわてて隠れようとしたりする。もし将校にあたれば敵の指令系統に支障をきたすだけではなく、その将校は意図的に狙われて撃たれたということになって、相手はますます混乱するばかりだ。そして、敵ながら撃った射手の腕前も高く評価される。この戦争だけでなく、いつの時代においても、「不意に」撃たれた場合は、たとえそれがふつうの歩兵のまぐれあたり、ましてや流れ弾だったとしても、狙撃手のしわざだといわれるくらいなのだから。

しかし、1864年5月9日のスポットシルヴェニアで、北部連邦軍のジョン・セジウィック少将が後世に残る言葉「なぜだ、この距離では象にさえあたるはずが…」を発して南部連合軍の銃撃に倒れた事件は、そんなまぐれあたりではない。およそ800メートルの距離から放たれたこの1発は、射手がウィットワース・ライフルで意図的に狙ったものだった。意外なことのように思えるが、スコープ付きの標的射撃用ライフルを用いた射手が、これくらいの距離から意図的に狙い撃ちしてそれなりの成果をおさめたことは、北軍南軍ともに詳細な記録が残っている。階級の高い将校が依然として事実上すべての戦場におもむいていたことと、この正確な射撃を考えあわせると、射手たちが直接かつ適切に、20名以上の将軍、数十名の少佐や大佐、数えきれないほどの下位の将校の死をまねいたことは驚くまでもない。

アメリカ南北戦争は、戦闘技術の進歩をためす試験場のようなものだった。狙撃にかんしていえば、命中精度が高く射程の長い後装式ライフルとそのライフルに装着する光学照準器の導入が、おそらく当時もっとも重要な発展だったのではないだろうか。もっとも、同じ時期に登場した金属製カートリッジ、無煙火薬、連発式ライフルもまた、のちにあまねく知られるようになる。

しかしながら、向上したのは装備品の性能だけではない。「狙撃手(スナイパー)」という言葉はまだ用いられていなかったものの、おそらくこの時期は、すくなくとも熟練射手の一部が実際に現代の狙撃手とまったく同じ役割を果たすようになった時代だといえ

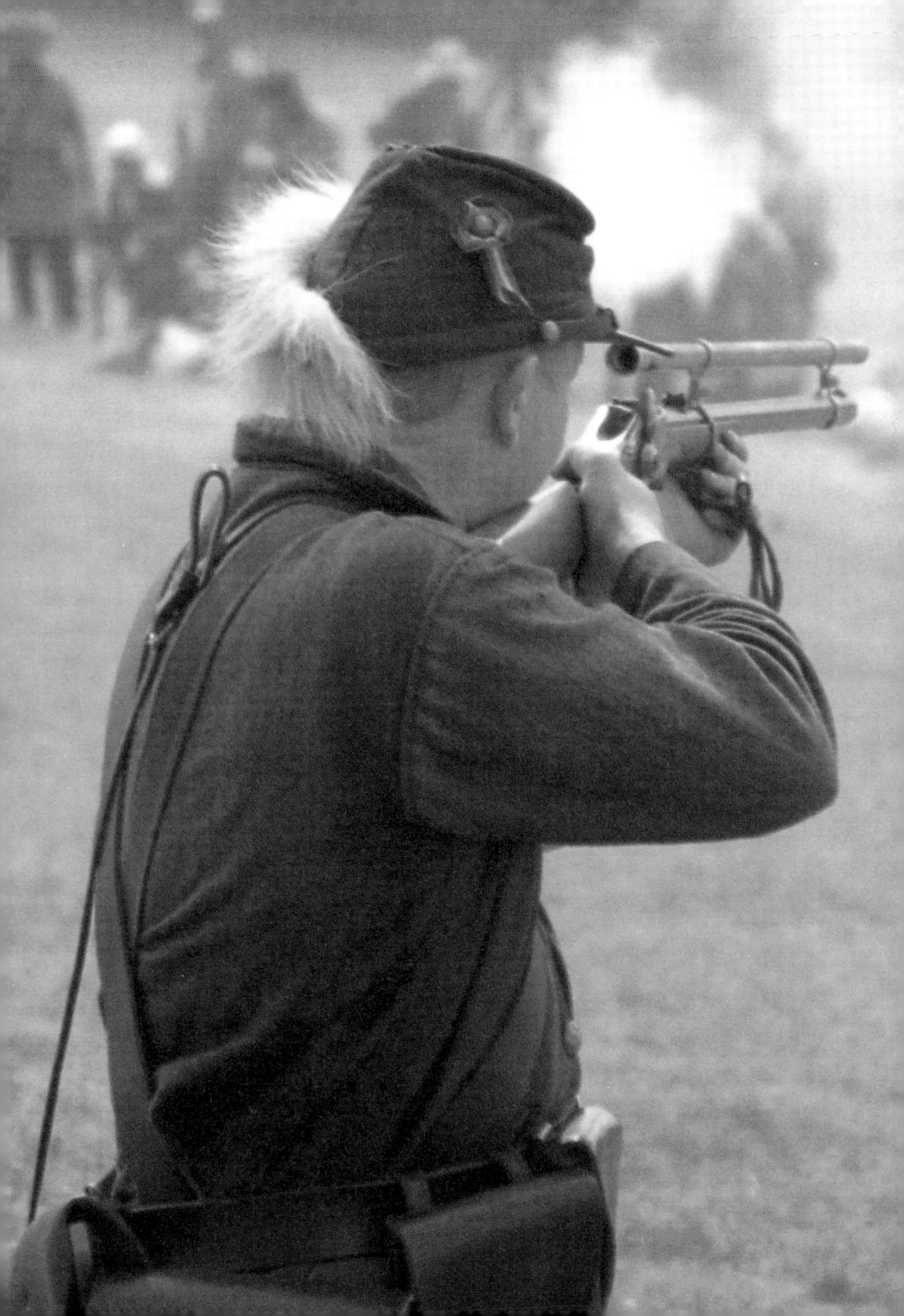

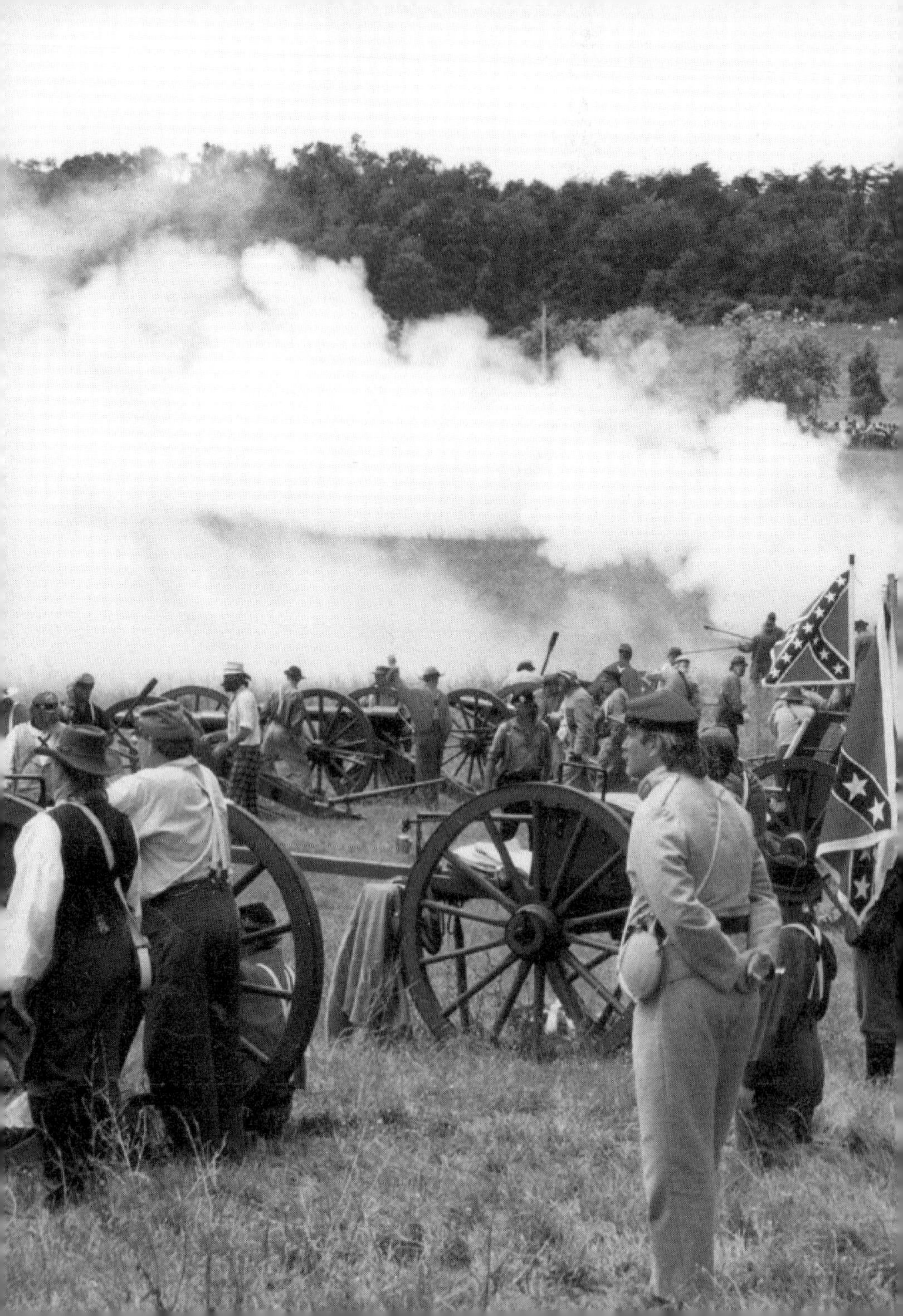

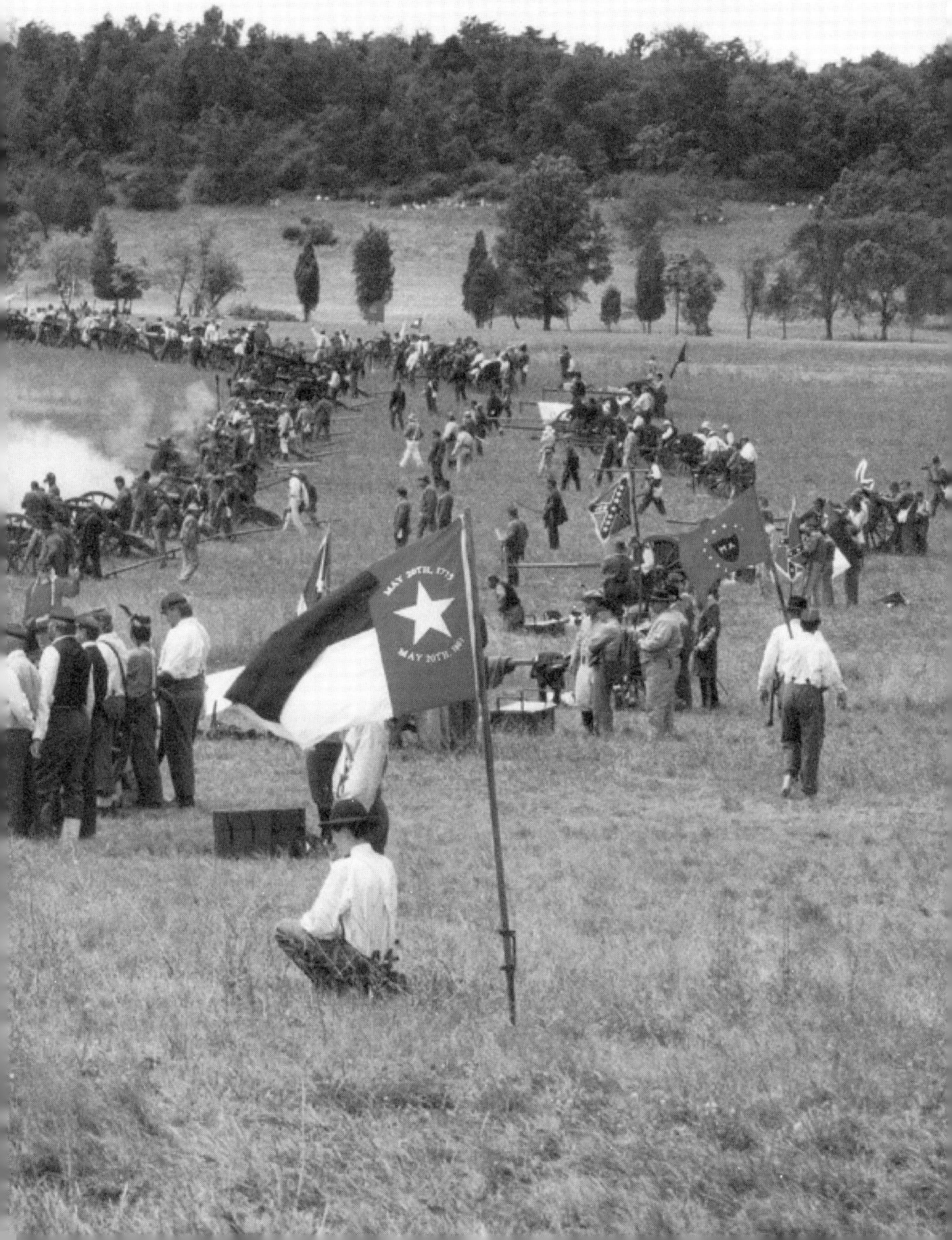

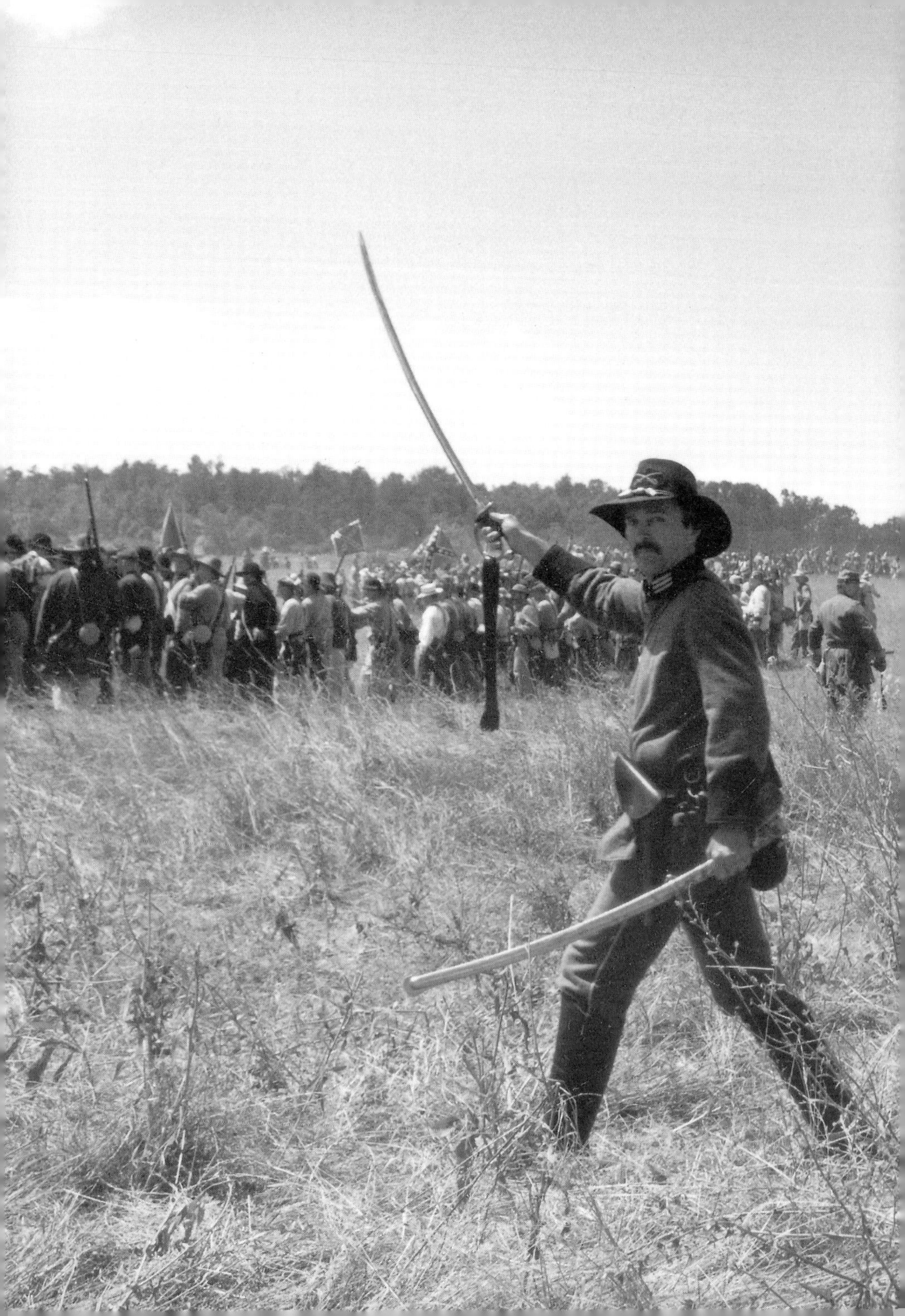

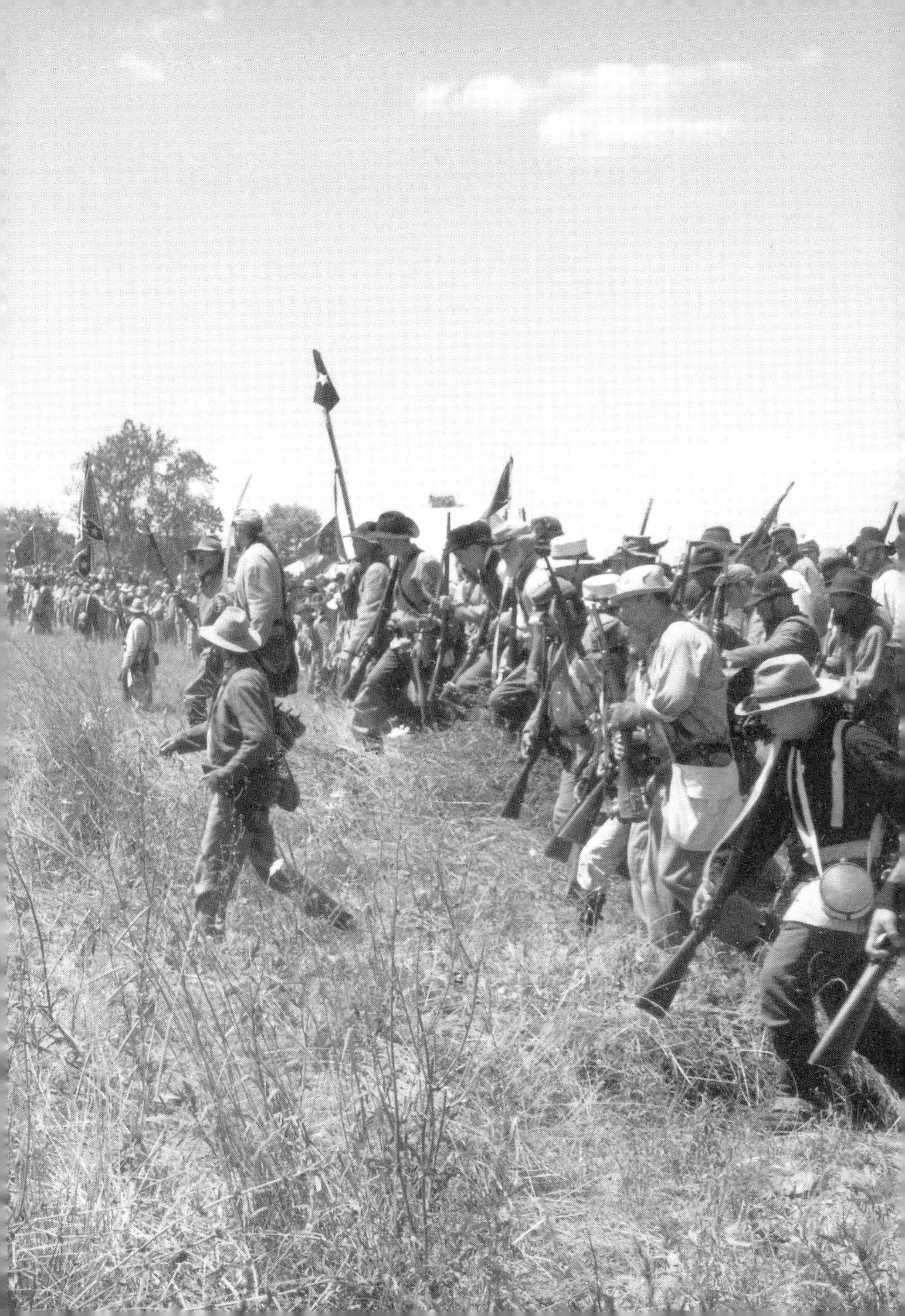

右　防備が固められた塹壕にならぶ兵士の遺体。(NA)

前ページ　アメリカ南北戦争の時代になってもなお、兵は「肩と肩が触れあう」ほど密集して波状攻撃を行なっていた。(Roy Daines)

下　ジョン・セジウィック少将は、自分は射程に入っていないと思っていたにもかかわらず、南部連合軍の射手に射殺された。(NA)

るだろう。南北戦争時代の射手のおもな任務は、敵軍にできるかぎりの損害を与え、大混乱をひき起こすことであり、それはまたこの戦争できわめて重要な仕事でもあった。将校や下士官を排除すれば、敵の指揮系統は壊滅状態になる。哨兵、旗手、信号手、鼓手、ラッパ手を撃てば、連絡系が混乱し、士気が下がる。戦場の大砲に間断なく銃弾を浴びせれば、砲列を消滅させるか、砲撃意欲をそぐことができる。輸送馬車の御者、引き馬、運搬用のラバを撃てば、供給経路を断ち、軍全体を移動不能にする。同時に、敵の射手を「カウンター攻撃」すれば、上で述べたことすべてを敵がこちら側に対して実施することを阻止できる。

しかし、これだけ目に見える成功をおさめても、射手は依然として最

第2章　新たな技能と忘れられた教訓

大限に活用されてはいなかった。アメリカ射撃兵連隊という発想は壮大だったし、当初意図したとおりに動員していればなおうまくいったのかもしれない。しかし結局のところ、軍隊というものはいつも大きな組織をただの歩兵部隊として使いたがるものだ。軍は戦後も射撃兵連隊をそのまま残すことに価値を見出せなかったにちがいない。あるいは、流動的な南部連合軍モデルのほうがすぐれていたのかもしれない。好んでそうしたか、やむをえずそうなったかは別として、彼らは大きな部隊に配属されていながら、単独、ふたり組、ときには少人数グループで行動し、撃つだけの価値があると判断した標的をしとめることができた。

数々の教訓にもかかわらず、アメリカ陸軍はなおも、歩兵部隊のなかで特殊な役割をになうようになった射手に狙撃手としての幅広い訓練をほどこしていなかった。標準的な射撃訓練を除けば、アメリカの狙撃訓練施設ができるのは次の世紀になってからのことである。

一方、アメリカ南北戦争から20年もたたないうちに、1万2000キロ以上離れたイギリスは、ふたたび大きな戦争に突入しようとしていた。そして、事実上軍隊全体が一流の射手である敵軍から、ライフル技能についてさらなる教訓を得ることになる。

上　射手は単独、ふたり組、少人数グループで動くのがよい。そうすればチャンスがありしだい標的を狙える。
(Roy Daines)

次ページ　19世紀が終わろうというころになってもなお、イギリスの部隊は緋色の上着を着用していた。(Richard Clark)

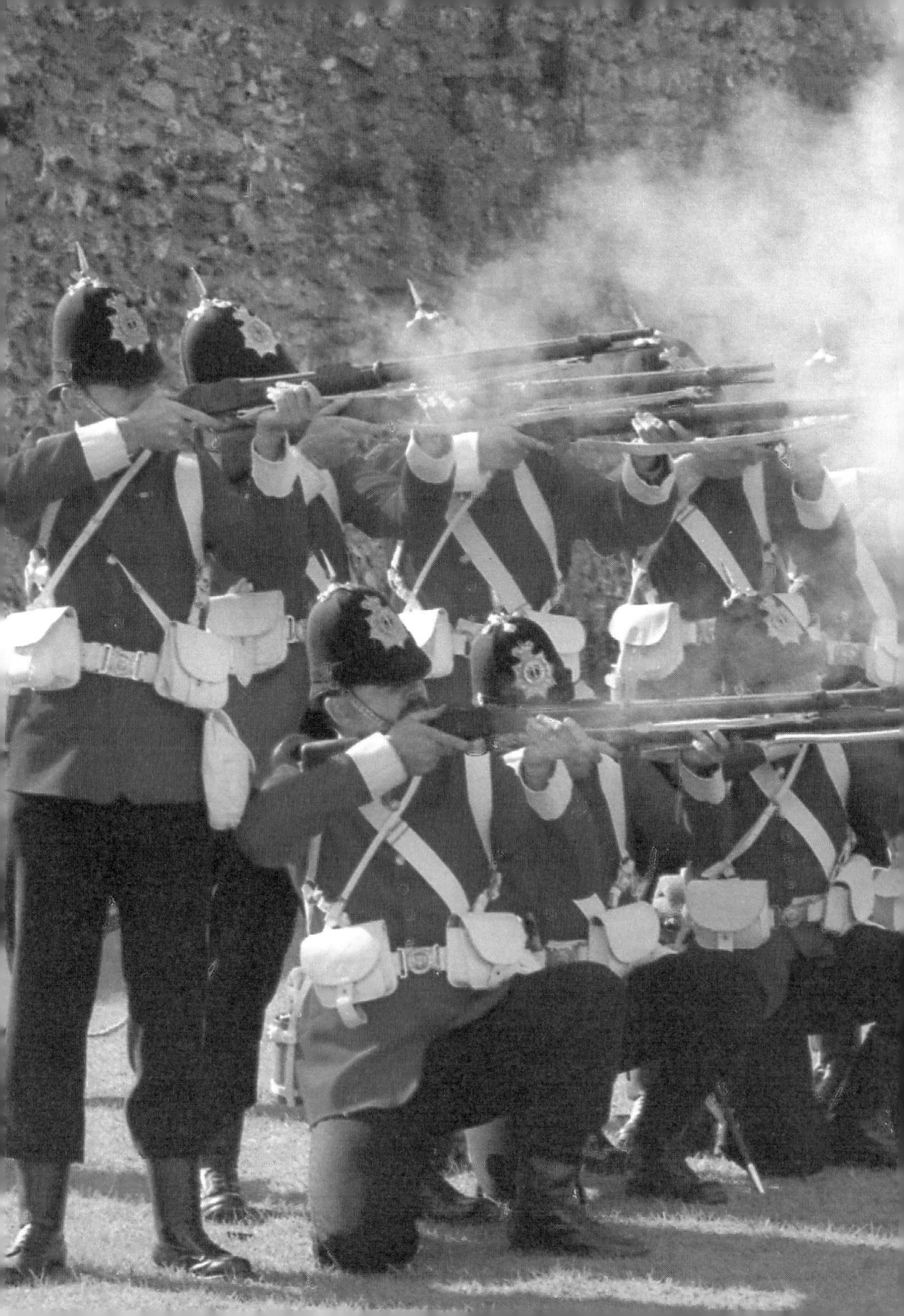

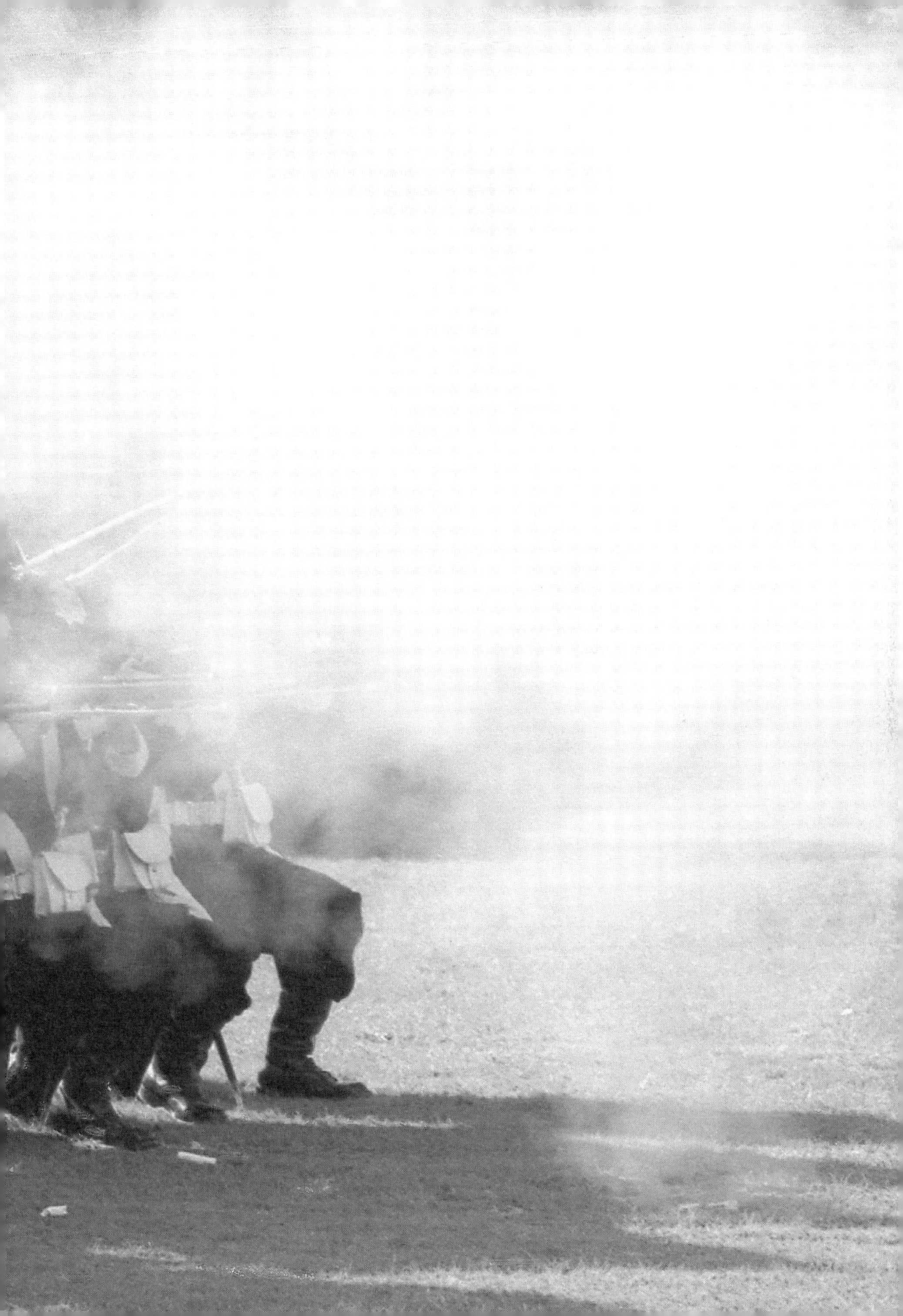

金属製カートリッジと無煙火薬

左　金属製カートリッジの進化4段階（左から右へ）：.577口径スナイダー・カートリッジ。ズールー戦争時の真鍮箔を巻きつけた.577/450マルティニ・ヘンリー・カートリッジ。のちの真鍮で成形された.577/450マルティニ・ヘンリー・カートリッジ。.303口径ブリティッシュMkVII SAA通常弾カートリッジ。(Commander Zulu)

　現在、ライフル用カートリッジとして知られている金属製カートリッジが発明されると、ライフルの設計は一変した。銃尾からの装填が簡単になって、さまざまなデザインの連発ライフルへの道が開かれ、そしてなによりも重要なことに、弾倉で給弾できるようになった。

　基本的に金属製カートリッジは弾薬に必要なすべての構成要素、すなわち弾丸、発射火薬、雷管を、使い勝手のよいひとつのパッケージにまとめたものだ。紙やリネンの代わりに膨張する金属（通常は真鍮）の薬莢を用いるので、弾薬が爆発するときに銃尾が密閉される。金属製カートリッジが膨張して銃尾をぴたりとふさぐので、爆発で生じるガスが一方、つまり銃身のなかで弾丸を押し出す方向だけに進むようになる。

　広く普及した最初の設計はピンファイア・カートリッジ方式で、19世紀半ばにフランスで発明された。ピンファイアとよばれる理由は、カートリッジの底部に針がついており、撃鉄がそれをたたい

馬にまたがった射手

　第1次ボーア戦争（1880～81年）は、おもにオランダ系とドイツ系のトランスヴァール（南アフリカ）のボーア人が、イギリスからの独立を宣言したことがきっかけで始まったが、のちにそこへオレンジ自由国のボーア人がくわわった。包囲戦となったこの戦いでは、開けた場所での小規模な交戦でボーア軍が用いた戦術が、あっというまに戦争を終結させてしまった。

　当時、小さな植民地戦争を数多く経験したイギリス陸軍の戦術は全般的には進歩していたものの、平均的な兵士は依然として、軽歩兵の分野だとみなされていた小競りあいよりも会戦に向けた訓練を受けていた。対するボーア軍はほとんどが農夫で、動きの早い騎乗「コマンドー」の小

第2章　新たな技能と忘れられた教訓

て内部に組みこまれた雷管を発火させるからだ。この方式はたしかに機能したが、ライフル向けというよりは拳銃に適していた。そこでまもなく、膨張する金属製カートリッジの底部のくぼみ（センターファイア）あるいは底の縁（リムファイア）に雷管がはめこまれたものを、ライフルの動作によって撃鉄あるいは撃針でたたく方法が主流になった。19世紀の後半になると、おもな軍隊はどこも金属製カートリッジと後装式ライフルを使用していた。

センターファイア・カートリッジの基本設計には、時とともに若干の変更がくわえられた。いくつかの材料にくわえて、おそらくもっとも重要なのが無煙火薬だろう。これは黒色火薬にとって代わる化学物質の推進剤である。

黒色火薬に代わる「綿火薬」は1846年にクリスティアン・フリードリヒ・シェーンバインによって発明されたのだが、あまりにも強力で不安定だったため小火器には利用できなかった。1884年になってようやく、ポール・マリー・ユージェーヌ・ヴィエイユが、安全に取り扱うことができ、なおかつ黒色火薬よりも多くの利点をもつ無煙火薬（本人はPoudre BつまりB火薬とよんでいた）を作る方法を考案する。これは黒色火薬よりもはるかに強力だったため、使用量を少なくしてもなお以前よりも大きな推進力を得ることができた。そのため、口径が小さく初速の速いものへとライフルの設計も変更されたが、それでも前の大きなものと効果が変わらなかったので、その分、兵士は前よりも多くの弾薬を持ち歩くことができるようになった。無煙火薬は視界をさえぎってしまうような大量の煙が発生しないため、後装式ライフルでやつぎばやに一斉射撃を行なうことができるようになったほか、絶対に湿らないように管理しなければならなかった黒色火薬と違って、湿った状態でも機能するので、保管や輸送も楽になった。

無煙火薬を最初に使用したのは1886年のフランス軍で、ボルトアクション式筒型弾倉のルベル（レベル）・ライフルだった。しかしながら、ほかの国でもすぐに、独自の無煙火薬と、その小火器技術のすばらしい進歩を十分に生かすことのできるカートリッジやライフルが開発された。

この無煙火薬が狙撃手にとってどれほど重要だったかということは、どんなに高く評価しても評価しきれないくらいだ。まず発砲したときに煙が出ないので、自分の居場所を敵に知らせてしまうことがなくなった。それから燃焼時の汚れが少なく銃腔がつまりにくいので、誤差を小さくすることができ、火薬の残りがすぐに積もってしまうことを考慮しなくてもよくなった。そしてそれがさらにすぐれたライフル設計につながった。なによりも意義深いのは、使いやすい無煙火薬が金属製カートリッジや最新ライフルと組みあわされて、以前よりも初速が速く、弾道が水平に近くなり、結果として射程が伸びて、命中精度が予測しやすくなったことだろう。

さなグループを作っていたことから、小規模戦術に適していた。巨大な農場で暮らすボーア人はほとんど鞍の上で生活しているといってもよかった。しかも大部分が熟練した猟師だったので、追跡や射撃の能力も高かった。すぐれた馬の使い手だったにもかかわらず、彼らは騎馬兵の役割はになわず、馬にまたがった歩兵として動いた。馬を使ってすばやく国内を移動し、チャンスがあれば馬から下りて、長距離ライフルでイギリス軍と戦ったのである。

大部分において、アフリカのイギリス陸軍はあいかわらず明るい緋色の上着を着て、白く柔らかいヘルメットをかぶり、みずからライフル銃兵の標的になっているようなものだった。逆にボーア軍は、彼らの性質そのものの地味な色あいの労働者らしい服装だった。しかも、埃っぽい草原を馬で駆けめぐったために、そ

れもまもなく大地のような色になった。ボーア人は長年の経験から、人や獣の目をひくような服装は避けるということを学んでいたし、狩猟やときどき起こる地元部族との衝突から、遮蔽物や地形をうまく利用する方法も知っていた。

このころまでには、後装式ライフルと金属製カートリッジが一般に用いられるようになっていた。イギリス陸軍ではマルティニ・ヘンリー・ライフルが標準支給され、対するボーア軍も似たようなフォーリング・ブロック式ライフルのほか、軍用、競技用デザインの後装式ライフルを使用していた。

イギリス軍は、立射あるいは膝射でマルティニ・ヘンリーを使うことに慣れていた。それがズールー族やイスラム修行僧の突撃に対してたいへん有効だったためだ。一方のボーア軍は後装式の利点を最大限に生かして、できるかぎりうつぶせで発砲していた。伏射はもっとも安定した射撃姿勢であることから、ボーア軍のほうが正確に弾丸を命中させる確率が高かったばかりでなく、この姿勢なら報復射撃にもあたりにくかった。

さらにボーア軍はこの戦争で、今日では標準的な軍事戦術となっている制圧射撃と移動の戦術を完成させた。アフリカーンス語では「vuur en bewug」（フュール・エン・ベヴェフ）とよばれ、インゴゴとマジュバ・ヒルで大きな効果を上げたこの方法は、正確な掩護射撃を浴びせて敵が「頭を上げられない」ようにしておいて、そのあいだに味方の別のグループが前方あるいは有利な場所へ移動するものである。

ボーア軍のライフル射撃と戦法がどれほど優位だったかを理解するために、2カ月のあいだに起きた4回の交戦における死傷者数を見てみよう。

1880年12月20日、ブロンクホルストスプルートにて、荷馬車34台、兵士260名、将校6名のイギリス陸軍兵站縦列がボーア軍の攻撃を受ける（待ち伏せという意見もあるが、それは誤り）。わずか180メートルほどの距離から撃ってきたボーア軍は、まず先頭と最後尾の荷馬車の引き馬を倒して退避経路を断ち、立ち往生したイギリス軍に銃弾を浴びせ、ほんの15分ほどでイギリス軍を降伏させた。イギリス軍は157名の死傷者（死者77、負傷者80）を出すにいたったが、ボーア軍は死者2名、負傷者5名であった。

1881年1月18日、レイングス・ネクの戦いでは、塹壕に隠れた400名のボーア軍が1200名のイギリス軍勢を撃退した。イギリス軍の死者は84、負傷者は113であったのに対して、ボーア軍は死者14、負傷者27だった。イギリス軍では主攻撃指揮官がふたりとも撃たれたほか、連隊旗を掲げていたベイリー中尉も倒れた。実際、イギリス軍の連隊で戦場に連隊旗を掲げることが許されたのはこれが最後となる。

1881年2月7日のインゴゴの戦いでボーア軍と対決したのは、小規模戦闘戦術に詳しいはずのイギリス軍の熟練ライフル銃兵だった。ここ

第2章　新たな技能と忘れられた教訓

マルティニ・ヘンリー・ライフル

上　マルティニ・ヘンリー後装式ライフル。

　レバーで操作するフォーリング・ブロック、単発、セルフコッキング・アクションを用いるこのライフルは、スコットランドのアレクサンダー・ヘンリーが設計した一周22インチ（約56センチ）の7条のライフリングと組みあわせて、スイスのフリードリッヒ・フォン・マルティニが完成させたものである。.577/450口径の黒色火薬カートリッジを使用することで、およそ31グラムの弾丸を毎秒約274メートルのスピードで発射する。長い年月をかけて徐々に改良をくわえながら4つの型が製作されたが、どれもみな全長がほぼ50インチ（127センチ）、重量はおよそ9ポンド（約4キロ）以下である。

　マルティニ・ヘンリーは、リアサイトに目盛りのついた斜めスライド式のランプサイトをもち、1400ヤード（約1280メートル）まで狙うことができた。このライフルの有効射程は600ヤード（約548メートル）で、フォーリング・ブロック式により腕のよい歩兵なら1分間に10発発砲することができたが、カートリッジの排出に問題が起きることもあった。

　マルティニ・ヘンリーは1871年にイギリス陸軍の標準歩兵ライフルとして制式採用され、1888年にリー・メトフォードのボルトアクション式マガジン・ライフルの導入によって徐々に消えていくまで広く使用されていた。

では、第60ライフル連隊（キングズ・ロイヤル・ライフル軍団）第3大隊のライフル銃兵と、9ポンド砲2門をもつほかの部隊の総勢300名が、インゴゴ川を見下ろすシュインシュークト山の斜面にある尾根に陣取っていた。同規模のボーア軍が正確なライフル射撃で5時間も攻撃を続けたが、天候が悪化したために戦闘は打ち切られ、イギリス軍は陣地をすててインゴゴ川の対岸へ退却できた。第60連隊は腕の立つライフル銃兵ばかりで、軍服も緋色ではなく緑色で、しかも大砲の掩護を受け、高い位置に陣取っていたにもかかわらず、結果はさんざんだった。イギリス軍の死傷者は死者75名（退却時に水かさの増した川で溺れた9名を含む）、負傷者68名だった。ボーア軍は当日の死者が8名で、負傷した6名のうち2名がのちにそのときの傷がもとで命を落としただけだった。

　最後になるが、もっとも注目すべきボーア軍の勝利のひとつは、1881年2月27日のマジュバ・ヒル

123

の戦いである。イギリス軍のジョージ・コリー少将は600人の兵を率いて、ボーア軍の野営地を見下ろす山の上にのぼった。あたりは開けた土地で身を守れるようなものは少なく、イギリス軍はそこで一晩すごしたにもかかわらず、射撃壕を掘らなかった。ボーア軍は制圧射撃と移動の戦術を使い、射手がいただきに向かって有無をいわさぬ銃撃を浴びせているすきに、兵が丘を駆け上がる。彼らは徹底して、頂上から放たれるイギリス軍の射撃から身を守れるような道をたどり、ほぼ無傷で頂上に達した。そこでもボーア軍は攻撃を続け、防戦しているイギリス軍をひとりずつ狙い撃った。イギリス軍は山の後方にある斜面へと退却を余儀なくされたが、そこでまた頂上のボーア軍から銃撃を浴びた。戦闘は1時間ほど続き、イギリス軍は死者93名（ジョージ・コリーを含む）、負傷者133名、捕虜58名を出したが、ボーア軍は死者1名、負傷者5名だけだった。

ボーア戦争のいずれの戦いでも、イギリス軍歩兵は金属製カートリッジを用いたライフルで武装していた。しかし、ボーア軍にはそのようなライフルはわずかしかなく、多くは紙製カートリッジと、一体化していない雷管を使用する後装式ライフルだった。したがって理論的には、ボーア軍のほうが発砲するために時間がかかるはずである。それでもボーア軍がまさっていた理由は、自分たちの武器、戦術、地形にくわえて、どうすればそれを最大限に活用できるかを知っていたことだった。

第1次ボーア戦争はイギリス軍に大きな被害をもたらした軍事行動であり、なかでもマジュバ・ヒルでは最悪の敗北を喫した。しかしながら、「母国」の民衆の叫びを聞いて、すくなくとも軍は射撃に関心を向けるようになった。1880年代から90年代には、数多くの民間ライフルクラブや志願兵によるライフル部隊が次々に創設された。スローガンは「マジュバを忘れるな」。そしてその言葉は第2次ボーア戦争でふたたびイギリス軍がボーア軍射手と戦ったときに、鬨の声として叫ばれることになる。

右　雷管後装式ライフル用の弾丸がむき出しになった紙製カートリッジ。

CHAPTER THREE
A New Century

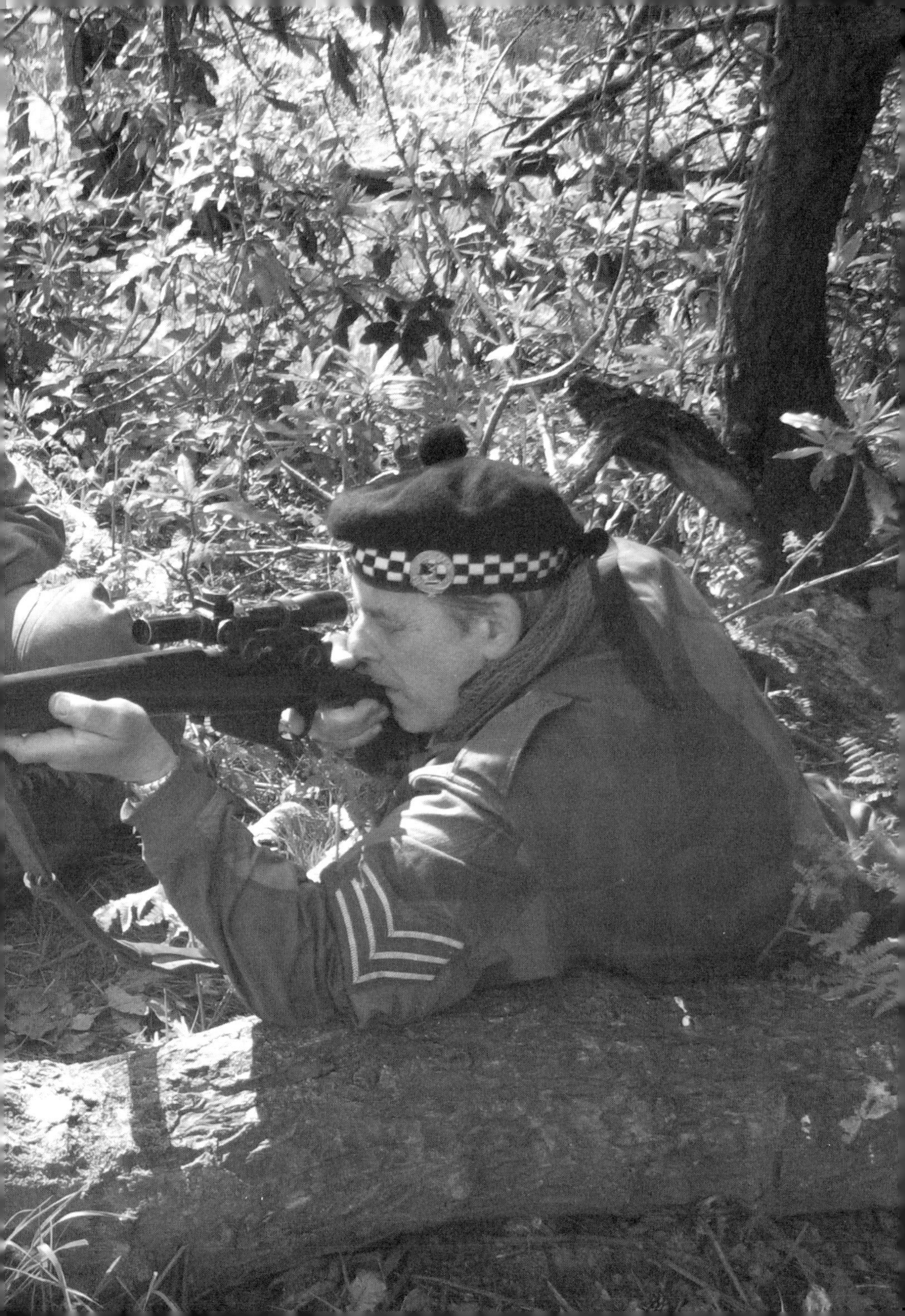

第3章

新しい世紀

　1899年、第2次ボーア戦争とよばれる戦争でイギリス軍がふたたびボーア軍と対戦したときには、兵器の技術はさらにまた大きく進歩して、どちらの軍もボルトアクション式の連発銃で武装していた。これはおそらく手動で操作するものとしては最高のものだろう。むろん、無煙火薬と金属製カートリッジの弾薬を使用する。イギリス軍の装備は最新のリー・エンフィールド・ライフルだった。ボーア軍にはいくつかのものが混在していたが、戦争が勃発する前にボーア軍の司令官ヨーベルト将軍が購入した真新しいモーゼル（マウザー）M95、8ミリライフルが3万挺あったことは大きい。それ以外には、いくつかのクラグ・ヨルゲンセンと多数のマルティニ・ヘンリーもあり、後者はボーア政府がイギリスと当時のベルギーから買い上げて、一般市民に仕入れ値で売ったものだ

第3章　新しい世紀

った。

　イギリスの軍勢は近代的で、戦争経験のない志願兵が若干含まれていたとはいえ、おおむね訓練がいきとどいていたが、自分たちと同等の最新兵器を装備した敵と戦うのはこれがはじめてだった。対するボーア軍のコマンドー部隊の多くは、正規の軍事訓練を受けたことなどまったくないが、子どものころから狩猟をとおして射撃や野外活動技術を身につけていた。

　第1次ボーア戦争を経験したイギリス軍は、強靭な農夫の戦術と射撃の腕には、もはや驚かされることはない。ようやく緋色の上着をやめてカーキ色のよそおいにもなって、以前よりはめだたなくなった。しかしながら、それでもまだ戦争の初期には遮蔽物を有効に活用していなかったため、数多くの犠牲者を出していた。これはとうの昔に戦訓として敵から学んでいてしかるべきだっただろう。そしてまたイギリス兵は、命令が軍の序列にしたがって将校や下士官から順次伝えられるなかで、おもに密集隊形で戦うことを教えられていた。一方のボーア軍は大小のグループで戦い、上官から命令を受けるときもあれば、そのときの状況に応じて兵がみずから考えて行動することもできた。ほかにも、イギリス軍はおもに立ったりひざをついたりする姿勢で発砲するよう教育されていたが、アフリカの草原では、身を隠す場所がいっさいなければ、うつぶせで撃つ以外に方法はないのが現実だった。

　その結果、イギリス軍の犠牲者は一度目の戦争と同じくらいおそろしい数になった。しかも今回は、ボーア軍の多くが命中精度の高いモーゼルの弾倉装填式ライフルを使っており、以前にもましてすばやく効果的に撃ってきたのである。イギリス兵はまもなく悟った。イギリス軍が占拠した町の包囲戦では、遮蔽物から体の一部を出しただけでもボーア軍狙撃手による攻撃をまねいてしまう。また夜明けごろがとくに危険な時間帯だった。ボーア軍射手は夜のうちに有利な位置に陣取って、しばしば意図的に照りつける太陽を背に、イギリス軍の前線に立つ軽卒な歩哨を狙い撃ちしてはすっと射程外に逃げるのである。夕暮れどきも同じで、イギリス軍は、手提げランプでみず

上　19世紀末のイギリス陸軍兵はおおむねよく訓練されていた。そしてようやく軍服にカーキ色がとりいれられた。

左　決意の固い表情をした若いボーア軍兵（1899～1902年ごろ）。新しい8ミリモーゼル・モデル95ライフルを手にしている。
前見開き　ロヴァット偵察隊狙撃チーム。この偵察隊はほかに先駆けて、望遠鏡で敵の位置をつかむ観測手と射手が組む方法を用いた。現在ではほぼ全世界でとりいれられている手法である。
(John Norris)

箱型弾倉とボルトアクション

金属製カートリッジの弾薬が開発されたことで、軍事利用を目的とした実用的な連発式ライフルの設計が可能になった。ボルトアクション方式はおもに箱型弾倉（固定もしくは脱着可能）とともに用いられたが、最初のモーゼル（マウザー）M1871は黒色火薬と8発装填可能な円筒弾倉だった。のちのモーゼルM93やイギリス製のリー・メトフォードの特徴であるボルトアクションと箱型弾倉は、ベルダン射撃隊で短期間支給されたコルトの1855モデルにみられるような回転式シリンダーや、円筒弾倉を用いるレバーアクションあるいはポンプアクション式と比べて、軍事利用に適していた。ボルトアクションは装填が迅速に行なえるほか、安全で、通常は維持管理に手間がかからない。

ボルトアクション・ライフルに箱型弾倉を装填するには、ボルトの右側にあるハンドルをもちあげる。すると機関部のロックが解けてボルトが後方へ下がり、ライフルの銃尾と、バネの力で支えられている弾倉のフロアー・プレートがあらわになる。カートリッジは、バネを下へと押し下げながら弾倉のフロアー・プレートの上へ、弾倉の容量一杯になるまで押しこむ。脱着式の箱型弾倉の場合には、ライフルからはずしているときに弾をこめることができるので、予備の装填ずみ弾倉を携帯しておいて、急いでライフルに再装填するときに、銃の底部にすばやく差しこむ

上　リー・エンフィールドには脱着式の弾倉とストリッパー・クリップで装填できる。5発のクリップふたつを銃のレシーバー（機関部）の上から入れればフル装填だ。弾倉は脱着可能で、ほんの数秒でライフルの下からレシーバーにとりつけられる。ライフルに装填ずみの弾倉にくわえて、10発分がすでにこめられた予備の弾倉を携行したり、あるいは、5発以上撃った時点で5発入りのクリップを弾倉に補充したりするなどいろいろな使い方ができる。また、カートリッジをひとつずつ装填して発射することもできる。

第3章　新しい世紀

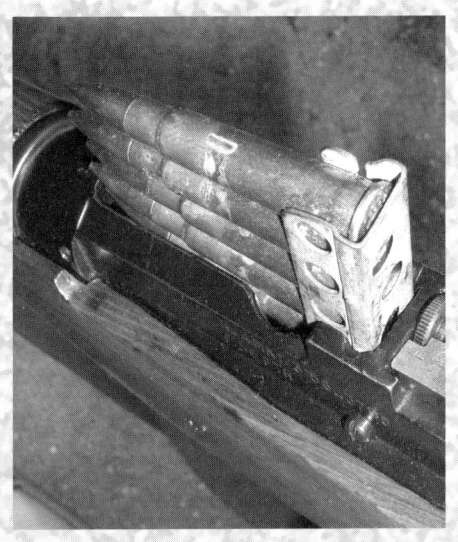

ことができる。

いくつかのボルトアクション式ライフルは、「ストリッパー・クリップ」もしくは「チャージャー」から装填できる。これは、通常弾倉の容量最大限または半分量のカートリッジを入れておける溝のついた金属製のストリップで、弾倉の上にあるガイドスロットにあわせてはめこむ。チャージャーのカートリッジすべてを一度に弾倉に入れることができるので、すばやく装填できる。ボルトを前方へ押してもとの位置にもどすと、バネの圧力によりカートリッジがひとつ弾倉から前へ送り出され、ボルトをさらに前へ動かすことでカートリッジを薬室へと押し進める。ボルトのハンドルを押し下げると、銃の機関部がロックされる。ライフルの設計によって異なるが、ボルトを引き下げたり、元の位置にもどしたりする操作によって、撃針がロックされて引き金がセットされるので、いつでも銃を発射できる状態になる。発射後は、ボルトが一周して、使用ずみの薬莢を引き出して放出し、次の未使用のカートリッジを装填する。言葉で説明すると長くなるが、実際には通常の兵士でも、5発から10発のカートリッジが入った満タンの弾倉から弾を発射するのにかかる時間は、ボルトをまわす、狙う、引き金を引くのに要する時間と同じだけだ。

左上　リー・エンフィールドの弾倉はストリッパー・クリップでレシーバーの上から装填するが、スコープが装着されているとこれができないので、カートリッジひとつひとつをレシーバーへ入れるか、あるいは10発入りの弾倉ごと交換するかして装填する。

右上　リー・エンフィールドのレシーバーを上から見たところ。ストリッパー・クリップがレシーバーの設置溝にはめこまれている。カートリッジは親指で弾倉へ押しこんで、ストリッパー・クリップを空にする。ライフルによっては、クリップとカートリッジごと弾倉の中へ入れ、クリップが空になったときに排出するものもある。

右　名の知れたアメリカ人冒険家でイギリス陸軍偵察隊長になったフレデリック・ラッセル・バーナム少佐。

からの姿を浮かび上がらせたり、沈みゆく夕陽で影を作ったりすることは避けなければならなかった。標的にされたらかならず撃たれる。敵にとっては、ただライフルの射程に入りさえすればよい。最新の標準ライフルをもった射手の手にかかれば、550メートル以上離れていても人間大の標的に命中させることは可能だった。

初期の包囲戦や会戦が終わると、ボーア軍はゲリラ戦術に入った。騎乗歩兵の少人数「コマンドー」部隊がゲリラ戦術の達人であることがわかったので、彼らはほぼ２年にわたってその戦術をとりつづける。多勢で物資の豊かなイギリス連邦軍と戦ったときでさえそのままだった。各コマンドー部隊は、それぞれが地理に詳しい地域で活動し、地元住民から支援や物資を得ていた。そしてチャンスさえあればイギリス軍を襲った。近接戦は避け、攻撃や縦隊の足止めに長距離射程ライフルを多用、自分たちが銃撃を受けた場合には即座に撤退する。この「一撃離脱」の戦略は、イギリス軍の物資と士気に大きな打撃を与えた。しかしながら、イギリス軍もしだいに自分たちの置かれた状況に対応できるようになっていく。

イギリス軍とともに戦った、オーストラリア、カナダ、ニュージーランド、イギリスを支持する南アフリカ人からなるイギリス連邦軍は、最初からボーア軍に一目置いていて、なかには彼らのように戦う者もあった。連邦軍の兵士は母国の未開地からやってきた者が多く、ボーア軍同様、最初からハンターであり、ライフルや馬の扱いにも慣れていた。なかには人の痕跡を追跡して、敵の動きを示す証拠を見つけ出すことに長けている兵もいた。そのため、神出鬼没のボーア軍コマンドー部隊を偵

右　ボーア戦争時のカナダ人騎乗偵察兵。イギリス連邦軍の部隊はしばしばボーア軍の戦法を用いた。自分たちがすでにもちあわせていた馬やライフルの能力を生かして、敵のコマンドー部隊と対決したのだ。

米西（アメリカ・スペイン）戦争（1898年4〜8月）

左　米西戦争。アメリカ軍がクラグ・ヨルゲンセン・ライフルで戦う。1899年1月1日、フィリピン防衛戦で。（NA）

のちにボーア軍で用いられるふたつのおもなボルトアクション式ライフルは、この米西戦争で直接衝突した。アメリカ軍がはじめて採用したボルトアクション式ライフルであるノルウェー製のクラグ・ヨルゲンセンと、スペインやラテンアメリカ諸国が使用していたためにしばしばスパニッシュ・モーゼルともよばれるM93モーゼルだ。

モーゼルは、7×57ミリ無煙弾を5発装填できる箱型弾倉で、ストリッパー・クリップによりすばやく装填することができる。一方、アメリカ正規部隊のほとんどは最新のクラグ・ヨルゲンセン・ライフルを装備していた。このライフルの特徴は、弾倉が固定式で、蝶番式のふたをもちあげて側面から装填し、.30〜40口径無煙弾を発射することだ。しかしながら、旧式で単発のトラップドア式スプリングフィールド・ライフルを使用するアメリカ部隊もまだあった。こちらは基本的に昔の前装式スプリングフィールド・ライフルを後装式に変更しただけのもので、黒色火薬カートリッジを使用した。

キューバでの戦争では、数百人のスペイン軍ライフル銃兵がモーゼルで木立や下草の生い茂った場所から狙撃を行ない、1万5000人もの米兵を擾乱し、足止めした。無煙カートリッジではうっそうとした草木のなかにいる各射手の位置をつきとめるのはむずかしく、対処が困難だった。かの有名なサンフアン・ヒルの戦いでアメリカ軍が直接攻撃に出たとき、塹壕にいたおよそ800人のスペイン軍歩兵が直面したのは、1万5000ものアメリカ兵と4000人のキューバ人反乱軍だった。アメリカ軍は死者124名、負傷者は800名を超えたが、スペイン軍の犠牲は死者58名、負傷者170名だった。敵対する両軍がともに最新の連発式ライフルで戦った戦争はこれがはじめてである。

殺人の地、スパイオン・コップ

上　ボーア戦争時代によくみられたボルトアクション式モーゼル・ライフル。1896年という年度と、F・W・コンラディという名前が銃床尾の側面に記されていることから、このライフルがその人物の所有物だったことがわかる。このように、当時はじかに名前を彫りこんだり焼きつけたりすることが一般的だったので、どれが自分のライフルであるかはすぐわかった。このボーア兵はボタが率いるオレンジ自由国のコマンドー部隊とともに戦った。(カナダ戦争記念館、19980093-010)

　1900年1月24日、南アフリカ北ナタールにあるツゲラ川で、ボーア軍の包囲からレディスミスを解放しようとしていたレッドヴァース・ブラー将軍指揮下のイギリス軍2万人は、ボタ将軍率いる8000人のボーア軍と衝突した。この作戦で、ウォレン中将下のイギリス軍は、レディスミスへの進撃を支援しようとスパイオン・コップを占拠した。山はたいした抵抗もなく夜のうちに手に入れることができたので、工兵隊が尾根にそって塹壕を掘った。翌朝明るくなってみると、イギリス軍が占拠していたのは頂上の4000平方メートルほどにすぎず、それさえもボーア軍のライフル銃兵が陣取っている周辺部から丸見えであることがわかった。しかも「塹壕」は浅い溝ほどのものでしかなかった。

　ボーア軍の大砲による砲撃が始まり、頂上周辺や近くの山にいたライフル銃兵が浅い塹壕付近めがけて発砲してきた。あまりにも狭い場所に密集していたイギリス軍は、ふりそそぐ正確なライフル射撃を浴びて、エドワード・ウッドゲイト将軍や多くの上級司令官をはじめ、しだいに犠牲者を増やしていった。ボーア軍の射手は、命令を出していると思われる人物を狙い撃ちすることに熟練していたのである。

　ウォレンは山の上へと援軍を送ったが、狭いところになおさら人がつまってしまい、状況を悪化させただけだった。イギリス軍志願兵が頂上へと登っていく途中では、ボーア軍にも犠牲者が出た。戦闘に投入されるイギリス軍の数はますます増えつづけたが、その分だけたくさんの兵がライフル射撃や大砲に倒れた。ついに、第3キングズ・ロイヤル・ライフル軍団がボーア軍を近くのツイン・ピークスへと追いやり、スパイオン・コップのボーア軍を退却させた。時はすでに夕暮れで、イギリス軍守備陣の一部は燃えるような暑さのなかを1日中攻撃にさらされていた。戦いに勝ったとは知らず、指揮をまかされたまま頂上にとり残されたソーニークロフト中佐は疲

察、追跡、監視する任務は、しばしば連邦軍の騎乗歩兵部隊や各専門部隊に与えられた。そんな部隊のひとつが、名の知られたアメリカ人冒険家でイギリス陸軍偵察部隊長のフレデリック・ラッセル・バーナム少佐率いるロヴァット偵察隊である。

　ロヴァット偵察隊は当初スコットランドの高地から集められていたため、その多くは狩猟番で、なかには密猟者まで含まれていたが、全員が射撃と隠蔽に熟練していた。のちに彼らは、狩猟番が着ていたカムフラージュ用のマントをもとに軍用版「ギリー」スーツを考案している。またロヴァット隊は、望遠鏡や、当

第3章　新しい世紀

上　スパイオン・コップを見わたす3人のボーア軍狙撃手。ツゲラ川付近の特徴的な地形。（オーストラリア戦争記念館、P02578-008）
右　スパイオン・コップの浅い塹壕にならぶイギリス兵の遺体。

れきった守備軍を引き上げさせた。翌朝、ボーア軍がスパイオン・コップの頂上にもどってきたが、イギリス軍はレディスミス解放を断念したあとだった。

　この悲惨な戦いが終わるまでに、イギリス軍は1500人もの死傷者を出した（死者は243名）。大砲で命を落とした者もあったが、多くはボーア軍の射手が放ったモーゼルの弾に倒れた。だからといって、リー・エンフィールドが期待はずれだったということではない。68人のボーア軍が射殺され、277人が負傷した。

時最先端だった回光通信機や手旗信号などの信号手段を用いて、敵の動きについて貴重な情報を軍にもたらした。現代の狙撃手の役割においても、監視はひとつの重要な要素となっている。ロヴァット偵察隊は事実上のスカウトスナイパー（前哨狙撃兵）であるロヴァット偵察（射撃）隊へと発展していき、第2次世界大戦までこのふたつの役割をにないつづけることになる。

　圧倒的な軍勢の規模からいって、第2次ボーア戦争でイギリスが勝利することは確実だった。なにしろボーア軍相手に25万人もの兵力を動員したのである。くわえて、軍需品

右　スパイオン・コップを背にしたボーア軍コマンドー部隊。第2次ボーア戦争でもっとも悪名高い戦場のひとつ。

はいつでも供給できる態勢にあったほか、消耗戦や初の強制収容所などかなり残酷な戦略も用いていた。この戦争からイギリス軍が得た教訓は、最新の武器をたずさえ、機動力が高く、地形を知りつくしている果敢な兵ならば、相手の訓練がいきとどいているか、装備がすぐれているかどうかに関係なく、少人数のグループであっても敵軍全体を追いつめることができるということだった。

　ボーア戦争は、高度な射撃訓練を含め、イギリス陸軍を徹底的に再編するきっかけとなった。それまでは中流階級の娯楽だったライフル射撃を労働者階級にも奨励する計画が始まった。南アフリカにおけるベイデン＝パウエルのめざましい活躍をもとに発足したボーイスカウト活動では、若者に野外活動の基本を学習させた。陸軍は、ボーア軍の「制圧射撃と移動」戦術と同じくらいその野外生活の能力が重要であることに気づいたのである。

　だが、残念ながら、世界は「移動」とはほど遠い戦争へとつき進んでいた。泥にはまって身動きがとれないような塹壕で生きのび、土嚢を積み上げた壁から思いきって顔を出すたびに死の危険にさらされるような、長く苦しい戦いの場と化してしまうのである。

第1次世界大戦
──塹壕からの狙撃

　1914年、ドイツがフランスと北海沿岸低地帯を侵略した。そして急速に西へと軍を進めたのち、フランス軍とその同盟軍であるイギリス軍によって行く手をはばまれる。戦いは塹壕戦へともちこまれた。両軍が掘った「塹壕」のあいだには「無人地帯」とよばれる地面が穴だらけの

第3章 新しい世紀

リー・エンフィールド・ライフル 1888～1957年

上 SMLE（ショート・マガジン・リー・エンフィールド）MkIII*ライフル。
左 SMLEのボルト作動部をクローズアップしたもの。

マガジン・ライフルMkI、別名リー・メトフォードはボルトアクション式箱型弾倉ライフルで、ボルトアクションの設計者であるジェイムズ・パリス・リーと、銃身とライフリングの考案者であるウィリアム・E・メトフォードの名をとってそうよばれている。当初は黒色火薬カートリッジを使用するデザインで、1888年にイギリス陸軍に制式採用された。しかし、1895年に軍が新たに.303口径の無煙金属製カートリッジに変更すると、浅いライフリングがうまく噛みあわなかったため、さらに適したライフリングに改良された。それと同時に、エンフィールドにあった王立小火器工廠で製作された新しいリアサイトが搭載され、名称がリー・エンフィールドとなる。

このライフルは第２次ボーア戦争で使用されたが、命中精度と装填スピードという点では、リーのライフルよりもボーア軍のモーゼル・ライフルのほうがすぐれていることが明らかになった。1902年になって、この問題はショート・マガジン・リー・エンフィールド・ライフルMkI、略してSMLE（だいたいはこれをもじって「くさい」とよばれる）で解決された。ライフルの弾倉は脱着式で、5発のストリッパー・クリップ2個で合計10発を装填できる。照準器は改良されており、全長は扱いやすい44.5インチ（約113センチ）という長さだった。そのため「ショート」と名づけられ、すべての歩兵隊、騎兵隊、砲兵隊に広く支給された。第１次世界大戦までには、さまざまな小さな変更や改良がくわえられて、SMLE MkIII*という形になり、頑丈で信頼性の高い武器であることが実証されていた。ボルトの動きは最小限で、排出にも特別な作業は必要ないので手際よく短時間で操作できる。これは、モーゼルを含めたほかの多くの軍用ライフルとは異なり、コック・オン・クロージング方式をとっているためで、ボルトを後方へ動かしてもどすときに排出と装填の両方の作業が同時に行なえる。有能な兵士なら標準のリー・エンフィールドで、毎分10～15発の弾を狙いを定めて撃つことができる（スナイパー仕様のT4については別途説明）。

1939年にイギリスが第２次世界大戦に突入するころには、ほぼすべてのSMLEがその派生型である最新リー・エンフィールドNo.4 Mk1に置き換えられていた。ヘビー・バレルのこのライフルは、頑丈なレシーバーにのせられたアパチャーサイトなど、さまざまな点で改良されており、大量生産が容易になった。イギリス連邦すべての国で採用されたこのライフルは、1957年にセミオートマティックのFN FALライフルに代わるまで、第２次世界大戦と朝鮮戦争をとおして力を発揮した。もっともリー・エンフィールドをもとにした、7.62NATO弾を用いるスナイパー用のヴァリエーションはその後も軍で使用されつづけた。

上　第1次世界大戦開始直後は、開けた場所で戦闘が行なわれていた。この写真は90周年記念として、1914年にル・カトーでドイツ軍の進撃を町の手前で止めたときのイギリス軍散兵のようすを再現したもの。リー・エンフィールド（SMLE）ライフルを手にした彼らはまさに「目にもとまらぬ速さで命を奪う弾丸を発射する」男たちだ。(Steve Neville/Gareth Sprack)

荒廃した土地が広がり、敵の前線との境界は土塁とバリケードだけだった。最新ライフルは威力も射程も向上していたにもかかわらず、兵が360メートルより遠い標的を狙い撃つ必要はほとんどなかった。

イギリスではこのころまでに「狙撃手(スナイパー)」という言葉が一般に用いられるようになっていた。数十年前にボーア軍の射手をさしてそうよんではいたが、第1次世界大戦までにてようやく、現在狙撃手とよばれるものの要素すべてがそろったのだといえる。それはすなわち、命中精度の高い長距離ライフル、光学照準器、観測手と射手からなるふたり1組のチーム、偽装と野外活動技術、監視と偵察技能だ。どれもみな程度の違いこそあれ、アメリカ南北戦争時代にも存在していた。しかし今回はこのすべての資質をそろえるための公式な（そして非公式な）訓練が、ただひとつの特定の目的、つまり「狙撃手」養成のために実施されることになった。

20世紀初め、光学技術の分野ではドイツとオーストリアが抜きん出ており、世界最高のライフルスコープを作っていた。おそらく現在でもそうだろう。望遠照準器の多くはも

第3章 新しい世紀

ともと狩猟用に設計されていたが、それがすぐに軍事に転用されたことは驚くまでもない。モーゼルなどのライフルがそうだし、オーストリアのシュタイヤー（ステアー）・マンリッヒャー社製品もまた、狩猟者だけでなくドイツやオーストリア＝ハンガリー帝国の軍隊で使用されていた。実際、「前線」のドイツ軍狙撃手に届けられた最初のスコープつきライフルは狩猟用モデルである。

くわえて、ドイツ文化の多くは狩猟と標的射撃を中心に発展していた。たとえば、ドイツ諸国の狩猟地区ではきわめて多くのSchützenfest（シュッツェンフェスト）、つまり「射撃祭」が行なわれていることからもそれがわかる。したがって、すでに射撃技能をもつ兵役に適した年齢の若者が大勢いるばかりでなく、彼らを教育するための経験豊富な年かさのいった射手はいくらでもいた。しかもそのほとんどが兵役についたことがあったのではないだろうか。

狙撃用ライフルはすべての連隊に支給され、それが各中隊6名の兵に手渡された。各大隊にも24名の狙撃部隊があった。特定の任務についているのでないかぎり、こうした狙撃専門兵は、機会があれば標的を狙えるよう狙撃に適した場所を選び、自分が所属する大隊の持ち場内で独

上　イギリス軍の兵士は、伏射、膝射、立射の射撃訓練を受けた。(Steve Neville/Gareth Sprack)

左　すべての狙撃手がスコープつきライフルを装備していたのではない。それはイギリス軍とフランス軍だけではなく、ドイツ軍でも同じだ。(LoC)

自に行動していた。

軍用のモーゼルGew98スナイパーライフルは、ふつうの工場生産モデルのなかから、試射を行なって精度の高いものだけを「特別に選別した」ものである。ボルトは標準の直線形ではなく折りまげられていて、望遠照準器とマウントの視界をさえぎらないようになっている。弾薬は標準の7.92×57ミリ軍用カートリッジだったが、1915年以降は質の高いターゲットグレードの「SmK」（徹甲弾）も使えるようになった。

スコープもいくつものメーカーで製作されていた。たいていの場合は、倍率が3～4倍と低かったが、品質はよく、実際に任務で使用するときの距離ならば十分だった。敵対する塹壕との距離は550メートルを超えることなどほとんどなく、通常はそれ以下だったからだ。決定的だったのは、受けとった兵士がすでに操作に慣れているか、あるいはそうでなければ隊の中にすぐ教えられる人間がいたことである。フランス軍やイギリス軍ではそうはいかなかっただろう。

西部戦線でドイツ軍が配備したスコープつき狙撃用ライフルの正確な数はわからないが、2万挺以上あったのではないかと推測される。数はどうであれ、ドイツ軍狙撃手はまちがいなく連合軍にすさまじい打撃を与えた。イギリス部隊の記録、手紙、回想録では狙撃の犠牲になったという話がいたるところにあり、しかも

下　戦争開始直後から、ドイツ軍にはかなりの数の望遠照準器つきライフルがあった。写真のスコープはフォクトレンダー4倍。（John Pearce/von Goeben歩兵連隊［2.Rhine.］Nr.28、1900～1919年）

第3章　新しい世紀

モーゼル・モデル98・ライフル、1898〜1945年

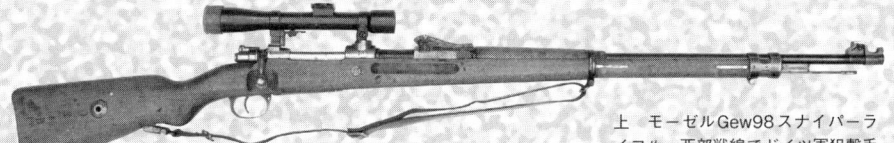

上　モーゼルGew98スナイパーライフル。西部戦線でドイツ軍狙撃手が使用した。写真はベルリンのC・P・ゲルツ製4倍望遠照準器、製造番号99（下側には18869とある）を装着。目にあてる部分は革製。（オーストラリア戦争記念館、RELAWM03709）

左下　急ごしらえのシェルターから連合軍の動きを監視するドイツ軍狙撃手。第1次世界大戦時にドイツ全軍の標準装備だったモーゼルGew98ライフルで武装しているはずだ。（NA）

右下　狙撃手とおぼしき死亡したドイツ兵のかたわらにはスコープのついていないモーゼルが。（LoC）

ドイツのモーゼル（マウザー）社が製作した軍用ライフルはたくさんあるが、おそらくもっとも成功したのはモデル98ではないだろうか。モデル1893と、のちのモデル1895やモデル1896をもとに発展させたこのボルトアクション式ライフルは、固定式で互い違いになった5発入り箱型弾倉をもち、ストリッパー・クリップによりすばやく装填できる。3つの突起があるボルトは強度と安全性を高める設計だ。とびきり命中精度の高いライフルであることが実証されたモーゼルは、依然として今日のボルトアクション式ライフルのなかで最高クラスのひとつだとみなされている。

Gew98として1898年に軍に制式採用されると、1912年まではドイツ陸軍すべてのライフルがこれに置き換えられた。このライフルはおよそ9.98グラムの先がとがった「spitzer（スピッツァー）」タイプの弾丸と組みあわされた7.92×57（8ミリ）カートリッジを発射する。この弾丸は、発射物の性能を測定するひとつの方法である弾道係数が大きいので、長距離の命中精度はさらに向上した。Gew98は第1次世界大戦をとおしてドイツ軍の主要ライフルだった。Kar98（カラビナー）はGew98の短いカービン銃ヴァージョンで、これも同じ戦争で用いられた。1935年にはKar98がドイツ軍歩兵の標準支給ライフルとなり、短いという意味の言葉kurz（クルツ）から「K」をとって、K98k、あるいはたんにK98とよばれた。

標準仕様のオープンサイトをつけたモーゼル98は有効射程がだいたい750ヤード（約686メートル）だが、光学照準器を用いれば1000ヤード（約914メートル）以上と大幅にのびる。モデル98は両方の世界大戦でドイツ軍狙撃手に使用されていた。たいていは望遠照準器つきだったが、かならずしもそうとはかぎらなかった。

上 敵のカウンタースナイパーの注意をひかないように、この狙撃手のPickelhaube（スパイクつきヘルメット）からはスパイクがはずされ、くすんだ灰褐色の布カバーがかけられている。(John Pearce/von Goeben歩兵連隊 [2. Rhine.] Nr.28、1900～1919年)

そのほぼ全員が頭を撃ち抜かれている。理由は、塹壕ではもっとも敵の目にふれやすいのが頭だったからだ。ほんの少しのあいだ塹壕の外を見わたす、監視用の溝からのぞく、塹壕がくずれかかって低くなってしまった部分を通りすぎるときにうっかりそのまま歩いてしまうなど、そのなにげない一瞬で兵は狙撃の犠牲になった。くわえて、ドイツ軍の先のとがったSpitzer（スピッツァー）弾は（それに匹敵する連合軍の弾丸もそうだが）体内に入りこんでから回転するので、銃創は入り口が小さな穴でも出口はこぶしほどの大きさになる。したがって、頭部の狙い撃ちはかならず致命傷となった。

この種の狙撃が与える影響にはいくつかの段階がある。まずは見てわかるとおり死傷者を出す。次に、ひんぱんに効果的に実行することで、銃撃を浴びつづけている兵のあいだに重苦しく意欲を失わせるような雰囲気と緊張状態を作り出す。そして最後に、兵の動きを封じ、任務を遂行できないようにするのだ。もちろん、狙撃手が撃っても命中しないこともあっただろう。狙われた兵が「間一髪」の弾に気づいたとしても、たんなる「流れ」弾だと考えたこともあったにちがいない。しかし、死にいたる銃撃は、とくに犠牲者が近

第3章 新しい世紀

くにいる仲間の兵だった場合、狙撃手のしわざとして永遠に記憶に焼きつけられる。なによりも、仮に自分が標的にされたなら、生きのびられる可能性はなきに等しいことが兵にはわかる。事実、生きるか死ぬかの運命は、引き金に置かれた狙撃手の指先ひとつにかかっていた。

ドイツ軍狙撃手は、ジグザグに掘った塹壕を利用して、側面から十字砲火を浴びせることができた。そうすれば、たがいに掩護しながら敵に対して効果的に射撃を行なう一方で、自分たちは正面からの銃撃には直接さらされない。また彼らは装甲板を有効に活用したため、イギリス軍やフランス軍は報復に出ることがむずかしかった。実際、1915年になるまで、組織だったドイツ軍狙撃手を無力化するための正式な措置はほとんどとられていなかった。

1915年の初めごろ、イギリス軍情報将校で狩猟愛好家でもあったH・ヘスキス＝プリチャード少佐は、塹壕でしばらくすごすうちに、ドイツ軍狙撃手が優勢であることを見てとった。イギリスに一時帰国した彼は、望遠照準器を搭載した狩猟用ライフルをいくつかたずさえてフランスにもどる。

任務の関係上、前線のさまざまな場所を訪れて敵の狙撃テクニックを調べることができた彼は、つねにスコープつきライフルを携帯し、狙撃による深刻な被害を受けていた各所の部隊に貸し出した。そうしてしばらくするうちに、正規に支給されるスコープつきライフルがぽつりぽつりと届きはじめた。1915年以前は、標準SMLEライフルに異なるメーカーの雑多なスコープがつけられており、マウントとなるとそれに輪をかけていろいろなものが入り交じっていた。1915年以降はかなり標準化されて、すでに零点規正のなされたスコープ（最低値2MOA、つま

次ページ　ドイツ軍の狙撃担当「Unteroffizier」（下士官）を演じる役者。(John Pearce/von Goeben歩兵連隊 [2. Rhine.] Nr.28、1900〜1919年)

左　ふたり1組のチーム。ひとりは双眼鏡を用いて攻撃目標を「定めている」。(John Pearce/von Goeben歩兵連隊 [2. Rhine.] Nr.28、1900〜1919年)

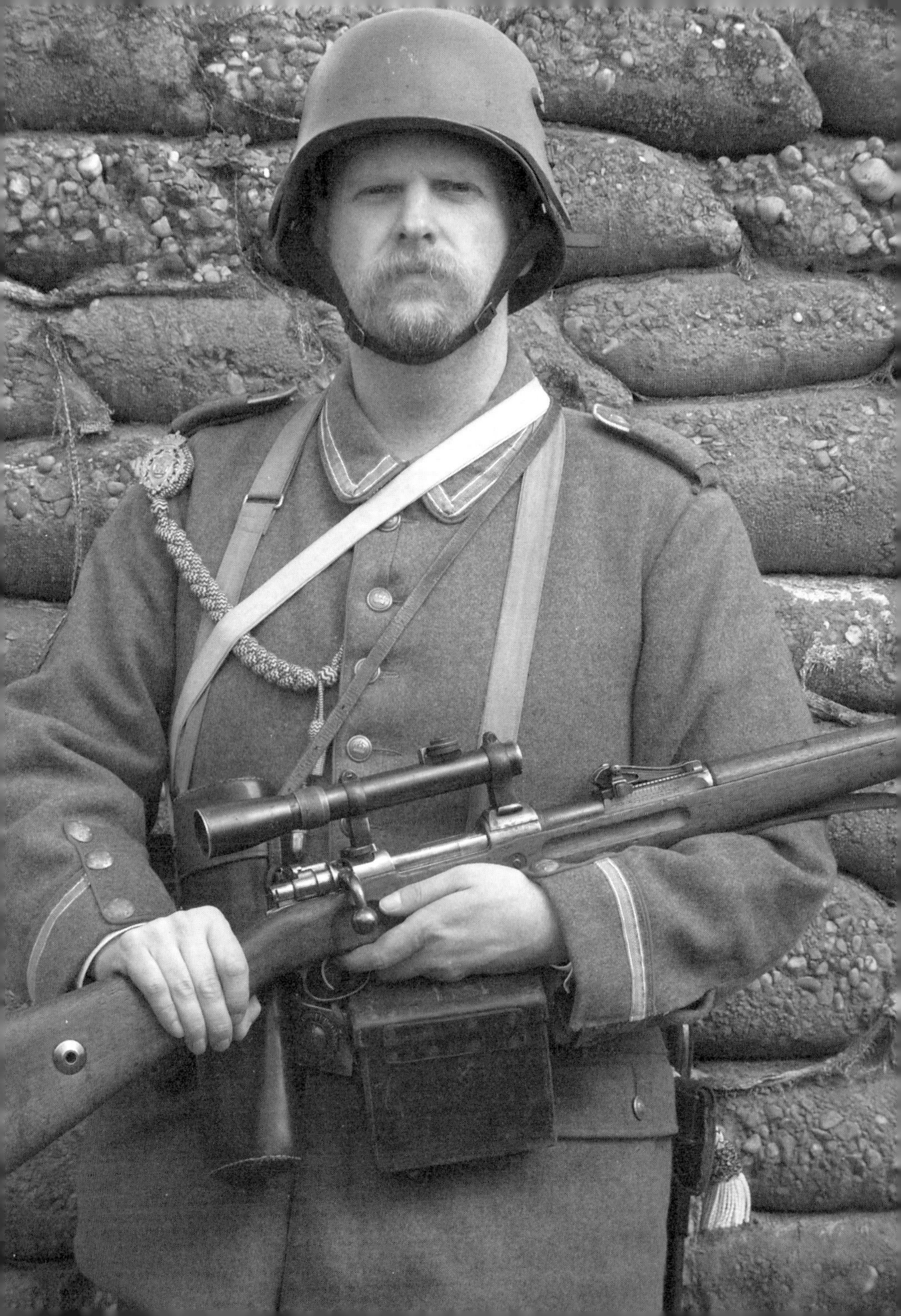

第3章 新しい世紀

スピッツァーとダムダム弾

　無煙火薬の導入とともに、軍用弾の小型化、軽量化、高速化が始まったが、どうもそれまでの大きくて重く遅い弾と同じだけの損害を与えられないように見受けられた。そこでライフル弾の殺傷能力を増大させる試みがスタートした。

　イギリス軍は、人体に衝突したときに先端が広がってつぶれるために内臓にひどい損傷を与えるという、殺傷能力を相当に高めた弾薬を開発した。先端が露出しているソフトポイントと先端に穴があいているホローポイントの両方がそれである。なかでも有名なのが、ジャケットでおおわれているけれども先端の鉛の部分がむき出しになっている、インドのダムダム工廠で開発された弾だ。そのため、とくに犯罪組織や軍隊などの会話では拡張する弾丸全般を「ダムダム弾」とよぶことが多い。むろん、この新発明にいい顔をしなかった国はある。将来の「ルール」と「倫理性の高い」戦闘について合意された1899年のハーグ会議では、拡張弾薬の軍事利用が禁止された。

　1905年、ドイツ陸軍は「スピッツァー」を標準ライフル用弾薬として採用した。スピッツァーの名は、とがった先端をもつ弾を意味するドイツ語のSpitzgeschoss（スピッツゲショス）に由来する。ドイツ製8ミリカートリッジは、およそ9.98グラムと軽量のスピッツァー弾を毎秒約884メートルに達するほどの、当時にしては驚くべき速さで発射した。

　スピッツァーは、19世紀の終わりに向けて発達した数多くの新しい技術を利用した弾頭（カートリッジの中の目標へと飛んでいく部分）である。鉛の芯に銅の覆いを巻いた被甲弾（ジャケッテッド）で、細長く先のとがった形をしており、たいていは底部が「ボートテール型」だ。このタイプの弾は、ただの鉛の弾丸よりも、無煙火薬による高速回転とそこから発せられる熱に強かった。さらに、その形と重量配分が空気力学的にすぐれていたので、射程と命中精度も向上した。設計上、スピッツァーは衝突時に不安定になるので、それが人体組織を大きく傷つけることになった。別のよび名では「隠れたダムダム」ともいう。それほどまでに効果の高い設計だったので、アメリカやロシアを含む多くの国々が、数年もたたないうちにスピッツァータイプの弾丸をとりいれた。

　イギリス軍は独自の.303口径弾を用いてハーグ会議の「規制」の枠内で実験を続けたが、第1次世界大戦までにはまだ余裕のある1910年、ついに約11.28グラムの弾頭をもつマークⅦカートリッジを導入した。この新しい弾丸は鉛の芯の上にアルミの先端がとりつけられ、全体が銅でおおわれていた。銃口から発射されるときの速度が毎秒約744メートルで、スピッツァーと同じように空気力学上すぐれていたが、銅でおおわれたボディ内の重量配分が原因で、人体に衝突してからの回転は1回だった。

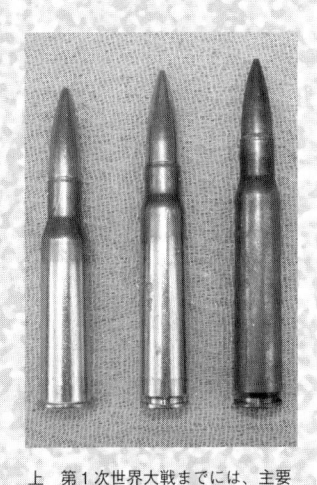

上　第1次世界大戦までには、主要国すべての軍隊が「スピッツァー」タイプの弾薬を使用していた。写真の3つは第2次世界大戦時代のものである。左から右へ順に、ロシア製7.62×54r、ドイツ製7ミリ、イギリス製.303。

図説狙撃手大全

右　ドイツ軍のイェーガー分遣隊。1917年7月。戦争初期にはイェーガー部隊が偵察や「射撃」の専門的な任務にあたっていたが、塹壕戦で足踏み状態になると、彼らは通常の歩兵部隊に組みこまれた。このイェーガーの集団はSturmtruppen（突撃隊員）の装備をしているように見える。
（Military & Historical Image Bank）

左下　太陽が直接あたれば、隠れている狙撃手は簡単に見つかってしまう。
（John Pearce／von Goeben歩兵連隊［2. Rhine.］Nr.28、1900〜1919年）

右下　夕暮れどきや日陰になっていれば、内部の暗い掩蔽壕から撃つ狙撃手は見つかりにくい。
（John Pearce／von Goeben歩兵連隊［2. Rhine.］Nr.28、1900〜1919年）

り100ヤード2インチ単位で調整）つきのSMLEライフルが支給されるようになった。8000本を超えるスコープのほとんどはおもに、バーミンガムのオルディス・ブラザーズと、ロンドンのペリスコーピック・プリズム社の2社が製作を請け負っていたが、さらに1000ほどのウィンチェスタA5スコープがアメリカからもちこまれた。こうした制式狙撃ライフルはみな、おそらく弾倉にクリップを入れるためだろうか、ス

第3章 新しい世紀

上 ドイツ軍の塹壕は連合軍ほど形式的なレイアウトにはなっていなかったので、ドイツ軍狙撃手は敵の目をあざむくために、規則正しくない「迷彩」素材や形をうまく利用した。(John Pearce/von Goeben歩兵連隊[2.Rhine.] Nr.28、1900～1919年)

コープが左にずらしてとりつけてあるという不便があった。もっとも、弾倉は脱着可能でストリッパー・クリップがなくても装填できたし、実際には、このライフルの初期のヴァージョンでは弾倉遮断プレートがとりつけてあって、あいついで発砲する機能が必要なとき以外は、カートリッジを一度にひとつずつ装填するような設計になっていた。

ヘスキス＝プリチャードは、兵が光学照準器の使用について特別な訓練を受けないかぎり、こうしたスコープつきライフルはほとんどまったく役に立たないことに気づいた。さらに悪いことに、隠蔽の訓練を受けずに使用した兵は、かえってドイツのカウンタースナイパーの餌食になりやすかった。

陸軍の上官に狙撃訓練の必要性を訴えたヘスキス＝プリチャードは、第3軍の狙撃専門家として任務につくことが認められた。すぐれた作家でタイムズ紙の記者だったジョン・バカンから励ましと支援を受けながら、ヘスキス＝プリチャードはいくばくかの私財を投じて狙撃の教育訓練施設を設立、そこで狙撃に適性のある兵を鍛えあげるとともに、スコープとライフルを正しく設定し、さらに敵狙撃手への対抗策について広く実験を行なった。すると、効果を

狙撃と20世紀の防護用具

　第1次世界大戦と、第2次世界大戦においても若干ではあるが、個人が身を守るためのよろいについて軍のなかでいくつかの試みが行なわれた。通常は金属製の胸あてという形で、中世のよろいと同じように用いられたが、重くて強度のあるスチールが使われた。機関銃の担当班が防護用として着用することが多かったが、狙撃手も身に着けていたといわれている。もっとも、どのような利点があったのかは定かではない。なぜなら、狙撃手の胸の部分はふつうなら塹壕内に隠れているからだ。仮に開けた場所だったとしても、ほぼま

右上　移動可能なスチール装甲板を使うイタリア軍狙撃手。(LoC)
右下　カナダ軍兵士が捕獲したドイツ軍の狙撃ポストを調べている。1917年ごろ、フランスにて。7.6センチほどの厚みのあるクルップ製スチールだ。移動はできるだろうが、容易ではない。
下　ドイツ軍機関銃兵が防護を強化するために胸あて(Sappenpanzer)とヘルメットの上から額あて(Stirnpanzer)を着用している。(John Pearce/von Goeben歩兵連隊[2. Rhine.] Nr.28、1900～1919年)

第3章 新しい世紀

上 フランスのラングルにあるフォール・ド・ラ・ペイニーで行なわれた軍需品部によるボディ・アーマーのテスト結果。拳銃、ライフル、機関銃射撃の効果を示している。1918年ごろ。(NA)

ちがいなくうつぶせの姿勢をとるので、敵から見えるのは頭と肩の部分だけである。なによりも、狙撃手が胸あてなどつけたら、動きがいちじるしく阻害されてしまうだろう。

ドイツ軍はさらに厚さ約1.3センチの分厚いスチールでできたフェースマスクを試みた。これは顔と首をおおい隠すようにカーブしているが、肩にライフルをかつげるように、右の下のほうが切りぬかれていた。目の部分には小さな切れこみがあって外が見えるようになっていたが、実用的とも効果があるともいえなかった。いずれにしても、重機関銃の弾でテストした胸あての写真を見ればわかるように、最新の高速弾ならほとんどの「軽」胸あてを貫通してしまった。

すえつけ型の装甲板は、狙撃手と観測手の両方に用いられた。ほとんどの場合、これは重い固定式の陣地で、たいていは丸や四角の巨大な郵便ポストのような形をしており、ふたり入るのに十分な大きさだった。多くの場合は厚さが7センチを超える鋳鉄製で、正面に観測や狙撃用の切れこみが入っていた。装甲としてよく使われたのは、監視や狙撃用の穴や溝をあけたスチール板を塹壕の壁に固定したうえで、前に土嚢を積み上げて偽装するものである。ドイツ軍はこれに多大な労力をついやし、スチール板を周囲の土嚢と同じ色に塗ることさえした。だが、そうするだけのもっともな理由があったのだ。敵対する両軍がともに、日々、ほんのわずかでも変化がないか、あるはずのない動きがちらりとでも見えないか、どうもしっくりこないと思われるような手がかりはないか、たがいの塹壕をたえず見張っていた。怪しいところが少しでもあれば監視の目が強まり、かならずといっていいほど狙撃されたのである。

スチール板の最大の難点は、のぞいたり撃ったりするための、のぞき穴や銃の穴が必要なことだった。通常はなんらかの覆いで隠されていたが、スコープつきライフルでそれを発見した敵の狙撃手からみれば、覆いがはずされるまでその場所を監視しつづければよい

左上 スチール製遮蔽物の監視溝を注意深く開けるドイツ軍狙撃手。(John Pearce/von Goeben歩兵連隊[2.Rhine.]Nr.28、1900～1919年)

上 可動式狙撃ポスト。鋲留めされた箱状の構造で、ふたつきの観測用の切れこみとライフル溝が4つ。直径約60センチのスチール製の車輪がふたつついていて、それで移動する。このタイプの移動性シールド、別名「ひとり用戦車」は、狙撃手のほか、鉄条網を破壊するためにひそかに前進する連合軍兵士が西部戦線で利用した。ニッケル鋼でできていたと考えられている。(オーストラリア戦争記念館、REL-12494)

左下 固定式の狙撃・観測用装甲ポストは通常、カムフラージュ用に積み上げた土嚢の少し後ろにスチール板を立てて築く。監視溝や土嚢の隙間など、あきらかにそれとわかるものはかならず銃撃された。

だけのことだ。誰かがそこからこちらをのぞいているのが見えたなら、その瞬間にも目に物見せてやる、といわんばかりに、まさに哀れな犠牲者の目に弾丸を撃ちこむだけだ。数多くの狙撃手や観測手が、「安全」なはずの装甲板にあるほんの小さな隙間からのぞいたときに撃たれて死んだ。

イギリス軍の狙撃の名手ヘスキス=プリチャードが導入した狙撃対策のひとつは、監視溝を開けるときにはその脇に立って、帽章つきの軍帽を17秒間隙間にかざし、敵から銃撃されなければ安全だとみなすという方法だった。

ヘスキス=プリチャードは、ドイツ軍が塹壕で使用していたスチール板を戦利品として手に入れることに成功し、実験を試みて、高速の狩猟用大口径ライフルのなかにスチール板を貫通できるものがあることを発見した。たしかにイギリス陸軍省はわずかながらも大口径狩猟用ライフルを支給しており、それが使用できたことはまちがいないが、実際に塹壕戦で多用されたかというときわめて疑わしい。それでもやはり用いられたときには、イギリスの陸軍兵仲間に対して、ドイツの狙撃手は前評判とは対照的に脆弱だと示すことにはなっただろう。

ドイツ軍はまた可動式装甲板も利用していた。車輪をつけたそれは、大砲のスチール製シールドのように見えるが、ライフル用の観測および射撃溝がある。おそらく鉄条網などの障害物の除去や前方観測用として開発されたのだろうが、狙撃はおろか、そうした任務に有効だったかどうかも疑問だ。

なぜなら運びやすいとはとてもいえないような地形を移動させるのはきわめて困難なうえ、敵の大砲の餌食となることはまちがいないからである。

兵士が個々に身に着けるスチール製のよろいは、第1次世界大戦の最新兵器に対して効果がなかったにもかかわらず、第2次世界大戦の日本軍ではある程度まで使用されていた。ただし同じく使い物にならなかったことが判明している。

第3章 新しい世紀

上　戦争開始時、イギリス軍狙撃手がスコープつきライフルをもっていることはめったになかった。(Steve Neville/Gareth Sprack)

　高めるためには、イギリス軍狙撃手ひとりひとりに、倍率の高い望遠鏡を携帯し攻撃目標を定めて着弾を確認する観測手を同伴させる必要があることがわかる。さらに常時敵の前線を監視するというこの手法は、きわめて重要だということが実証された。こうした狙撃チームが集めた情報には、たんなる敵の狙撃への対策以上の価値があったのだ。

　ヘスキス＝プリチャードの観測訓練では、訓練兵は550メートルほどの距離を望遠鏡で観察する。張り子で作られたフランス軍、イギリス軍、ドイツ軍兵の「頭」を含むさまざまな物体が、それぞれ15秒ほど視界のなかに提示され、兵は何が見えたかを書いて報告するというものだ。また、一目で見わたせるくらいの地形のなかに、一部をおおい隠した狙撃地点を含むいくつもの物体を置き、それを観測させて報告させるという練習もあった。このような方法はいちじるしく効果があることが実証され、現在でもこれをもとにしたヴァリエーションを用いて狙撃手向けの観測訓練が行なわれている。

　大隊から大隊へと移動しながら、ヘスキス＝プリチャードは各隊に丸1日程度の時間をついやし、望遠照

上 イギリス軍の伍長が同僚にリー・エンフィールド・スナイパーライフルを見せている。(Cody)

準器の調整や使用方法、身を隠してできるかぎりの安全を確保する方法、攻撃目標を発見する方法ほか、ドイツ軍狙撃手への対抗策と、できれば彼らを抹殺する方法などさまざまな技能を教えて歩いた。前線で彼が用いた手法のなかには、張り子の頭を利用して敵の狙撃を誘いこみ、逆に相手の位置を割り出す策略や、斜めに角度をつけた「抜け穴」を作って、こちらからは見えるが敵の銃弾は貫通しにくいようにする方法もあった。また、敵が姿を現した瞬間にすばやく撃つことができるように、ライフルを土嚢などの台にすえて、敵狙撃手の陣地や銃眼のすぐ下あたりに向けてあらかじめ照準を合わせておいたりもした。ヘスキス＝プリチャードはこれを、前線の大砲つき観測兵を倒す目的で有効に活用した。ほとんどの大砲が、ライフルの射程外から、しかも塹壕から見えないほどの距離から撃たれるようになっていたので、その観測兵は狙撃手の優先的攻撃対象となっていたのである。

ほかにも望遠照準器の知識をもつイギリス軍司令官たちが積極的に非公式な訓練「学校」を始め、なかには実際に塹壕のなかで教える者もあったが、まずはフランスの前線後方に、次いでイギリス国内に、公式な偵察・観測・狙撃（SOS）の訓練所が設立されたのは1916年になってからである。

カナダ軍は部隊がカナダを発つ前に戦闘射撃の要点を詳しく教えていた。オンタリオ州のキャンプ・ボーデンでは幅広い狙撃訓練が実施されており、カナダ軍の各歩兵大隊には狙撃と偵察を専門に行なう分隊が配属されていた。

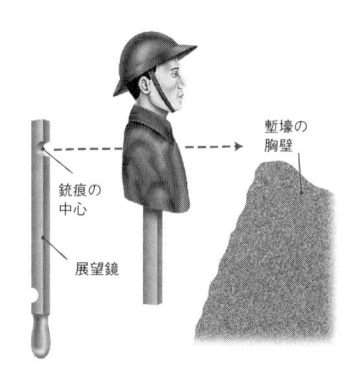

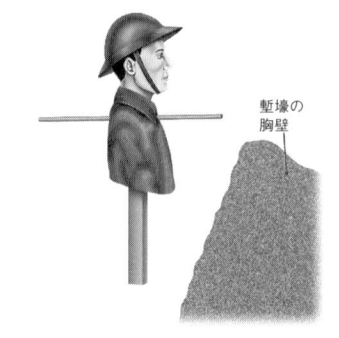

右 敵狙撃手の発砲を「誘う」目的で作り物の頭や人型が使われることもあった。弾丸が飛んできた方向は、展望鏡を使って銃弾であけられた穴から見るか（左）、人形の銃痕に棒をすべりこませて（右）おおまかに判断した。これで敵狙撃手がひそんでいる位置をつきとめられる。

第3章　新しい世紀

このときもまた、イギリス連邦軍から名だたる狙撃手がやってきた。フランシス・ペガマガボーのような、その任務のために生まれてきたような男たちである。ペガマガボーは北米先住民族オジブワ族の出身で、378人を射殺したという。おそらく第1次世界大戦ではもっとも多い狙撃記録だろう。カナダ軍には、ほかにもすぐれた狙撃手がたくさんいただけでなく、その仕事に適した武器、ロス・ライフルがあった。当時の戦闘用ライフルとしてはけっして最強とはいえないが、標準のオープンサイトを使用しても非常に正確に撃てる武器で、標的射撃用アパチャーサイトや、さらにはウォーナー&スウェイジーの6倍ライフルスコープを使えばなおさらだった。

1917年に参戦したアメリカの陸軍もまた、標準軍用ライフルだったスプリングフィールドM1903の狙撃仕様にウォーナー&スウェイジーのスコープを装着、のちに倍率が5倍のウィンチェスターA5に切り替えた。

第1次世界大戦時のアメリカ軍では、モーゼルの作動方式にもとづいたエンフィールドP14を30.06口径にしたアメリカモデル、P17ライフルも大量に使用されていた。これも非常に命中精度が高く、信頼できる武器である。

アメリカ軍の訓練所ではすぐれた射撃訓練プログラムが実施されていた。よく知られているのは、オハイオ州のキャンプ・ペリーと、ヴァージニア州クワンティコにあるアメリカ海兵隊の施設である。じつに新兵のほとんどがすでに狩猟や標的射撃の経験者だったとはいえ、塹壕で腕ききの狙撃手と対面するとなると話は別だ。そこでヘスキス=プリチャードの訓練を受けたイギリス軍将校

左　カムフラージュと「身代わりの頭」について述べた文献。後者は連合軍狙撃手を養成するために用いられたほか、ドイツ軍狙撃手に撃たせるためのおとりとして使われることもあった。

下　US SPRINGFIELD ARMORY MODEL 1903という文字と製造番号が刻印されている。銃身には7-18とある。このライフルにはウォーナー&スウェイジーのモデル1913望遠照準器、製造番号3580が装着されている。この種のライフルや望遠照準器は第1次世界大戦のあいだに開発され、アメリカ陸軍が西部戦線で使用した。（オーストラリア戦争記念館、REL/19554）

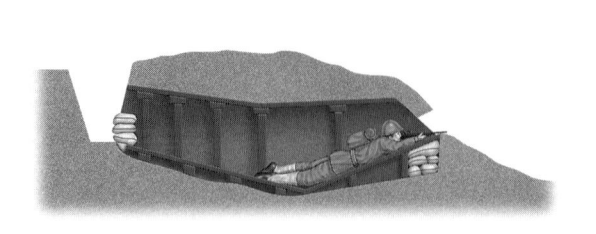

上　狙撃陣地を示す2例。塹壕線のなかに掘られるか、あるいははめこまれていたので後部から安全に出入りすることができた。内部に入った狙撃手は、ライフルの銃眼よりも身を低くすることで、敵のカウンタースナイパーの標的になる可能性を最小限に抑えた。
左上　カナダ軍部隊が展望鏡照準器つきのライフルで塹壕の狙撃手に対抗する方法を学ぶ。
左下　フランスで狙撃攻撃を受けるアメリカ軍歩兵。(NA)
右　戦闘中のアメリカ軍狙撃手レオ・R・ハーン1等兵。ウォーナー＆スウェイジーのスコープつきスプリングフィールドM1903A3スナイパーライフルを手にしている。(AP)

や下士官が、アメリカ国内やSOSの訓練施設でアメリカ軍狙撃手を指導する手助けをした。そうやって育てられた狙撃手はひときわすぐれていた。

　腕の立つ射手は南アフリカやローデシア（旧イギリス植民地で現在のジンバブエ）からも集まった。なかでも有名なのが、1916年にフランスに到着したエイブ・ベイリーの射撃隊である。24名からなるこの部隊は、ボーア戦争でイギリスを擁護した南アフリカの富豪エイブ・ベイリーが資金を提供していた。隊員の

第3章 新しい世紀

フランシス・「ペギー」・ペガマガボー（1891〜1952年）

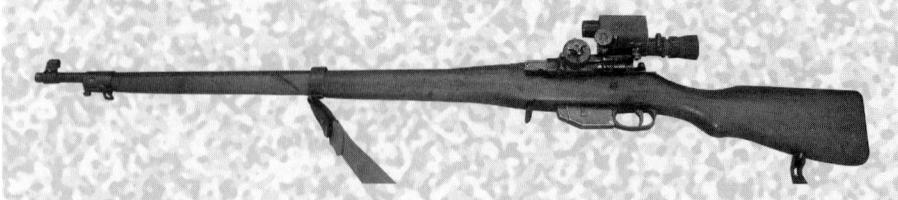

カナダ軍狙撃手のフランシス・ペガマガボー伍長は、おそらく第1次世界大戦でもっとも多くの敵を倒したのではないだろうか。正確な数字は記録に残っていないが、しとめた敵の数は推定378人といわれているほか、300人を捕虜にとった。オンタリオ州パリー島インディアン居留地のオジブワ族である彼は2度にわたって武勲章を授章、先住民族としてはカナダ史上もっとも位の高い勲章を授けられたカナダ軍兵士である。彼はおそるべき射手であると同時に、実力を最大限発揮できる配置につくために穴だらけの「無人地帯」をうまく利用する術を知っていた。

ペガマガボーは1914年に第23連隊（北部工兵）に入隊、西部戦線で狙撃、伝令、偵察と監視の任務にあたった。戦地は第2次イープルの戦い、アミアン、パッシェンデール、モン・ソレルなどで、とくにモン・ソレルではドイツ兵を大量に捕虜にとった。毒ガス攻撃を受けたり、負傷したりしたものの、彼は戦争の最初から最後まで戦いぬき、生きのびた。

ほかにもカナダ人先住民族の狙撃手としてよく知られている人物に、115人を倒した功績をたたえられて武勲章を授章したフランス系カナダ人と先住民族クリー族の混血ヘンリー・ノーウェスト（メティス）（1884〜1918年）、オジブワ族のジョンソン・ポーダッシュ上等兵、イヌイットのジョン・シワク（シコアク）（1889〜1917）などがいる。

上 ロス・モデル1910MkIII（T）スナイパーライフル。カナダ製のロス・ライフルは非常に命中精度が高かったにもかかわらず、「ストレート・プル・アクション（直動式）」を理由に嫌う兵もいた。ターン・ボルトほど頑丈ではないとみなされていたためだ。1916年に通常の部隊からは撤去されたが、カナダ軍狙撃手は好んで使っていた。写真のモデルにはウォーナー＆スウェイジー6倍ライフルスコープがとりつけられているが、多くの場合はオープンサイトだけで使用されていた。フランシス・ペガマガボーもそうだったのではないか。

右ページ左下 フランシス・ペガマガボー伍長。カナダの先住民族で、第1次世界大戦でもっとも輝かしい成功をおさめた狙撃手のひとり。（Irma Coucillが描いた肖像画。オンタリオ州ウッドランド文化センター先住民族の殿堂の好意による）

なかでもっとも名高いのが、ひとりで100人以上を射殺したネヴィル・メスヴェン中尉である。この射撃隊はパッシェンデールやソンムといった激戦地の多くで参戦、終戦までイギリス陸軍とともに戦った。戦闘中に6名が死亡したほか、それを上まわる負傷者も出したが、もともとわずか24名の部隊だったにもかかわらず、ドイツ軍に推定3000人以上の死傷者を出したといわれている。

ガリポリのトルコ兵とオーストラリア兵

狙撃手の銃撃からのがれようと、たえまない不安と戦っていたのは西部戦線の兵士だけではない。トルコ

第3章 新しい世紀

左上 ウォーナー&スウェイジー製6倍ライフルスコープ（左側面）。(Steve Broadbent Collection)
右上 ウォーナー&スウェイジー製6倍ライフルスコープ（右側面）。ロス・ライフルのストレート・プル・ボルト作動部も見える。(Steve Broadbent Collection)
右下 ロス・ライフルに搭載されたウォーナー&スウェイジー6倍ライフルスコープ。上から見た写真。中心線がずれてとりつけてあるのがわかる。(Steve Broadbent Collection)

北西部のダーダネルス戦域では、ドイツと同盟を結んでいたトルコと、対するフランスやイギリス連邦軍とのあいだに狙撃戦がくりひろげられていた。イギリス連邦軍の多くはオーストラリアとニュージーランドから派遣された「アンザック軍団」である。トルコ沿岸部のガリポリではどちらの軍勢も優位に立つことができず、ここでもまた、戦争は膠着状態におちいり、塹壕戦が日課となっていた。

トルコ軍は標準アイアンサイトのモーゼル・ライフルを使っていたが、高台にいるという点で有利であり、連合軍の立ち往生している上陸拠点めがけて上から銃撃していた。前線と海にはさまれた幅広く細長い土地

右　1917年ごろのアメリカ海兵隊狙撃手を再現する。ウィンチェスター4×18スコープつき、本物の.30-06スプリングフィールド1903。(Carsten Edler)

に追いこまれたアンザック軍は、身体的にも精神的にも大きな損害を受けた。最初はトルコ軍の前線から見えるものすべてが銃撃されるような状況だったが、連合軍の塹壕が完成すると、トルコ軍狙撃手の標的にされてしまうのは、未熟者と、防護壁の上からのぞいてみようなどと考える好奇心旺盛な人間、あるいは軽率な者だけとなった。

　アンザック軍はオーストラリア内陸部の大農場やニュージーランドの大きな牧羊場から兵が集まっていたので、すでに射撃の得意な者が多かった。あとは持ち前の能力を生かせばよいだけのはずだったが、トルコ軍と自分たちの前線の配置のせいでそれが困難だとわかる。そこでその問題を克服するために、彼らは独自の狙撃方法をあみだした。

　西部戦線と同じように、オーストラリア軍の監視兵は敵兵の監視に塹壕の展望鏡(ペリスコープ)を使う。すると敵は展望鏡をねらって1発撃ちこんでくる。その程度の射撃なら大けがをする兵はいないが、それでもやはり狙撃手の存在は大きく、部隊兵は絶対に頭を出さないようにしなければならなかった。オーストラリア軍は、監視兵と狙撃手を協力させることでこの

右　狙撃手とわたりあいながら進軍するアメリカ軍歩兵。

第3章 新しい世紀

状況をうまく利用した。まず監視兵が敵の見えた場所を正確につきとめて狙撃手に伝え、狙撃手はその地点を撃つ準備を整えておく。次に敵が姿を現した瞬間、監視兵は「撃て」と叫び、狙撃手はすでに射程も照準も合わせておいた場所へ即座に一撃を放つのである。この方法はトルコ軍の狙撃手対策として非常に効果があると判明した。なぜなら、撃てば撃ち返されるおそれがあるとわかったことで、トルコ兵にも重圧がかかり、彼らとて慎重にならざるをえなくなったからである。

オーストラリア軍は標準仕様のSMLEライフルを狙撃に用いていたが、世に聞こえたビリー・シンのように自国からもちこんだ標的射撃用アパチャーサイトを使う兵もいた。

オーストラリア軍はむろん、トルコ軍狙撃手に逆襲することで自分たちの役目をしっかりと果たしたわけだが、くわえて、展望鏡ライフルを発明したのはガリポリにいた自軍の兵のひとりだと主張している。これについては連合軍のほかの軍隊も自

左上　第1次世界大戦でアメリカ海兵隊狙撃手が携行していた背嚢、ヘルメット、その他の装備。（Carsten Edler）

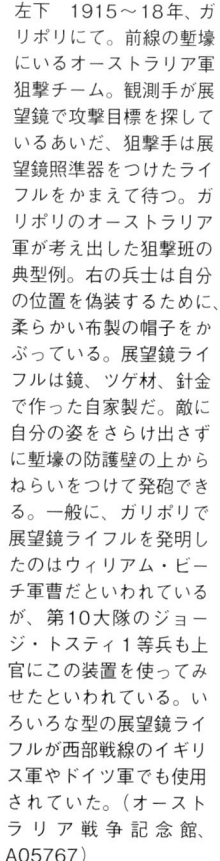

左下　1915〜18年、ガリポリにて。前線の塹壕にいるオーストラリア軍狙撃チーム。観測手が展望鏡で攻撃目標を探しているあいだ、狙撃手は展望鏡照準器をつけたライフルをかまえて待つ。ガリポリのオーストラリア軍が考え出した狙撃班の典型例。右の兵士は自分の位置を偽装するために、柔らかい布製の帽子をかぶっている。展望鏡ライフルは鏡、ツゲ材、針金で作った自家製だ。敵に自分の姿をさらけ出さずに塹壕の防護壁の上からねらいをつけて発砲できる。一般に、ガリポリで展望鏡ライフルを発明したのはウィリアム・ビーチ軍曹だといわれているが、第10大隊のジョージ・トスティ1等兵も上官にこの装置を使ってみせたといわれている。いろいろな型の展望鏡ライフルが西部戦線のイギリス軍やドイツ軍でも使用されていた。（オーストラリア戦争記念館、A05767）

アルヴィン・C・ヨーク（1887〜1964年）

第1次世界大戦でもっとも名をあげた「狙撃手」アルヴィン・カラム・ヨーク軍曹は、どちらかといえば古い意味での「射手」だったのではないだろうか。テネシーで生まれ、幼いころから銃を扱ってきた彼は、誰に聞いても、軍の射撃場など見たこともないころから天性の素質をもった経験豊富なライフルの名手だった。若いころは「無鉄砲」で知られていたが、親友が酔っぱらいのけんかで命を落としてからは行動を改め、敬虔なキリスト教徒になった。陸軍に入隊してから良心の呵責に悩むこともあったが、それにもかかわらず第1次世界大戦におけるアメリカの英雄のひとりとなった。

アルゴンヌの森で、アメリカ軍の攻撃がドイツ軍の尾根からの機関銃に足止めされたとき、当時伍長だったヨークを含む17名の小隊は敵の側面に送られた。彼らはなんとか機関銃の背後にまわりこんでドイツ軍の司令所を占拠した。大量の捕虜を集めていると、彼らがとり囲んでいた機関銃の担当兵が事態に気づいて、くるりと銃の向きを変え、ドイツ軍の同胞ともどもアメリカ兵めがけて撃ちはじめた。6名が死亡したほか負傷者も出て、小隊の指揮はヨークの手にゆだねられる。残りのアメリカ兵とともに、ドイツ兵捕虜を盾にしたヨークは、いまや全部がこちらに銃口を向けようとしている敵機関銃兵の動きを追った。そして撃っては移動しながら、標準軍用ライフルで側面からひとりずつ敵を狙い撃ちしていった。そうすれば敵は一斉に彼を攻撃できないからである。自身の日誌にヨークはこう記している。「まずは伏射、つまりうつぶせの姿勢で撃った。テネシーの山中で標的射撃の試合をしていたときのようで、ちょうど距離が同じくらいだった。でも今回は標的が大きい。この距離ならドイツ兵の頭でも体でもはずすわけがない。実際ははずさなかった。それにはずしてもいいなどといっている場合でもなかった。ドイツ兵がこちらを撃とうとすれば、どこにいるかを確認するために頭を上げねばならないことはわかっていた。そしてやつらに頭を上げさせないようにしなければ、こちらにチャンスがないことも。だからそのとおりにした。むこうの居場所に銃を向けておき、少しでも動くものが見えたらぶっ放した。頭がもちあがるたびにそれを倒した。すると一瞬動きが止まった感じになって、しばらくするとまた頭がもちあがる。だからそれを倒す。そうして全力で戦った」

ヨークはその後、5〜6名のドイツ兵に突撃される。彼はコルト1911セミオートマティック拳銃で「うしろから順に」しとめた。「戦闘中、ドイツ人士官と兵士が5人、塹壕から飛び出して銃剣で突撃してきた。20メートル少しの距離をまっすぐに突っこんできた。ライフルにはクリップの半分くらいの弾しか残っていない。だが拳銃があった。とっさにそれを手にとって攻撃した。

6人目の男から先に撃った。それから5人目、4人目、3人目という具合だ。故郷では野性の七面鳥をそうやって撃つ。後ろのやつがしとめられたということを前のやつにわからないようにする。そうすれば全部しとめるまでやつらは前進しつづける。もちろんそのときはそんなことは考えなかった。ただ自然にそうしていたのだと思う」

ついに、捕虜となったドイツ軍将校が残りの機関銃兵に降伏をよびかけ、兵はそれに従った。アルヴィン・ヨークと7人の兵士は総勢132名のドイツ兵を捕虜にとった。翌日、放棄された35挺の機関銃とともに28名のドイツ兵が死亡しているのが見つかった。ヨークが発砲した弾の数とちょうど同じ数だった。

この功績により、ヨークはフランスから戦功十字章、イタリアからも戦功十字章を授章、そしてアメリカから殊勲十字章を授けられ、のちに名誉勲章に格上げされた。

上 アルヴィン・カラム・ヨーク軍曹。狙撃手というよりむしろ射手だった。

第3章 新しい世紀

分たちの発明だと述べているのだが、むりもない。おそらく「必要に迫られて」いくつものパターンが各国で独自に発達したのだろう。すくなくともドイツにもひとつはあった。

展望鏡ライフルは基本的にてっぺんにライフルをのせた木製の枠で、照準を合わせるために展望鏡を用い、引き金には遠隔操作を行なう紐のようなものが結ばれていて木枠の下のほうで引くようになっていた。現在のブル・パップライフルにある精巧な遠隔操作でさえまだまだ改良の余地はあるのだから、当時の軍用ライフルの引き金に「紐と滑車」という自家製の珍妙な装置がとりつけられたものを操作するのはかなり厄介だっただろう。軍用ライフルそのものの機構も精巧ではなかったのにくわえて、展望鏡をのぞきこみながら45〜60センチの紐で引き金を引くのは容易ではないはずだ。しかしこれで、たとえ標的に命中しなくても、ふつうの兵士が敵軍に向けて何発かの弾を撃ちこめるようになった。神経戦になっていた戦争においては、けっして見すごすことのできない効果である。

ガリポリにはイギリス軍の射手もいた。前にも述べたロヴァットの偵察隊は、1915年9月にトルコの前線に派遣されたほか、1916年から終戦までのあいだにエジプト、マケドニア、フランスで、偵察ならびに狙撃任務にあたった。この隊の兵士は隠蔽と監視に長けていた。年齢ではなく知識と経験がものをいう世界であったことは、新兵募集のポスターからもわかる。「ドイツ兵追跡任務。尾行が得意で手先の器用な人100名募集。41〜45歳まで」

イギリス軍狙撃手の最大の強みは、ふたり1組のチーム制を導入したことではないだろうか。これは訓練を受けた観測手が、しばしば倍率20倍以上という高倍率の、4段階に引

上 No.32照準器つきリー・エンフィールド No.4 MK.I(T)ライフルと、スポッティングスコープとケース。イギリス軍狙撃手はふたり1組で動いた。観測手は、写真にみられるような、たいてい20倍以上という高倍率の追跡用望遠鏡を用いて、射手のために攻撃目標を選定した。

第1次世界大戦時のカムフラージュ

上　ふたりのアメリカ海兵隊狙撃手が自家製の「ギリー」スーツを着用している。(AB)
下　当時の新聞や雑誌はカムフラージュについてどこかしら奇妙なアイデアをいだいていた。1916年11月のウォー・イラストレイテッド誌から。

右上　イギリス軍狙撃手はときとして、図にあるようなフードつきのつなぎ服やゆったりとしたシミエン・スナイパースーツなど、人間の体型を隠すためのゆるい服装を用いた。無地のキャンバス地や麻袋布が用いられ、迷彩模様に色が塗られることもあった。

1914年ごろになると、近代的な軍隊のほとんどでくすんだ色の戦闘服が採用されていた。灰色や茶色などの地面に近い色は部隊の存在を極力めだたなくするために役立つ。指揮官が戦場でチェスの駒のように兵をあやつるため、わざわざめだつように明るい色調を使っていた18世紀とはまさに正反対だ。

しかし、いくらめだちにくい色になっても、狙撃手には隠蔽によるさらなる防御が必要だった。つねにできるかぎり背景に溶けこむような服装をしてきたのは狩猟者も同じだが、獲物もまた自分と同じように撃つことのできる武装した兵である狙撃手の場合は、完全に見えなくなる必要があった。

そこで、第1次世界大戦の狙撃手はこれまでになくさまざまなカムフラージュを試みるようになった。今になってみると多少奇妙なものもある。たとえば迷彩模様を

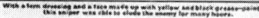

第3章　新しい世紀

左上　「ギリー」スーツを着ているアメリカ海兵隊狙撃手。バーデンヴィルにて。1918年ごろ。(AF)
左中央　第1次世界大戦時のアメリカ海兵隊を再現。「ギリー」スーツを作る。(Carsten Edler)
左下　ドイツ軍は内部が空洞になっている鋳鉄製の「木」まで作った。これはカムフラージュのほかに、狙撃と監視ポストの装甲としての役割もかねていた。この図は、射撃と観測用の穴がある正面と、入り口をわかりにくくした後部とを表している。物体の大きさと「金属でできた木」の重さが想像できるように、比較のための人間の大きさを示した。
右下　このアメリカ製スナイパーライフルは、迷彩模様に塗って偽装してある。(AJ)

上　「ギリー」スーツは着ている人間を背景に溶けこませる。

塗装した、動物の死骸をくりぬいた隠れみの、それに鋳鉄で作った偽物の木までであった。だがかなり実用的な発明もあった。非常に目につきやすい「白い」顔を隠すための顔の着色や、戦闘服の「均一な」色をくずすための泥や土の利用、そしてなによりも、フードつきのつなぎ服やゆったりとしたシミエン・スナイパースーツなど、簡単に人間の形とはわからないようにする服の開発だ。こうした服装や地面に敷く防水布で作った「ポンチョ」、そして目と口の部分以外の頭から肩までをすっぽりおおうバラクラヴァ帽と、手や顔を隠すための手袋を用いれば、どんな兵でもすばやく変装できる。

1916年になると、ドイツ軍が一部の部隊にカムフラージュヘルメットを支給するようになり、追って同じ年、フランス軍とイギリス軍が芸術家やデザイナーで構成された偽装班を設立した。1917年にはアメリカやその他のヨーロッパ諸国もまたいろいろな試みを開始した。ロヴァット偵察隊の「ギリースーツ」は当時も、そして現在でも、身体偽装の基本である。スコットランド高地の狩猟番、すなわち「ギリー」が使っていたこのスーツは、細長く切り裂いた緑色、茶色、黄土色、そして黒のキャンバス地あるいは麻袋の布で、着ている人間の形がまったくわからないように完全におおってしまうものだ。これを着ていれば、たとえ日光のあたっている草木のあいだであっても、身をひそめた兵士は事実上周囲と見分けがつかない。変装を完璧にするために、狙撃手は顔までおおうフードをかぶって、手袋をはめ、ライフルまでも布きれでおおって色と形を変えてしまう。

第1次世界大戦が終結するまでには、狙撃手に隠蔽の技法が教えこまれるようになっていた。そして第2次世界大戦が始まるころには、そのうちのいくつかは通常の兵士の訓練や装備のなかにまで浸透していた。

下　くすんだ色の粗麻布をざっとかぶせただけでも、狙撃手の位置を隠すことになる。(John Pearce/von Goeben歩兵連隊［2.Rhine.］Nr.28、1900～1919年)

右　「木登り」カムフラージュの実験。採用されたかどうかは疑わしい。(LoC)

第3章　新しい世紀

き出せる追跡用望遠鏡を使って、もうひとりの仲間である射手のために標的の位置をつきとめるものである。こうした望遠鏡は、倍率が3～6倍だった当時のライフルスコープよりもはるかに高倍率で、はっきりと標的をとらえることができた。くわえて、この方法なら観測手が射手やふたり目の観測手と交替することも可能なので、長時間の監視任務にありがちな、チームのメンバーが極度の眼精疲労におちいったり集中力が落ちたりする状態を防ぎながら、つねに警戒を怠らないようにすることができる。これとは対照的に、ドイツ軍の狙撃手はときとして塹壕ごとの分隊に所属していたので、必然的に単独で動かざるをえず、観測と射撃の両方にライフルスコープを用いていた。

第2次世界大戦
──東部戦線の狙撃手

　1939年にヨーロッパで第2次世界大戦が勃発したとき、陸軍にかなりの規模で十分な狙撃の装備をそろえていたのはロシアだけだった。一方、ドイツ陸軍はすべての部署で装備の改善をはかり、標準歩兵ライフルは使いやすいカービン銃の長さのモーゼルKar98になっていた。これ

上　戦争中、ドイツ軍狙撃手はつねに脅威となっていたが、訓練のいきとどいたイギリスとその連邦軍の、そしてのちにアメリカ軍の狙撃チームが大量に投入されたことで、しだいに流れが変わりはじめた。(John Pearce/von Goeben歩兵連隊 [2.Rhine.] Nr.28、1900～1919年)

ビリー・シン（1886～1943年）

ガリポリで第5軽騎馬連隊に所属していたオーストラリアの騎兵シンは、1915年の6月から9月のあいだに「チャタムズ・ポスト」とよばれる場所から150人を超えるトルコ兵を射殺して、正確な狙撃手として名をはせた。

戦果記録では150人の射殺が確認されているが、非公式な数字では201人だと考えられている。この差は記録のとり方によって生じたものだといえるだろう。正式な記録のためには、しとめたことを監視兵、つまりたいていの場合は狙撃手の「観測手」が確認しなければならないからだ。その一方で、1915年10月23日、バードウッド将軍はシンが201人のトルコ兵を始末したことをほめよという指示を出している。敵の狙撃で傷を負ったシンだったが、十分に回復してからは、自分の動きを闇にまぎれさせるために夜明け前には狙撃の持ち場にもどり、夜が訪れるまで塹壕には帰らなかった。シンは牧夫やカンガルー猟師として内陸部で働いていたので、戦前から熟練したライフルの名手であり、地元のライフルクラブのメンバーだった。シンが使用していたのは、おそらく標準支給のショート・マガジン・リー・エンフィールド（SMLE）No.1 MkIII .303口径ライフルだが、標的射撃用（アパチャー）サイトを用いていたのかスコープだったのかは定かではない。

1916年、シン1等兵はガリポリの狙撃手として勇敢に戦ったとして殊勲賞を授章した。そして1918年にも、ベルギーの戦功十字章を授与されている。おそらく1917年9月にポリゴン・ウッドでドイツ軍狙撃手を逆襲するために力をかしたからだろう。軍務についているあいだに彼は2度撃たれた。そのときの傷で足と背中に銃弾の破片が残ったほか、毒ガスを吸ったこともあり、最後には医療的な見地から除隊になった。シンは非常にタフで決然とした男だったといっても過言ではないだろう。

上　ウィリアム・エドワード（ビリー）・シン1等兵。殊勲賞。クイーンズランド州クレアモント、第31大隊所属。第1次世界大戦でオーストラリア軍最多の戦果をあげた狙撃手。（オーストラリア戦争記念館、P03633.006）

は標準の長さのおそるべきGew98をベースにしたライフルだが、そのGew98も第2次世界大戦をとおしてまだ一部で使いつづけられていた。またスコープも改良され、評判の高いツァイス、カーレス、ヘンゾルトほか、どのメーカーもみな光学的に高品質の照準器を供給していた。ある意味、ドイツ方式の弱点はこのモデルの多様性かもしれない。組みあわせによって異なるマウントが必要となるため、ライフル、スコープ、マウントの標準化ができなかったのである。

ロシア軍は依然として、モシン・ナガンM1891/30ボルトアクション弾倉給弾式ライフルを使用していた。名称からわかるように、このライフルは前世紀から軍で用いられていたものだが、1930年代に大幅に近代

第3章 新しい世紀

化がはかられていた。第１次世界大戦中、ロシア軍はスコープつきライフルをほとんど使わなかったが、戦闘の状況から狙撃の重要性を注視してはいた。そこで、スターリン主義政権のもとで軍隊を構築するにあたって、狙撃用として特別に開発されたさまざまなスコープを試験したのである。PE（倍率４倍）や、その改良型で側面装着式のPEMなどがそこに含まれる。

　ロシア軍はまた、トカレフSVT38セミオートマティックライフルを開発した。これも狙撃用ライフルとして軍に導入されたが、広く用いられることはなく、数ではモシン・ナガンM91/30にまったくおよばなかった。ひとつにはM91/30ほど命中精度が高くなかったからだが、今現在にいたるすべての狙撃手が口をそろえるように、手動のボルトアクション方式のほうが半自動式よりも好まれるからでもある。もうひとつの問題は、トカレフSVT38にはPEMスコープが簡単に装着できなかったことだ。これについては、丈の短い倍率3.5倍のスコープPUが新たに導入され、それが第２次世界

上　PEMスコープを装着したモシン・ナガン・ライフルをかまえるロシア軍狙撃手。（Cody）

左　第２次世界大戦勃発時、ロシア軍は多数の狙撃手をかかえていた。（Corbis）

モシン・ナガンM1891/1930とPUスコープ
―― 第2次世界大戦ロシア軍の主要狙撃銃とスコープ

左 PU3.5倍スコープを装着したモシン・ナガンM1891/30スナイパー型。（オーストラリア戦争記念館、REL-10150）

　ロシア軍が狙撃用の武器を作り上げるためには、軍の標準である7.62×54R口径モシン・ナガンM91/30ボルトアクション式ライフルにいくつかの小さな改造をくわえなければならなかった。最大の改良は、レシーバーの真上にスコープが装着されたことだろう。そこで、一般的にまっすぐで短かったボルトハンドルを、下向きに曲がった長いものに変更する必要があった。初期のスナイパーモデルは、ツァイス製をもとにしたPEあるいはPEM（倍率4倍）スコープが装着されていたが、後期のライフルでは、さらに短く大量生産の可能な3.5倍のPUスコープが使用された。比較的安価で生産されたとはいえ、PUスコープは頑丈でそれなりの効果もあった。

　レティクル（照準を合わせるための十字線）には、3本の太い線が用いられている。垂直方向の1本は（十字線の中央に像が結ばれるようレティクルが調整されている場合）視野の中心までの長さで先が細くとがっており、水平方向の線は左右の2本で、中心のところで少しだけ離れている。スコープには1425ヤード（約1300メートル）までの距離でエレベーションを調節するつまみと、左右それぞれ0～10の目盛りがつけられたウィンデージを調整するつまみがある。「目のピント」、視差（パララックス）を調節する機能はない。

右　作動部分のクローズアップ。ボルトが下向きに曲がっている。(Steve Broadbent Collection)
右奥　PUスコープとマウントを上から見たところ。(Steve Broadbent Collection)
右下　左から見たところ。マウント用の金具と革製のレンズカバーが見える。(Steve Broadbent Collection)

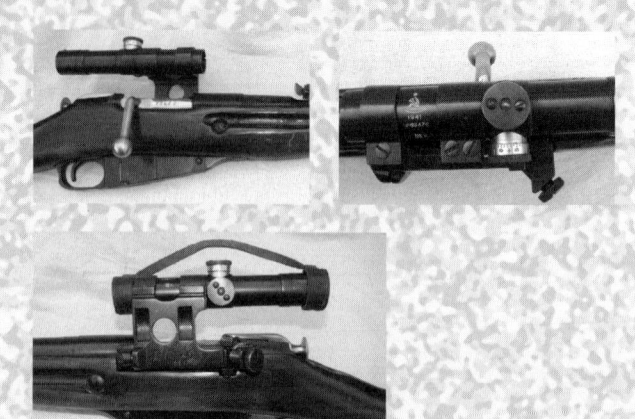

第3章 新しい世紀

大戦のあいだずっとソヴィエト軍すべてのライフルの標準装備として支給されるようになった。

M91/30スナイパーライフルとPUスコープは、じょうぶで信頼でき、命中精度が高く、取り扱いやすいことで有名である。手に入れることができれば、敵軍の兵でさえ使用した。

1939年にロシアがフィンランドに侵攻して「冬戦争」が始まったころには、ソヴィエト軍は推定6万もの狙撃手を戦場に送りこむことができたといわれている。しかしながら、彼らが相手にした敵もまた狙撃手を使い、しかも彼らは気温が氷点下になる冬場の気候や木々の生い茂った森や雪におおわれた地形での戦いによく慣れていた。実際フィンランド軍は手強い敵だった。そしてそのなかから現れたのが、名高いふたりの狙撃手、スコ・コルッカとシモ・ヘイへである。

スコ（あるいはスロ）・コルッカは冬戦争で400名以上を殺害したといわれているが、その驚くべき記録でさえ、白い死神の異名をとるシモ・ヘイへ兵長の戦果を前にすると影がかすんでしまう。入隊してから、頭に銃弾を受けて命はとりとめたものの重傷を負うまでのおよそ100日間で、シモ・ヘイへはライフルで542名のソヴィエト兵を殺したと考えられている。それ以外にも近距離

上　冬戦争で、スコープのないライフルを使うフィンランド軍狙撃手。

左上　フィンランド軍狙撃手シモ・ヘイへ。これまででもっとも多くの敵を殺害した人物かもしれない。

左下　冬用のカムフラージュをしたロシア人狙撃手。何千人も配備されていたこうした男女の兵は、攻撃のときも退却のときもドイツ軍にとって大きな問題となっていた。

右　セミオートマティックのトカレフSVT40ライフルを用いるロシア人狙撃手。(Cody)

下　スターリングラードのドイツ軍狙撃手。(Cody)

からサブマシンガン（短機関銃）で200名以上をかたづけた。これは1日平均5人倒していたということになり、射手としては驚くべき離れ業である。華奢な体つきのヘイヘは、フィンランド版モシン・ナガンのM28ライフルを使い、軍の支給品であるオイ・フィジカ製プリズム式サイトではなく、オープンサイトを好んだらしい。フィンランド軍狙撃手の多くがロシア軍から奪ったPEMやPUスコープも使っていたことはよく知られている。

1940年3月にモスクワで講和条約が結ばれて冬戦争は終結し、フィンランドは独立を守った。ロシアはフィンランドの領土のほんの一部分を手に入れたが、その代償にはらった犠牲は大きかった。フィンランドは、小さな国家にしてはかなりの人数だと思われる2万5000人を失った。しかし侵略したほうの赤軍は100万もの兵を失い、ソヴィエト軍の将軍に「死者を埋葬するだけの土地を手に入れた」といわせたほどだった。そしてその犠牲者のほとんどはフィンランド軍狙撃手の働きによるものだったのである。

1941年にドイツ軍が攻め入ったとき、ロシアのそなえは強化されて

第3章 新しい世紀

右 レニングラード近郊のソヴィエト軍狙撃手。
下 ドイツ軍の狙撃手がロシアの町にいるという筋書きを演じる役者。
(Andy Colborn/SBG)
次ページ ドイツ軍狙撃手は配備されたどこの戦域でも、いたって有能であることを証明してみせた。(Andy Colborn/SBG)

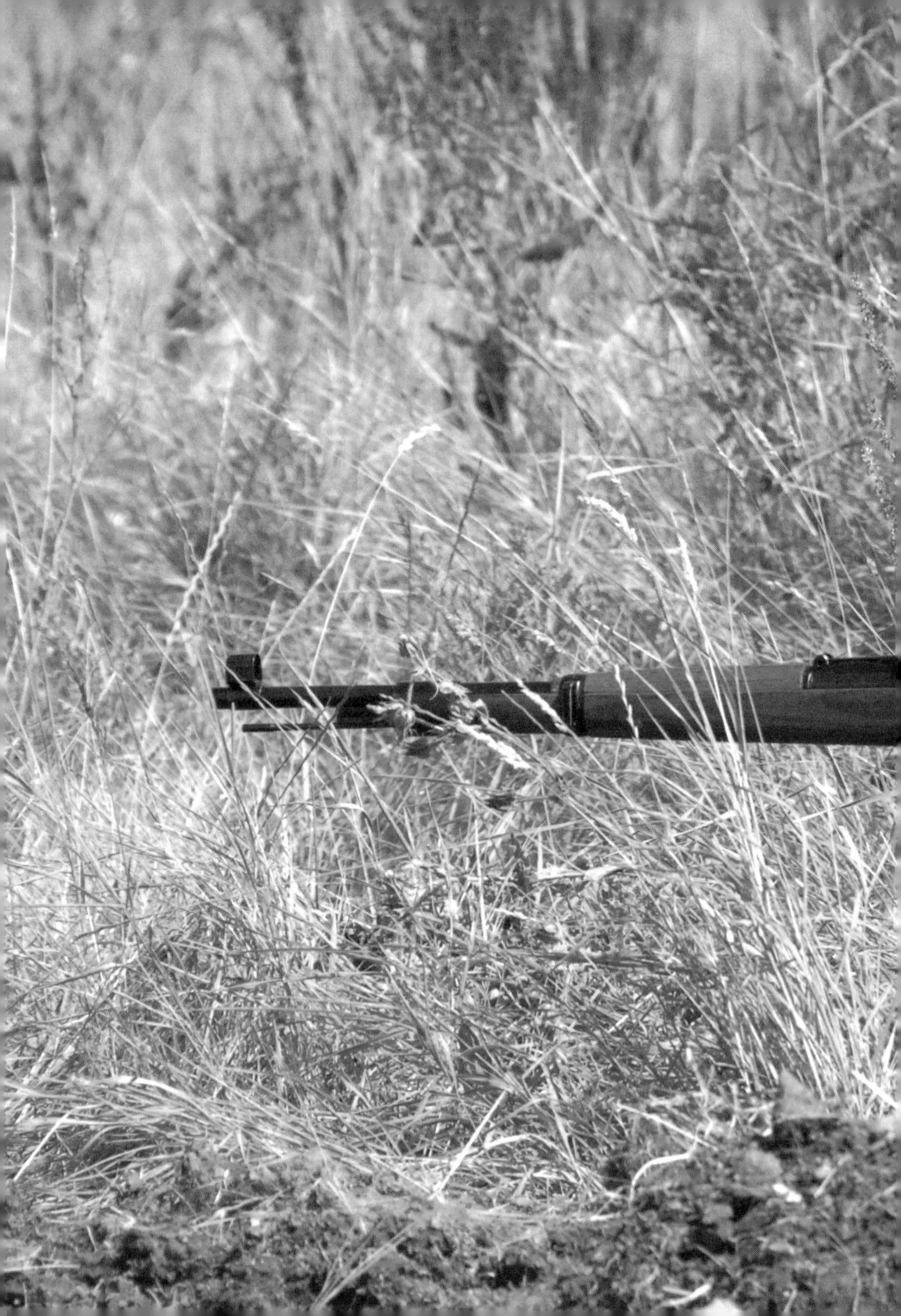

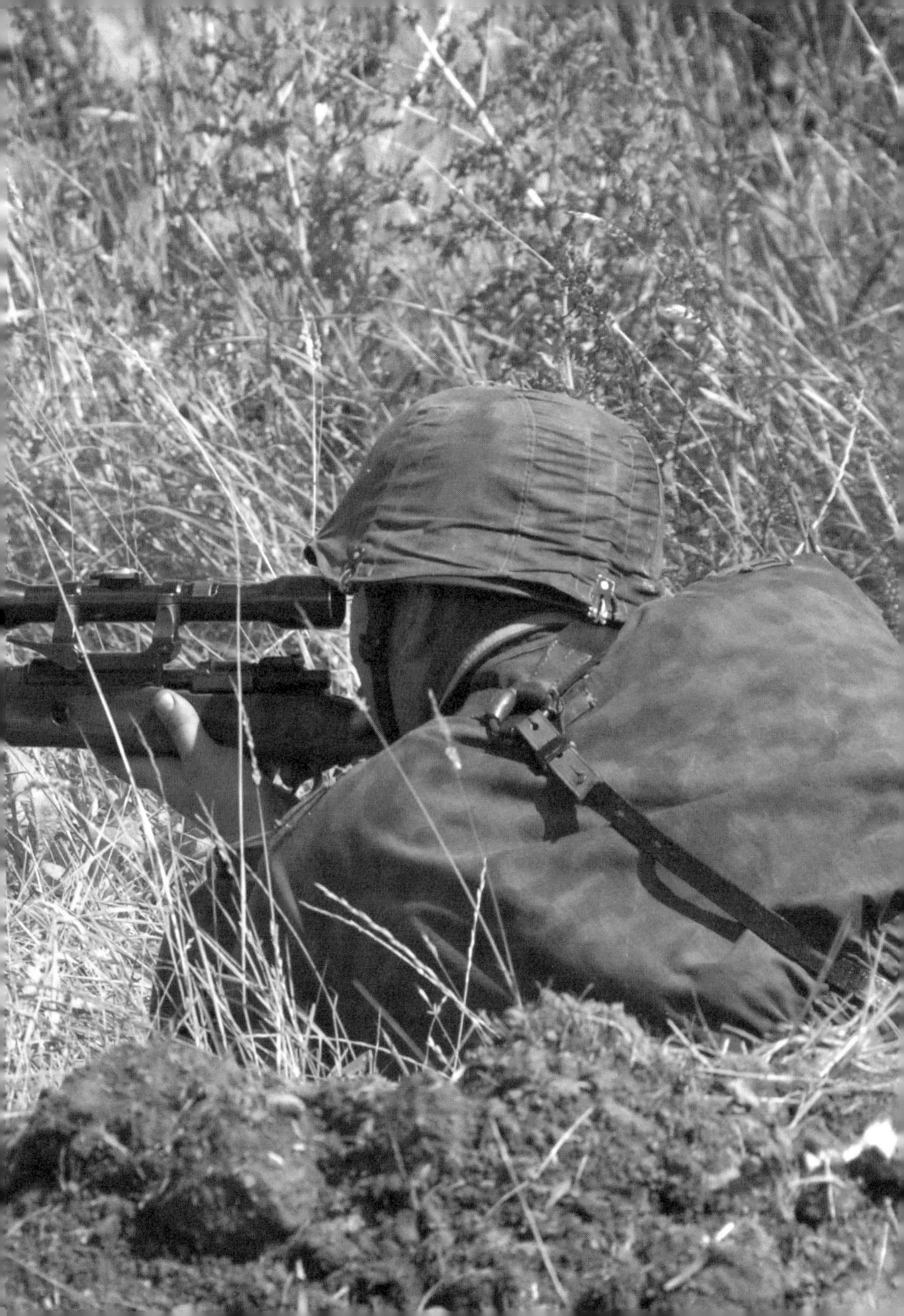

第2次世界大戦ドイツ軍の狙撃銃とスコープ

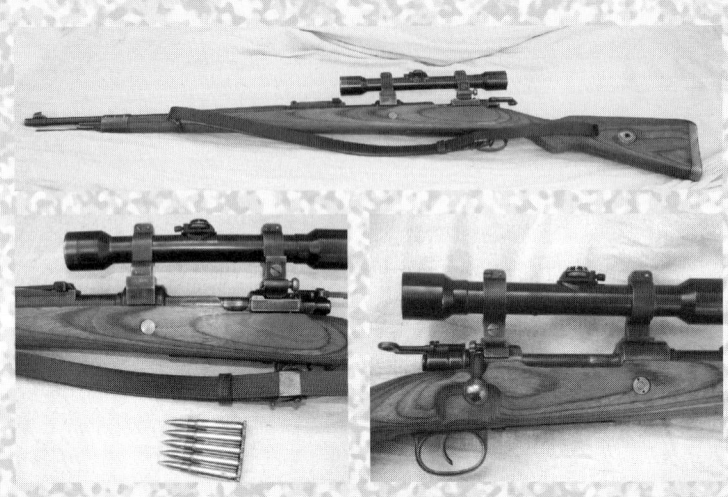

第2次世界大戦中にドイツ軍で支給されたおもな狙撃用兵器は、命中精度が高く長距離射撃の性能がよいことでよく知られていたKar98ボルトアクション式ライフルだった。何万挺という数が支給され、ドイツ軍狙撃手が戦ったすべての戦域で使用されて成果を生んでいた。

Gew43 (またはG43) セミオートマティック・ライフルも狙撃用として支給されたが、Kar98よりも数は少なかった。ガス作動方式のGew43は、通常の調整可能なオープンサイトにくわえて、望遠照準器がとりつけられるようレシーバーが機械加工されていた。給弾は10発の脱着式箱型弾倉から行なわれる。Gew43は中距離の命中精度が高かったが、狙撃銃としては360メートルあたりを超えてからの標的を撃つのに理想的な銃とはいえなかった。ゆえに能力を発揮したのは、かなり近い距離で複数の敵と交戦するときである。狙撃手の技能はもちろんだが、この銃の発射速度なら、敵の攻撃を混乱させるにあたって破壊的な威力を発揮しただろう。

マシン・ピストルのMP44もスコープを装着しての使用が可能だったが、比較的まれだった。これはサブマシンガンに分類されているが、実際には世界初のアサルトライフルである。MP44は機械加工ではなくスチールでプレス加工することから生産が容易だったのにくわえて、弾倉の容量が30発、毎分500発の弾丸を発射できた。もし十分な数だけ生産されて標準ライフルとして支給されていたなら、戦況は大きく変わったことだ

左最上段　スコープつきモーゼルKar98kボルトアクション式ライフル。第2次世界大戦でドイツ軍狙撃手にもっとも広く使用された小火器。(Steve Broadbent Collection)
左上　ディアリュタン4倍スコープつきKar98k作動部分左側のクローズアップと弾薬クリップ。
(Steve Broadbent Collection)
左中央　Kar98kスナイパーライフルの右側クローズアップ。ボルト作動部が見える。(Steve Broadbent Collection)
見開き　モーゼルKar98kスナイパーライフルをかまえる(再現)。
(Andy Colborn/SBG)

第3章　新しい世紀

ろう。幸運なことにそうはならなかった。この銃はスコープを装着できるようにはなっていたが、狙撃銃としていちじるしく貢献したという証拠は残っていない。

　Kar98では、スコープとマウントの組みあわせパターンが数多くあった。そのなかには、競技用のスコープとして市販されていたアヤック、ヘンゾルト、カーレス、ツァイスなどのメーカー品も含まれている。たいていの場合、光学的な品質はすばらしく、おそらく当時世界最高だったのではないか。倍率は通常4倍だが、6倍のものも生産されていた。モデルの名称はZF（Zielfernrohr）で、ZF39という具合に最初に導入された年度が続く。ただし、当初Gew43セミオートマティック・ライフル用にデザインされたZF4だけは例外で、「4」は4倍を意味している。

　接眼距離を伸ばしたZF41は倍率がたったの1.5倍で、狙撃用スコープというよりは補助照準の「ポイントサイト」のようだった。これはK98標準ライフルに装着され、現代では「選抜射手」とよばれる兵に支給されていた。彼らはいわば射撃の腕は確かだけれどもかならずしも狙撃手としての訓練は受けていない兵のことだが、そうはいっても命さえ落とさなければ戦闘経験を積むうちに自然と技能を学んだことだろう。ZF41は銃の作動部よりもだいぶ前方にとりつけられていた。使用者はスコープを使わずに裸眼で標的を「捕捉」してから、スコープですばやく狙いをつける。個人あるいは支援用の武器として近距離や中距離射程で使用するときには、これ

左上　カーレス4倍スコープつきKar98kとシングルクロー・マウント。（Graham Mitchell Collection/SBG）

右上　「CAD」4倍スコープとハイ・タレット・マウントのついたKar98。

右下　サイドレールマウントにのせられたツァイスのツィールフィア4倍スコープ。Kar98。（Graham Mitchell Collection/SBG）

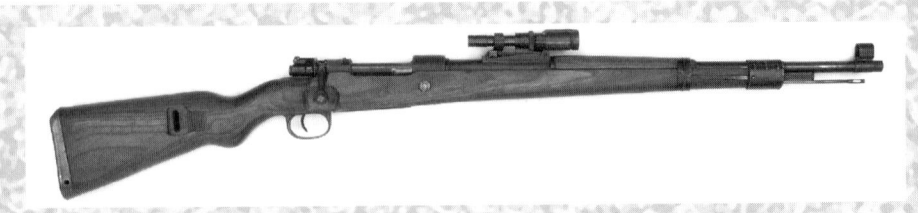

上　モーゼル・モデルKar98kライフル。銃床は薄板を重ねあわせて作られたラミネート・ストック。接眼距離を長くした望遠照準器ZF41を装着している。Kar98kは第2次世界大戦中、ドイツ軍歩兵の標準ライフルだった。ZF41望遠照準器は実際には狙撃用ではないが「早撃ち」や照準の正確さを高めるために用いられた。(オーストラリア戦争記念館、REL-01142)

が非常にうまくいった。おそらく通常の兵士が「狙撃」の役割を果たすときにも使われたのだろうが、そういう意味でならアイアンサイトの標準支給ライフルK98も同じだった。

スコープマウントのもっとも一般的なものは、すばやくとりはずせる側面装着モデルだった。戦前の初期の型は短く、K98のレシーバーの左側に機械加工されたドブテイルにはめこむ。一方、1943年以降のモデルはそれよりも長く、レシーバーの上に機械加工された平らな表面に、ドブテイルのベースがネジで止められ、そこへとりつけるようになっていた。それ以外に、シングルクロー、ダブルクロー、タレットマウントなども使われていた。

ZF4は望遠照準器の標準化と大量生産を試みたもので、当初はGew43用に生産され、のちにK98などのライフル用として支給されるようになった。デザインはなかなかよかったのだが、生産が始められたころに連合軍の空襲で工場、熟練労働者、原料の供給が甚大な被害にあったため、品質が落ちてしまった。

当時のほかのスコープとは異なり、ZF4には右側に上下を調節するエレベーション・タレット、上側に左右を調節するウィンデージ・タレットがあった。3本の太い線で示されるレティクルは中心で像が結ばれるように調整されていなかったので、ロシア軍のPU同様、零点規正を行なうと実際の視野のなかで斜め（あるいは上下）に動くことになった。

左　MP44（右端の役者が手にしている）。スコープをつけるように設計されていたが、ほとんどそのような使い方はされなかった。(Andy Colborn/SBG)

第3章 新しい世紀

左上 第2次世界大戦でドイツ軍狙撃手が用いたスコープの数々。(上から下へ順に) ZF39DOW (スコープ本体に射程調整リングがある)、カーレス4倍、「CAD」4倍、ツァイス・ツィールフィア4倍。(Graham Mitchell Collection/SBG)

右上 マウント部分を見るためにさかさまにひっくり返したスコープモデル。(上から下へ順に) ZF39DOWスコープのダブルクロー・マウント、カーレス4倍スコープのシングルクロー・マウント、「CAD」4倍スコープのハイ・タレット・マウント、ツァイス・ツィールフィア4倍スコープのショート・サイドレール・マウント。(Graham Mitchell Collection/SBG)

下 一部の狙撃手に支給されていたGew43セミオートマティック・ライフル。写真ではZF4スコープが装着されている。しかし、インタビューを受けたドイツ軍の三強狙撃手、マティアス・ヘッツェナウアー、ゼップ・アラーベルガー、ヘルムート・ヴィルンスベルガーはいずれも、ボルトアクション式のモーゼルのほうがよいと語った。(Andy Colborn/SBG)

右　狙撃手の強さは殺した兵の数ではない。その兵が敵にとってどれほど重要だったかだ。

下　もっとも有名な狙撃物語は、ロシア戦線のスターリングラード攻防戦ではないだろうか。
（Cody）

いた。ソヴィエト軍は大規模な狙撃訓練を実施、そこで狙撃手として認められた兵の多くが、赤軍が一旦退却して猛攻撃に向けて態勢を立てなおすあいだ、ドイツ軍の侵攻をくいとめる遅延戦術のために動員された。ほんの一握りであっても、腕ききの狙撃手が適切な場所に配置されれば、縦隊をまるごと足止めすることができる。ただし両軍とも犠牲者を出すことにはなった。なぜなら、ドイツ軍にもやはり、よく訓練された経験豊富な狙撃手がいたからである。

50年も前にボーア軍が着目したのと同じ戦術を用いて、ロシアの狙撃手は300、400メートル離れた場所に腰をすえ、縦隊の先頭車と最後尾の運転手、タイヤ、エンジンルームを撃ち、隊が前にも後ろにも進めないようにした。それから、敵が障害物を排除して車列を動かせるようにするまでのあいだ、狙えそうな敵からひとりずつかたづけていく。さらに彼らは、ドイツ軍が機関銃や迫撃砲や軽砲でしかるべき逆襲ができるようになる前に退却して、1～2キロほど先へと進んだ。そしてふたたび隠れてドイツ軍を待ち、同じことをくりかえすのである。

のちにドイツ軍が退却するときには、この役割が反対になって、4～

第3章 新しい世紀

6名のドイツ軍狙撃手が後衛で味方を掩護した。

　それとは別に、敵の進軍をくずれさせるために、いくぶん不快感を覚えさせるような遅延戦術も使われた。ドイツ軍で2番目に多くの戦果をあげたヨーゼフ・「ゼップ」・アラーベルガーは、回想録で以下のように語っている。「次の四波がこちらに向かってくるまでじっと待ち、後方の二波にやつぎばやに銃撃を浴びせる。腹を狙うんだ。後方で負傷者が出るという予想外のできごとと、重傷を負った仲間の悲痛な叫び声で、後ろの列は崩壊する。するとそれが前方の2列を動揺させて、攻撃に勢いがなくなってくる。その時点で、こちらは前の2波に集中すればよい。50メートルにも満たない距離からソヴィエト兵の胸か頭を撃って手早くかたづける。後ろを向いて逃げ出したなら腰を狙えば、敵兵は一転して苦痛にうめくことになる。こうなると、敵の攻撃はもうばらばらに崩壊してしまうことがほとんどだ」

　苦しませずに「即死」させることを誇る現代のスナイパー精神に反しているように見えるだろうが、それは今安全な場所から歴史を眺めているからいえることではないだろうか。

上　第2次世界大戦時、ロシア軍は多くの女性狙撃手を起用した。何人かは非常に有能だった。
(John Norris)

次ページ　ZF4スコープつきGew43セミオートマティック・ライフルをかまえるドイツ軍狙撃手。手前に写っているのはMG42汎用機関銃。
(Andy Colborn/SBG)

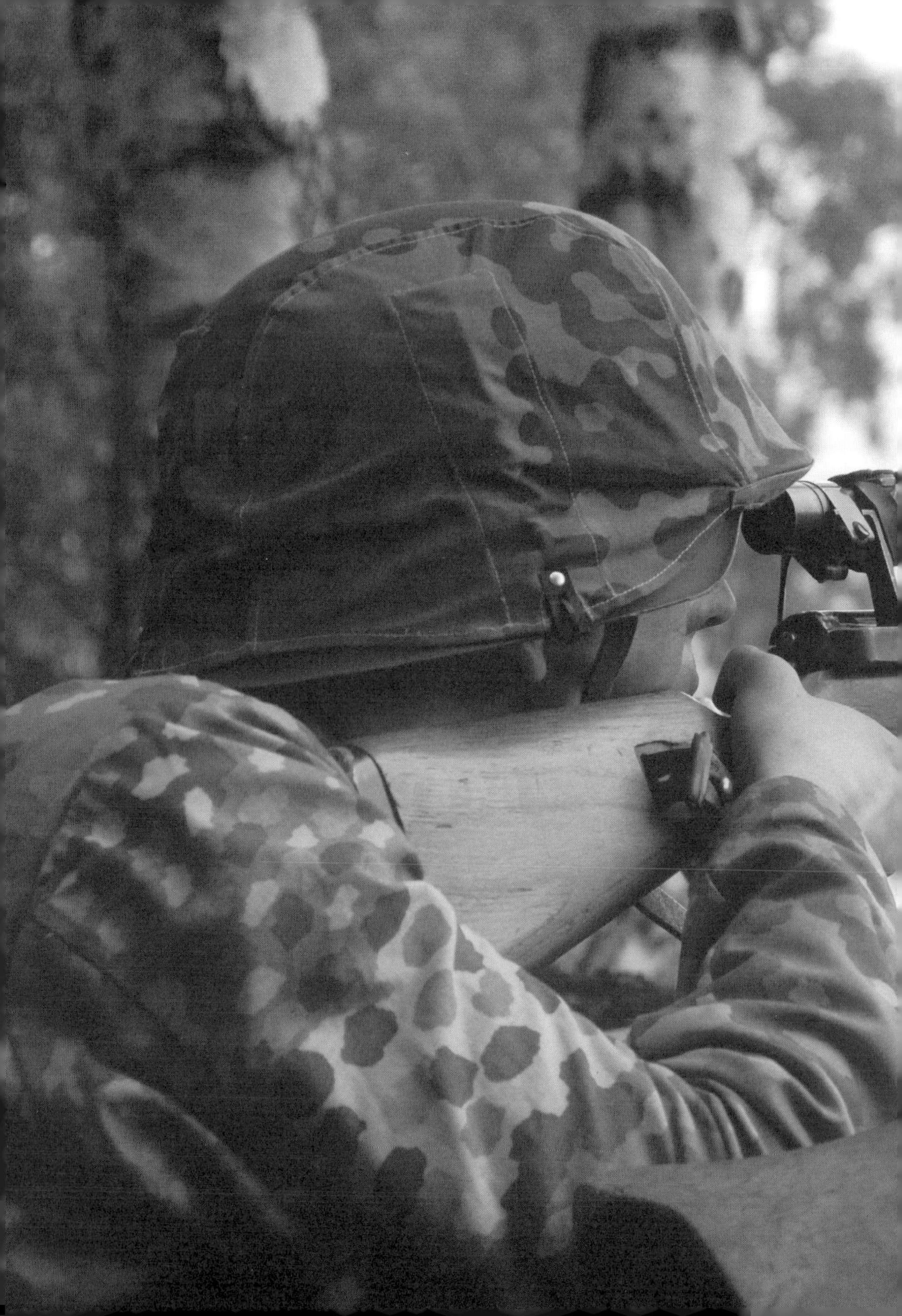

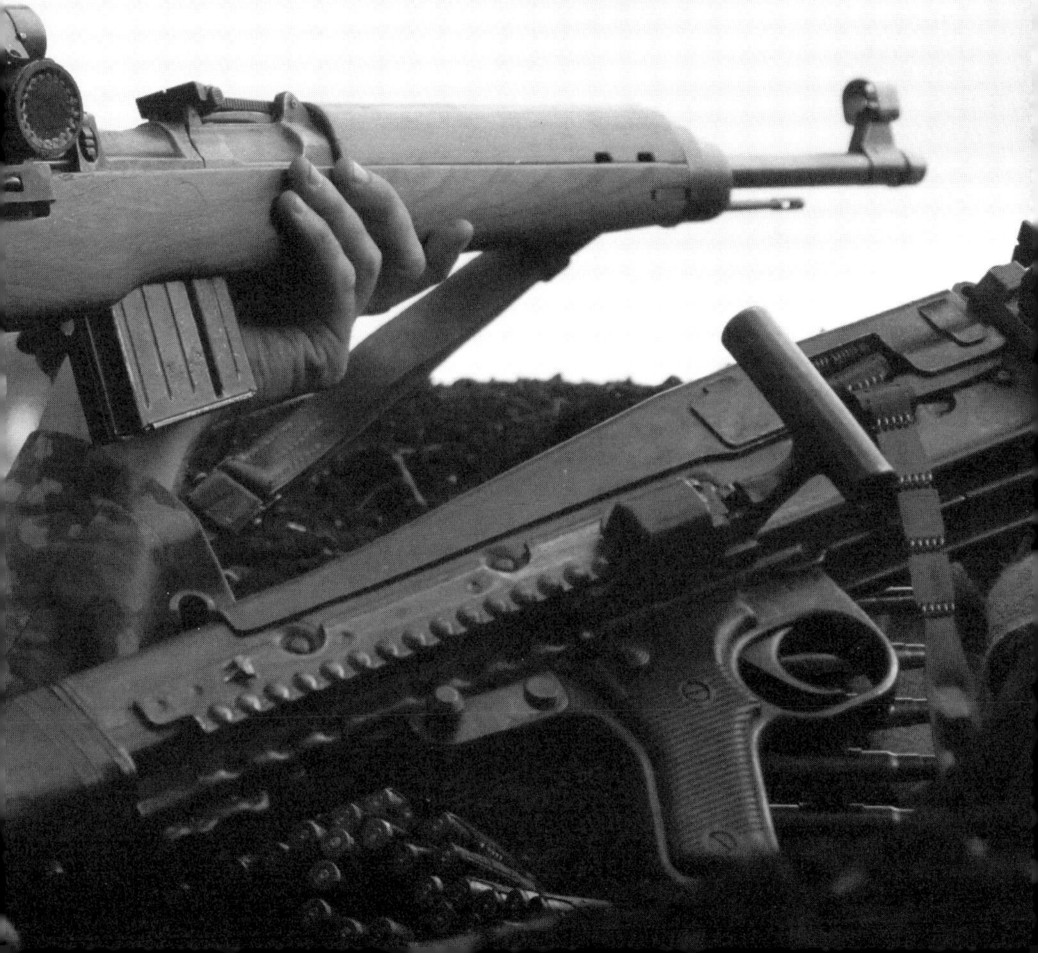

東部戦線の戦いは極度に非道なものだった。どちらの側も優位に立とうとしてぞっとするような戦術を用いていた。たとえばロシア軍は、フィンランドとの「冬戦争」でもそうだが、人間に対して「観測用」炸裂弾を用いたし、ドイツ軍もまたロシア軍を狙撃するさいに、ある程度だが炸裂「B」弾を使った。ときにロシア軍もドイツ軍も捕虜を殺害することがあったが、なかでも捕虜となった狙撃手はとくに容赦ない仕打ちにあった。ゼップ・アラーベルガーはまもなく、ひとり殺害するたびに自分のライフルの銃床にきざみ目をつけるのは「自殺」行為だと知って、それをやめた。それでもやはり、まだまだ未熟者の彼は、10人しとめるごとに授けられる小さな銀色の飾りを左袖の下のほうに縫いつけて誇示することはやめられなかった。アラーベルガーによれば、殺害を確認するために将校か下士官が狙撃手の記録簿に署名しなければならないのだが、大砲観測兵の多くはそれをこばんだという。なぜなら彼らは、ドイツ人であれロシア人であれ、狙撃手は暗殺者だと考えていたからだ。カウンタースナイパーが敵の狙撃手にわざと撃たせる目的で人形に大砲観測兵の格好をさせていたことも、砲兵隊員を不愉快な気分にさせていた。

ロシア軍狙撃手を阻止するため、ドイツ軍は狙撃訓練施設を設立した。そのほうが効率がよいと考えられたためだ。施設は第1次世界大戦のイギリス方式をもとにしていたが、当時ドイツ軍が置かれていた状況に合わせて改良がくわえられた。ドイツ軍の各大隊には22名の兵が狙撃手として配備されていたが、その多くはすでに戦闘で鍛えあげられていた。戦闘中に射撃の腕が確かなことは証明されていたのだから、一部の兵だけが狙撃訓練所へおもむけばよかったのである。

東部戦線はたくさんの熟練ドイツ軍狙撃手を輩出した。257人をしとめたアラーベルガーのほかにも、345人を倒したマティアス・ヘッツェナウアーがおり、ふたりとも騎士十字章を授与されている。実際の総数はこの数字よりもはるかに多いのかもしれないが、戦果を公認する手続きのためにこの数になっている。ふたりがともにオーストリア生まれだったことは興味深い。なぜなら、名の知られたイェーガーも含めて、オーストリアはたくさんの名射手を生み出してきたからだ。

1967年にオーストリアのトゥルッペンディーンスト誌のインタビューを受け、ヘッツェナウアー、アラーベルガー、そしてもうひとり東部戦線で活躍したドイツ軍狙撃手のヘルムート・ヴィルンスベルガーは、彼らの武器と使用方法について答えている。3人全員がスコープつきのKar98ライフルを使用、400メートルの距離から頭を撃ち抜くことができたという。同じ距離から胸を撃ち抜くこともでき、あるときは600メートル以上離れたところから立っている人間に命中させた。しかし全体的な成功率は、400メートルでおよ

大祖国戦争の英雄――ロシア人狙撃手とソヴィエトのプロパガンダ

上　名だたるロシア人女性狙撃手のひとり、リュドミラ・パヴリチェンコ。300人を超える敵兵を殺害したといわれている。
左　ロシアの新聞では、ローザ・シャニーナのような女性狙撃手が「魅力的な」存在として描かれることが多かった。
下　狙撃手の功績を記念する切手まで発行された。

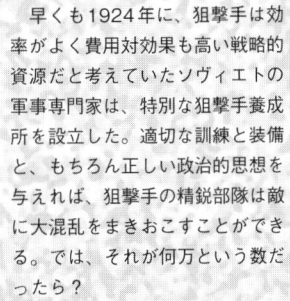

早くも1924年に、狙撃手は効率がよく費用対効果も高い戦略的資源だと考えていたソヴィエトの軍事専門家は、特別な狙撃手養成所を設立した。適切な訓練と装備と、もちろん正しい政治的思想を与えれば、狙撃手の精鋭部隊は敵に大混乱をまきおこすことができる。では、それが何万という数だったら？

ソヴィエト軍狙撃手は、ライフルやスコープとその利用方法だけではなく、カムフラージュ、守勢と攻勢の戦術、開けた場所や森林や市街地での狙撃、手榴弾の使い方、素手による格闘戦術などの訓練も受けていた。狙撃訓練の一部は短期間で、養成所の卒業生は経

ソヴィエト軍狙撃手の戦果記録

以下の狙撃手戦果記録はいくつもの情報源から集められたもので、絶対に正確であるという保証はない。しかしながら、仮にこの数字が50パーセントはずれていたとしても——はずれているという根拠はないのだが——狙撃手がどれほど有能な「人材」だったかを知るには十分だろう。最近の調査によれば、戦闘中に本当に正確に敵を狙っている兵は、ほんのわずかしかいないということを心にとめておいてほしい。また、いくつかの数字は、マシンガンやサブマシンガンで待ち伏せ場所から撃った敵兵の数も含まれているかもしれないことも考慮しなければならないだろう。（これは、ライフルとサブマシンガンでそれぞれ別の戦果記録がつけられていたフィンランド軍狙撃手のシモ・ヘイヘにはあてはまらない）

（F）は女性狙撃手。

氏名	戦果	氏名	戦果
ミハイル・イリッチ・スルコフ	700+	ザンビル・エヴシェイエヴィチ・ツラエフ	262
ヴァシリ・シャルコヴィチ・クヴァチャンティラゼ	534	フョードル・クズミチ・チェゴダエフ	250
イヴァン・シドレンコ	500	イヴァン・イヴァノヴィチ・ボチャロフ	248
ニコライ・ヤコフレヴィチ・イリン	496	ミハイル・イグナティエヴィチ・ベロウソフ	245
クルベルチノフ	487	マキシム・パッサル	237
V・N・プチェリンツェフ	456	ダヴィド・テボエヴィチ・ドエフ	226
ミハイル・ブデンコフ	437	N・F・セミオノフ	218
フョードル・ジャチェンコ	425	ヴァシリ・シャルコヴィチ・クヴァチャンティラーゼ	215
ヴァシリ・イヴァノヴィチ・ゴロソフ	422	ミハイル・ステパノヴィチ・ソビン	202
アファナシ・ゴルディエンコ	412	ノジ・ペトロヴィチ・アダミア	200
ステパン・ペトレンコ	412	M・A・アッパソフ	200
フョードル・マトヴェーヴィチ・オクロプコフ	400+	イェカテリーナ・ズラノヴァ	155 (F)
ヴァシリ・グリゴーリエヴィチ・ザイツェフ	400	ヴラジミル・プトチェリンツェフ	152
セメン・D・ノモコノフ	367	インナ・セミョノヴナ・ムドレツォヴァ	143
アブドゥハニ・イドリソフ	349	フェオドシー・スメルジャチュコフ	125
フィリップ・ヤコフレヴィ・ルバホ	346	H・アンドルハエフ	125
ヴィクトル・イヴァノヴィチ・メドヴェデフ	331	I・メルクロフ	125
E・ニコラエフ	324	タチアナ・イガントフナ・コスティリナ	120 (F)
レオニド・ヤコフレヴィチ・ブトケヴィチ	315	ジャニス・ロゼ	116
ニコライ・イリン	315	N・P・ペトロヴァ	107 (F)
リュドミラ・ミハイロフナ・パヴリチェンコ	309 (F)	V・N・プチェリンツェフ	102
アレクサンデル・パヴロヴィチ・レベデフ	307	イェリザヴェタ・ミロノヴァ	100+ (F)
イヴァン・パヴロヴィチ・ゴレリコフ	305	アリヤ・モルダグロヴァ	91 (F)
イヴァン・ペトロヴィチ・アントノフ	302	ニーナ・ロブコフスカヤ	89 (F)
ゲンナージー・イオシフォヴィチ・ヴェリチュコ	300	リディヤ・グドヴァンツェヴァ	76 (F)
モイセジ・ティモフェイエヴィチ・ウシク	300	アレクサンドラ・シュリヤホヴァ	63 (F)
ナタリー・V・コフショヴァ＆マリア・ポリヴァノヴァ	300 (F)	P・グルジャズノフ	57
イヴァン・フィリッポヴィチ・アブドゥロフ	298	ローザ・イェゴロフナ・シャニーナ	54 (F)
ヤコフ・ミハジロヴィチ・スメトネフ	279	A・P・メドヴェデヴァ＝ナザルキナ	43 (F)
リバ・ルゴヴァ	274	タチアナ・ニコラエフナ・バラムジナ	36 (F)
アナトリジ・チェーホフ	265	マリー・ルジャルコヴァ（チェコスロヴァキア人）	30 (F)

験豊富な兵と組むことが求められた。その結果、1939年には、軍は6万人あまりの狙撃手をかかえるまでになった。

大祖国戦争——ロシア人は第2次世界大戦をこうよぶ——のあいだ、ソヴィエトのプロパガンダでは「snayperskaya（スナイパースカヤ）」すなわち狙撃手を英雄崇拝することが奨励され、まぎれもなく勇敢な射手であった彼らはほとんど神話の戦士であるかのように扱われた。ミハイル・イリッチ・スルコフ、イヴァン・シドレンコ、フョードル・マトヴェーエ

第3章　新しい世紀

大祖国戦争の英雄──ロシア人狙撃手とソヴィエトのプロパガンダ

上　名だたるロシア人女性狙撃手のひとり、リュドミラ・パヴリチェンコ。300人を超える敵兵を殺害したといわれている。
左　ロシアの新聞では、ローザ・シャニーナのような女性狙撃手が「魅力的な」存在として描かれることが多かった。
下　狙撃手の功績を記念する切手まで発行された。

早くも1924年に、狙撃手は効率がよく費用対効果も高い戦略的資源だと考えていたソヴィエトの軍事専門家は、特別な狙撃手養成所を設立した。適切な訓練と装備と、もちろん正しい政治的思想を与えれば、狙撃手の精鋭部隊は敵に大混乱をまきおこすことができる。では、それが何万という数だったら？

ソヴィエト軍狙撃手は、ライフルやスコープとその利用方法だけではなく、カムフラージュ、守勢と攻勢の戦術、開けた場所や森林や市街地での狙撃、手榴弾の使い方、素手による格闘戦術などの訓練も受けていた。狙撃訓練の一部は短期間で、養成所の卒業生は経

ソヴィエト軍狙撃手の戦果記録

　以下の狙撃手戦果記録はいくつもの情報源から集められたもので、絶対に正確であるという保証はない。しかしながら、仮にこの数字が50パーセントはずれていたとしても——はずれているという根拠はないのだが——狙撃手がどれほど有能な「人材」だったかを知るには十分だろう。最近の調査によれば、戦闘中に本当に正確に敵を狙っている兵は、ほんのわずかしかいないということを心にとめておいてほしい。また、いくつかの数字は、マシンガンやサブマシンガンで待ち伏せ場所から撃った敵兵の数も含まれているかもしれないことも考慮しなければならないだろう。(これは、ライフルとサブマシンガンでそれぞれ別の戦果記録がつけられていたフィンランド軍狙撃手のシモ・ヘイヘにはあてはまらない)

(F)は女性狙撃手。

ミハイル・イリッチ・スルコフ	700+	ザンビル・エヴシェイエヴィチ・ツラエフ	262
ヴァシリ・シャルコヴィチ・クヴァチャンティラゼ	534	フョードル・クズミチ・チェゴダエフ	250
イヴァン・シドレンコ	500	イヴァン・イヴァノヴィチ・ボチャロフ	248
ニコライ・ヤコフレヴィチ・イリン	496	ミハイル・イグナティエヴィチ・ベロウソフ	245
クルベルティノフ	487	マキシム・パッサル	237
V・N・プチェリンツェフ	456	ダヴィト・テボエヴィチ・ドエフ	226
ミハイル・ブデンコフ	437	N・F・セミオノフ	218
フョードル・ジャチェンコ	425	ヴァシリ・シャルコヴィチ・クヴァチャンティラーゼ	215
ヴァシリ・イヴァノヴィチ・ゴロソフ	422	ミハイル・ステパノヴィチ・ソビン	202
アファナシ・ゴルディエンコ	412	ノジ・ペトロヴィチ・アダミア	200
ステパン・ペトレンコ	412	M・A・アッパソフ	200
フョードル・マトヴェイェヴィチ・オクロブコフ	400+	イェカテリーナ・ズラノヴァ	155 (F)
ヴァシリ・グリゴーリェヴィチ・ザイツェフ	400	ヴラジミル・プトチェリンツェフ	152
セメン・D・ノモコノフ	367	インナ・セミヨノヴナ・ムドレツォヴァ	143
アブドゥハニ・イドリソフ	349	フェオドシー・スメルジャチュコフ	125
フィリップ・ヤコフレヴィ・ルバホ	346	H・アンドルハエフ	125
ヴィクトル・イヴァノヴィチ・メドヴェデフ	331	I・メルクロフ	125
E・ニコラエフ	324	タチアナ・イガントフナ・コスティリナ	120 (F)
レオニド・ヤコフレヴィチ・ブトケヴィチ	315	ジャニス・ロゼ	116
ニコライ・イリン	315	N・P・ペトロヴァ	107 (F)
リュドミラ・ミハイロフナ・パヴリチェンコ	309 (F)	V・N・プチェリンツェフ	102
アレクサンデル・パヴロヴィチ・レベデフ	307	イェリザヴェタ・ミロノヴァ	100+ (F)
イヴァン・パヴロヴィチ・ゴレリコフ	305	アリヤ・モルダグロヴァ	91 (F)
イヴァン・ペトロヴィチ・アントノフ	302	ニーナ・ロブコフスカヤ	89 (F)
ゲンナージー・イオシフォヴィチ・ヴェリチュコ	300	リディヤ・グドヴァンツェヴァ	76 (F)
モイセジ・ティモフェイエヴィチ・ウシク	300	アレクサンドラ・シュリヤホヴァ	63 (F)
ナタリー・V・コフショヴァ＆マリア・ポリヴァノヴァ	300 (F)	P・グルジャズノフ	57
イヴァン・フィリッポヴィチ・アブドゥロフ	298	ローザ・イェゴロフナ・シャニーナ	54 (F)
ヤコフ・ミハジロヴィチ・スメトネフ	279	A・P・メドヴェデヴァ＝ナザルキナ	43 (F)
リバ・ルゴヴァ	274	タチアナ・ニコラエフナ・バラムジナ	36 (F)
アナトリジ・チェーホフ	265	マリー・ルジャルコヴァ(チェコスロヴァキア人)	30 (F)

験豊富な兵と組むことが求められた。その結果、1939年には、軍は6万人あまりの狙撃手をかかえるまでになった。

　大祖国戦争——ロシア人は第2次世界大戦をこうよぶ——のあいだ、ソヴィエトのプロパガンダでは「snayperskaya(スナイパースカヤ)」すなわち狙撃手を英雄崇拝することが奨励され、まぎれもなく勇敢な射手であった彼らはほとんど神話の戦士であるかのように扱われた。ミハイル・イリッチ・スルコフ、イヴァン・シドレンコ、フョードル・マトヴェイェ

第3章 新しい世紀

ドイツ軍狙撃手の戦果記録

ドイツ軍狙撃手の戦果記録についてはよくわかっていない。おそらく、終戦時に多くの記録が処分されてしまったためだろう。

マティアス・ヘッツェナウアー	345
ゼップ・アラーベルガー	257
ブルーノ・ズトゥクス	209
フリードリヒ・パイン	200+
ゲフライター・メイヤー	180
オラー・ディール	120
ヘルムート・ヴィルンスベルガー	64

上 ロシアの大義を知らしめるために世界中を飛びまわっていたリュドミラ・パヴリチェンコは、かなりの有名人になった。写真はアメリカで。(NA)

下 双眼鏡で敵を監視するプドルジヴェ軍曹は、レニングラードで181人のドイツ兵を殺したといわれるロシア人狙撃手だ。(NA)

ヴィチ・オフロプコフ、そしてもちろんあのヴァシリ・グリゴーリエヴィチ・ザイツェフなどの名スナイパーは、国民の士気を高く保ちつづけるために慎重に演出された報道によって広く知らしめられた。彼らの戦果の一部はプロパガンダ目的で数字がふくらませてあった可能性はあるが、その一方でまったく記録されていなかったケースもある。

ほかに類を見ない点は、ソヴィエト連邦が狙撃手として女性を登用していたことである。1943年までには1000人を超える女性が任務についていた。そのなかには、リュドミラ・パヴリチェンコ、イェカテリーナ・ズラノヴァ、タチアナ・イガントフナ・コスティリナ、そして女性狙撃手ばかりの中隊を指揮していたニーナ・アレクセイエフナ・ロブコフスカヤなどがいる。リュドミラ・パヴリチェンコは戦争に向けて社会の協力をうながすための「大使」であり、オデッサとセヴァストポリの防衛戦では309人ものドイツ兵をしとめ、みずからも負傷して広く世界中にその名をとどろかせた。狙撃チームを組んでいたナタリー・V・コフショヴァとマリア・ポリヴァノヴァは300人を超えるドイツ兵を射殺、死ぬまで戦いつづけて国民的な英雄になった。弾薬をきらしたふたりは、生きたまま捕虜になるより手榴弾でみずからを吹き飛ばすことを選んだのである。捕らえられた狙撃手に与えられた仕打ちを考えれば、彼女たちの決断も理解できなくはない。

ロシアの狙撃の英雄ヴァシリ・ザイツェフを倒すために、ドイツ陸軍は腕ききの狙撃手を送りこんだという。映画『スターリングラード』のもとになったこの話が真実なのかどうかはいまだにわからない。(Andy Colborn/SBG)

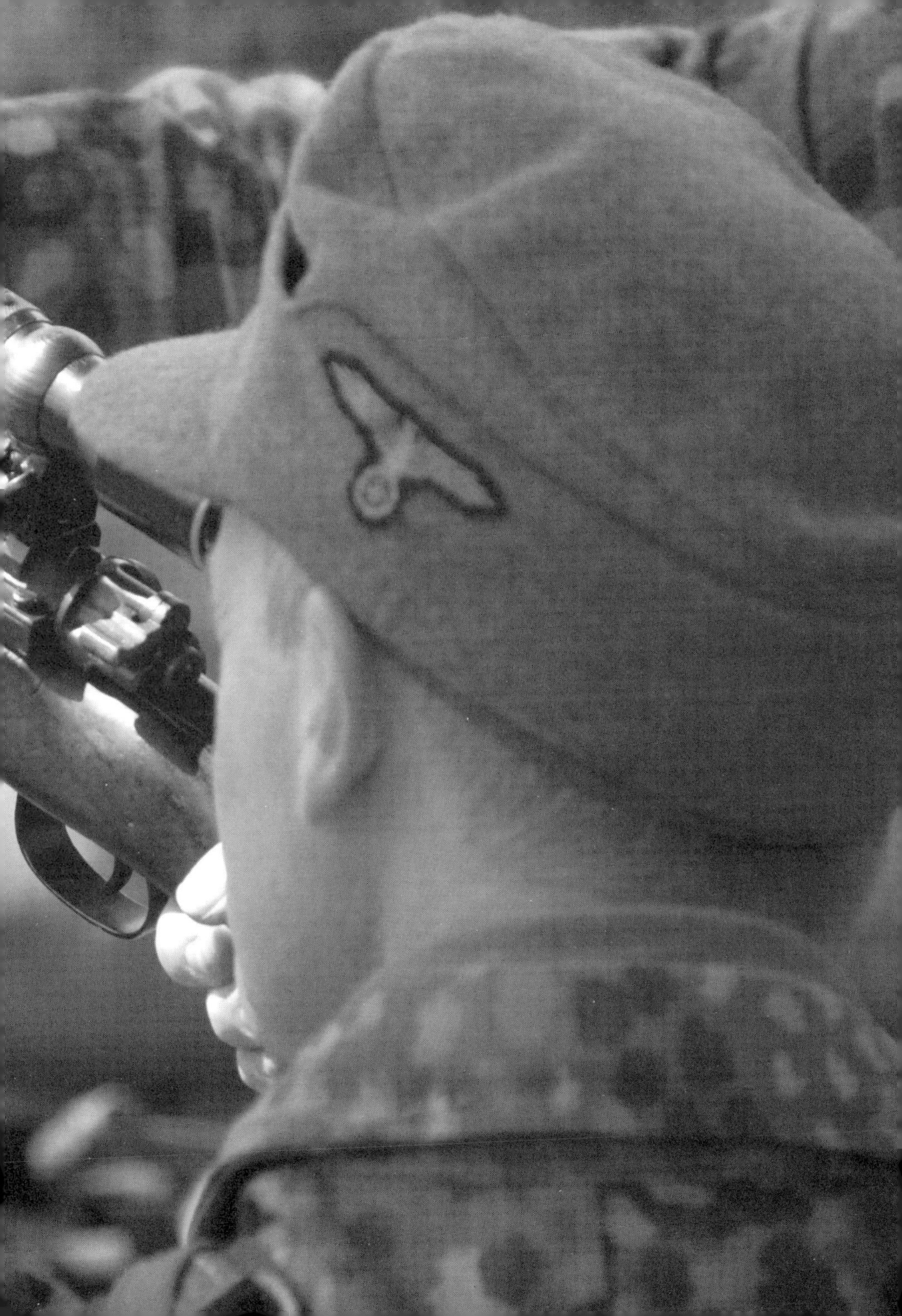

そ65～80パーセント、600メートルで20～30パーセントで、もっとも成功率が高かったのは400メートルよりも短い距離だった。また、ヘッツェナウアーとヴィルンスベルガーは4倍スコープつきのセミオートマティックG43ライフルも使用したことがあったが、Kar98ほどの命中精度はなく、信頼性も低かったという。

狙撃手の有効活用について問われたヘッツェナウアーは、狙撃手の成功は弾丸が命中した数に関係があるのではなく、司令官などの重要人物を倒すことで敵に与えた損害の大きさにあるのだと答えた。この判断が正しいことは、ドイツ軍狙撃手によってくりかえし証明されている。多くのロシア兵は未熟な新兵で、ときには人民委員にむりやり「動員」されてきただけだったことから、将校や下士官を排除すること、すなわちソヴィエトの進軍から司令塔を奪うことはきわめて効果があったのである。インタビューを受けた3人は、防御こそが狙撃手の最強の戦略だと口をそろえた。最高ランクの狙撃手になるための射撃以外の資質は何かとの問いに、3人の答えはそれぞれ異なっていたが、基本的には、忍耐、不断の努力、監視、そしてすぐれた戦術的判断にまとめられる。

一方のロシア軍はというと、数の多さがかならずしも質の高さにはつながっていなかった。訓練を受けたとはいえ、新たに狙撃手として認め

下　イギリス軍はスペシャリストとしての狙撃手を養成する学校を設立した。写真はコマンドー部隊狙撃手集団の修了式。手前にリー・エンフィールド・ライフルとスポッティングスコープが見える。(狙撃手Leonard Chalkと、第45ならびに第46イギリス海兵隊コマンドー部隊)

第3章 新しい世紀

られた者の多くは実戦で用いる戦術には不慣れだった。実際、訓練をみればある程度それがわかった。例にもれず、狙撃手として初戦という試練をくぐりぬけた兵は、訓練所でも戦場でもいち早く学ぶことのできる者だったのだ。意義深いことに、訓練には至近距離の狙撃と一軒一軒をしらみつぶしにする市街地戦テクニックが含まれていた。これは、市中で戦うとき、とりわけスターリングラードの廃墟でおちいった膠着状態においてはきわめて重要だった。スターリングラードはソヴィエト軍狙撃手にとってもっとも知られた狩り場であり、伝説の狙撃「対決」が行なわれた舞台でもある。

ロシア軍で大きな戦果をあげていた狙撃手のひとりはヴァシリ・グリゴーリエヴィチ・ザイツェフである。彼は当時のソヴィエトで伝説的な英雄となったほか、現代においても、映画『スターリングラード』でイギリス人俳優ジュード・ロウがその役を演じて有名になった。ロシア人ライフル銃兵の故郷として知られるウラル地方のハンターだったザイツェフは、ソヴィエト海兵隊に入隊する前から射撃の名手だった。標準支給ライフルで30人以上のドイツ兵を倒してその腕を見せつけると、まもなく装備はスコープつきモデルになり、彼はスナイパーとよばれるようになった。

ザイツェフは最終的に400人あまりを殺害するという戦果をあげたが、いちばん有名な、そして映画の筋書きのもとにもなったのが、映画のなかではエルヴィン・ケーニヒ少佐として知られるドイツ軍きっての狙撃手との長い決戦だった。ケーニヒというのは架空の人物だが、コニングス、あるいはハインツ・トルファルトという名のドイツ軍狙撃手がもとになっているとされている。しかし、じつはそれも疑わしい。確認できているのは、ザイツェフの伝記『狙撃手の手記』で、彼がふたり1組となっているほかの狙撃チームの助けをかりながら、スターリングラードで非常に有能なドイツ人狙撃手を追跡し、ついには殺害したと述べている

上 狙撃訓練中に休憩をとっているカナダのクイーン直属ライフル隊の歩兵。1944年4月21日、イギリスにて。(Frank L. Dubervil中尉／カナダ国防省／カナダ資料室ならびに公文書保管所／PA-211817)

下 第2次世界大戦開始直後はまだP14エンフィールドNo.3(T)ライフルが使用されていた。(Al W. Grayston軍曹／カナダ国防省／カナダ資料室ならびに公文書保管所／PA-213632)

上　連合国軍狙撃手がスコープをチェックする。(Frederick G. Whitcombe中尉／カナダ国防省／カナダ資料室ならびに公文書保管所／PA-211643)

下　偵察チームは偵察だけではなくしばしば狙撃任務もまかされた。(Ken Bell中尉／カナダ国防省／カナダ資料室ならびに公文書保管所／PA-138416)

ことだけだ。ただし、その名前についての言及はない。それでもやはり、スターリングラードの戦い（1942～43年）にかぎっても、ザイツェフはさまざまな階級のドイツ兵225名を撃ち殺したことが確認されている。うち11名は狙撃手だった。

西ヨーロッパの狙撃手

　ヨーロッパ西側の戦争はブリッツクリーク（電撃戦）で幕を開けた。高い機動力を誇るドイツ陸軍が敵国をなぎ倒していったのだが、そのドイツ軍も1940年に退却しようとしていたイギリス軍に対しては、やはり狙撃手を活用していた。ダンケルクで海へと撤退するあいだ、ドイツ軍歩兵隊の進軍をくいとめたいイギリス軍もまた、第1次世界大戦時の支給品であるP14No.3(T)ライフルを装備した狙撃手を有効に使った。このときの狙撃用の武器はほとんどが現地に置きざりにされたが、教訓はしっかりと生かされて、軍の当局はスペシャリストとしての狙撃手を養成する訓練施設を増やしはじめる。

　終戦、そして戦後まで用いられることになるイギリスの最新狙撃用ライフルはリー・エンフィールドNo.4(T)で、No.32スコープが装着されており、ヨーロッパ、北アフリカ、極東でイギリスとカナダの狙撃手に支給されたほか、それより数は少ないもののアンザック軍団でも使用された。

　標準の.303弾薬を用いるこのライフルでは、No.32スコープで零点

第3章 新しい世紀

を約251メートルに調整して敵の頭の中心を狙った場合、その敵との距離がおよそ23〜274メートルのあいだであるならば、弾丸はほぼかならず一撃で相手を殺せるような弾道を描く。つまり、胸から頭のどこかに命中するのである。さらに長い距離なら、弾がどれくらい落ちるのかを頭に入れておいて、それをもとに照準を上へずらすことで命中させることができる。このようにあらかじめ零点が調整されていたことはたいへん好都合だった。なぜなら、ほとんどの場合「そのものずばり」を狙えばよく、狙撃手は新たに零点を変更する必要がないからだ。初期のNo.32スコープは零点規正が簡単ではなかったので、なおのことよかっ

上　リー・エンフィールド・スナイパーライフルを手にするカナダ軍狙撃手。(Frederick G. Whitcombe中尉／カナダ国防省／カナダ資料室ならびに公文書保管所／ PA-211642)
下　イギリス陸軍のロヴァット偵察隊狙撃チームと同じような編成を再現する。射手と観測手、スナイパーライフルと望遠鏡。ロヴァット偵察隊はイギリス初の正式な狙撃部隊だった。(John Norris)

No.32 スコープつきリー・エンフィールド No.4 MkI(T) 狙撃用ライフルをかまえて、第2次世界大戦中のイギリス兵を演じる。(John Norris)

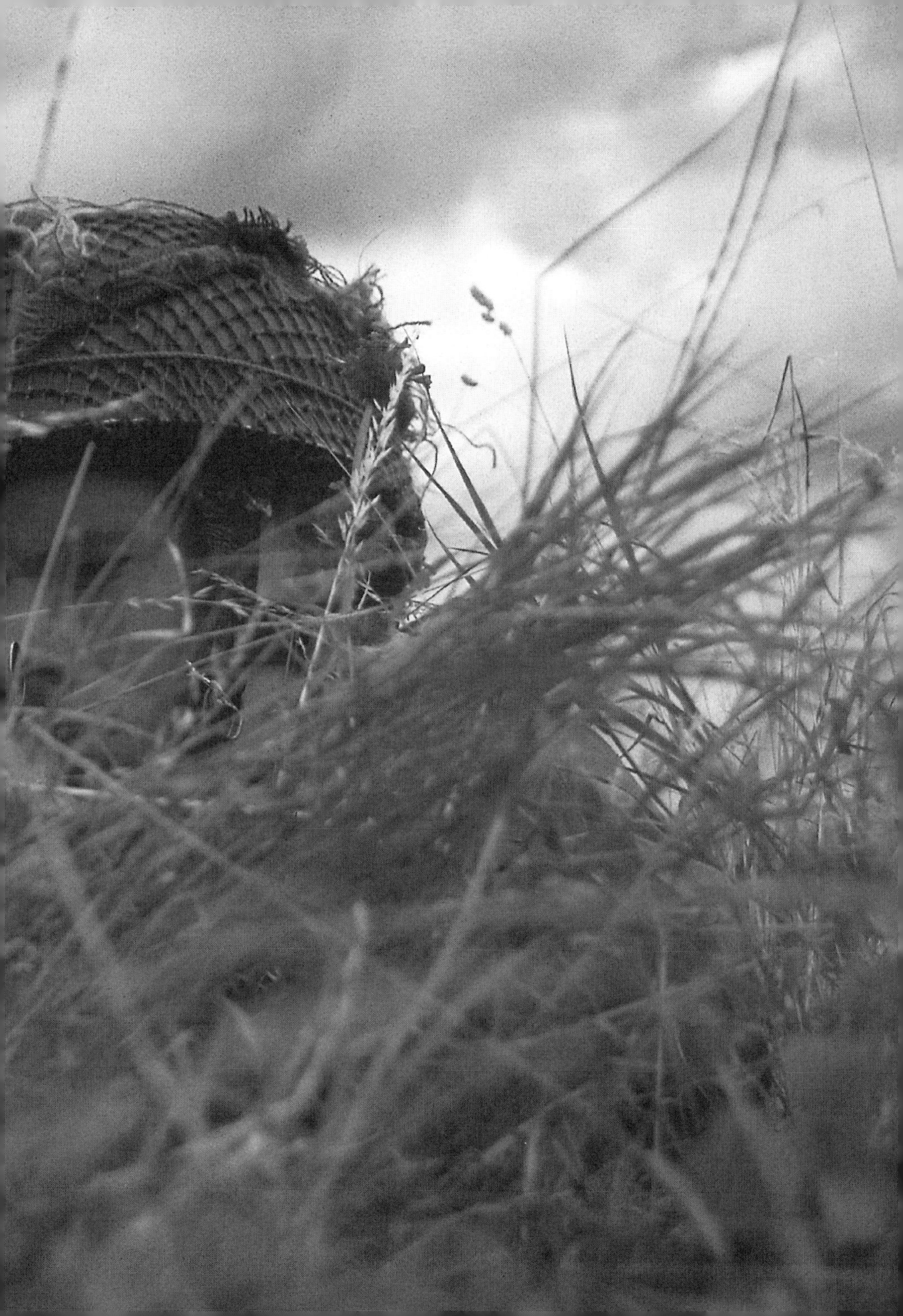

イギリス軍No.4 MkI(T) 狙撃用ライフル

第2次世界大戦のあいだイギリス軍とカナダ軍で標準装備されていた狙撃用ライフルはNo.4 MkI(T)である。ベースになるライフルに最高のものを求めようと、標準仕様のリー・エンフィールドNo.4ライフルが工場でテストされ、そのなかから命中精度の高いものが選ばれて狙撃用に改造された。No.32望遠照準器を装着する

左上 3.5倍No.32スコープとライフル作動部分のクローズアップ。(Steve Broadbent Collection)
中央最上段 No.32スコープつきリー・エンフィールドNo.4 MkI(T)スナイパーライフル。(Steve Broadbent Collection)
左下 ライフルからスコープをはずしたところ。スコープをすばやくとりはずすことが可能なマウントが見える。(Steve Broadbent Collection)

第3章　新しい世紀

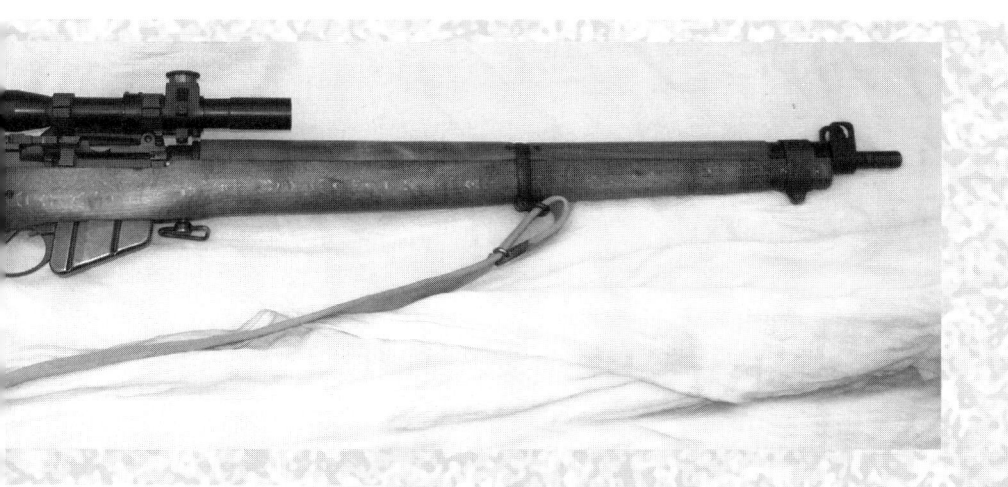

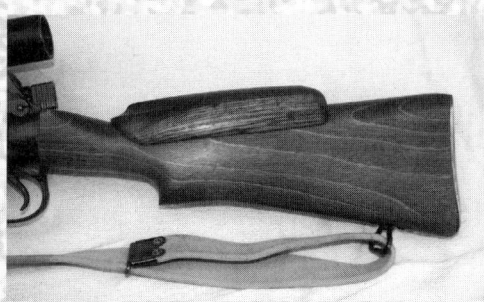

ためにレシーバーの左側面にとりはずし可能な照準器用マウントがとりつけられたほか、コームの高さを上げて射手の目がスコープの接眼部分と一直線にならぶように、銃床に木製のチークピースがくわえられた。このマウント方法なら非常時にはスコープを装着したままでもアイアンサイトを使うことができ、ストリッパー・クリップによる装填も可能だ。

ほとんどのNo.4 MkI(T)はイギリス国内のホーランド＆ホーランド、あるいはBSA（バーミンガム・スモール・アームズ）で改造されていたが、一部はカナダのロング・ブランチ造兵廠で行なわれていた。

3.5倍のNo.32照準器はもともと軽機関銃のブレンガン向けに作られていたので頑丈だ。直径1インチ（約2.5センチ）の真鍮管が用いられ、長さ11インチ（約28センチ）、重さはスチール製のマウント込みで2.5ポンド（約1.13キログラム）を少し超えるくらいである。初期モデルにはエレベーション・タレットがつけられてお

中央　上から見たところ。スコープのエレベーション・タレットとウィンデージ・タレットが見える。(Steve Broadbent Collection)
右上　当時のスナイパーライフルではめずらしく、リー・エンフィールドNo.4 MkI(T)の銃床には、射手の目線をもちあげてスコープに合わせるために特別なチークピースがつけられていた。(Steve Broadbent Collection)

り、0から1000ヤードまで50ヤードごとに調節できるようになっていた。1943年以降の後期モデルではMOA調整つまみがつき、ウィンデージ・タレットはどちらの方向にも16MOAずつ調節できる。レティクルの形は、太い垂直方向の線が下から中央まで1本と、細い水平方向の線が左端から右端までつながって1本となっている。

下　スコープは簡単にライフルからとりはずし、特製の輸送用ケースに収納できる。(Steve Broadbent Collection)

最上段　スコープが装着されたライフルの左側。(Steve Broadbent Collection)
上　スコープをとりはずしたライフルの左側。レシーバーの上にマウントベースが見える。
(Steve Broadbent Collection)

第3章　新しい世紀

たといえる。興味深いことに、第1次世界大戦でドイツ軍狙撃手に与えられていた指示もまた「歯を狙え」だった。おそらくスコープに同じような弾道設定がなされていたのだろう。

イギリスとカナダの狙撃手にとって最初の大きな試練となったのは、1942年にフランス北部のディエップで行なわれた襲撃だった。これは連合国軍にとってはさんざんな結果に終わったのだが、狙撃手の重要性はたしかに証明された。襲撃の一環として、イギリス軍コマンドー部隊とアメリカ軍レンジャー部隊の総勢300名が、ドイツ軍の砲列を無力化するために送り出され、立派に目的を達成した。軍勢には20名の狙撃手が含まれており、なかでもリチャード・マン兵長とアメリカレンジャー部隊のフランク・クーンズ軍曹のふたりは、砲兵や機関銃兵を排除するためにいちじるしく貢献したとして戦功章を授与されている。

襲撃から得た成果のひとつは、イギリスとカナダが狙撃手の重要性を再認識したことである。カナダ軍では、各歩兵大隊に偵察および狙撃を担当する分隊が置かれ、主要な偵察任務にあたった。カムフラージュ、ステルス、監視、射撃など、ロヴァット偵察隊とよく似た訓練を受けていた彼らは、今日の偵察部隊の先駆けである。

北アフリカでもまた狙撃手の価値が証明された。イギリス軍とオーストラリア軍の狙撃手が荒涼とした砂だらけの地形をうまく利用して敵に近づき、イタリアとドイツのAfrika Korps（アフリカ軍団）の砲兵や観測手を襲ったのである。1943年9月に始まった連合国軍によるイタリア侵攻では、アメリカ軍がはじめてドイツ軍狙撃手と対面した。あるときなど、大砲による猛攻撃と狙撃手に対する基本的な対抗策がとられるまでのあいだ、わずか3名のドイツ軍射手が連合国軍全体の進軍を足止めしたといわれている。事実、スナイパー対スナイパーの戦いはイタリア方面作戦が展開されているあいだずっと続いていた。とくにモンテ・カッシーノは激戦地のひとつで、ドイツ軍の狙撃手や斜面を掘って配置された機関銃を排除するにあたって、イギリス、アメリカ、イギリス連邦軍に数多くの犠牲者が出た。

下　連合国軍狙撃手は北アフリカとイタリア侵攻でドイツ軍狙撃手を封じこめ、その役目を果たした。イタリア、リーリ川渓谷にて。1944年。（W. H. Agnew中尉／カナダ国防省／カナダ資料室ならびに公文書保管所／PA-117835）

右　ドイツ軍狙撃手は退却する自軍の後衛をつとめ、連合国軍の進撃を遅延させた。写真の部隊は狙撃攻撃を浴びた。1943年、イタリアのカンポキアーロにて。(Alexander Mackenzie Stirton中尉／カナダ国防省／カナダ資料室ならびに公文書保管所／PA-129774)
右ページ　イギリス軍狙撃手が敵の動きを監視する。フランス、カーンにて。1944年。(オーストラリア戦争記念館、128643)

ドイツ軍「狙撃手の掟」、1944年

1　狂ったように戦え。
2　落ち着いて撃て。あわてて撃ってもむだだ。命中させることに集中しろ。
3　最大の敵は敵軍の狙撃手だ。相手を出し抜け。
4　同じ場所から2度撃つな。さもなくば見つかってしまう。
5　塹壕を掘れ。携帯シャベルで命が延びる。
6　距離判断の鍛錬を怠るな。
7　カムフラージュと地形利用のプロになれ。
8　射撃の鍛錬はつねに続けろ。前線後方でも母国でも。
9　何があってもスナイパーライフルを手放すな。
10　サバイバルの秘訣はカムフラージュが10で射撃が1だ。

上　装備、訓練のいずれにおいてもひいでていた第2次世界大戦終盤のドイツ軍狙撃手は、正しい忠告と土壇場の狂信的行為とが入りまじった掟に従っていた。(Ian Sandford/SBG)

第3章 新しい世紀

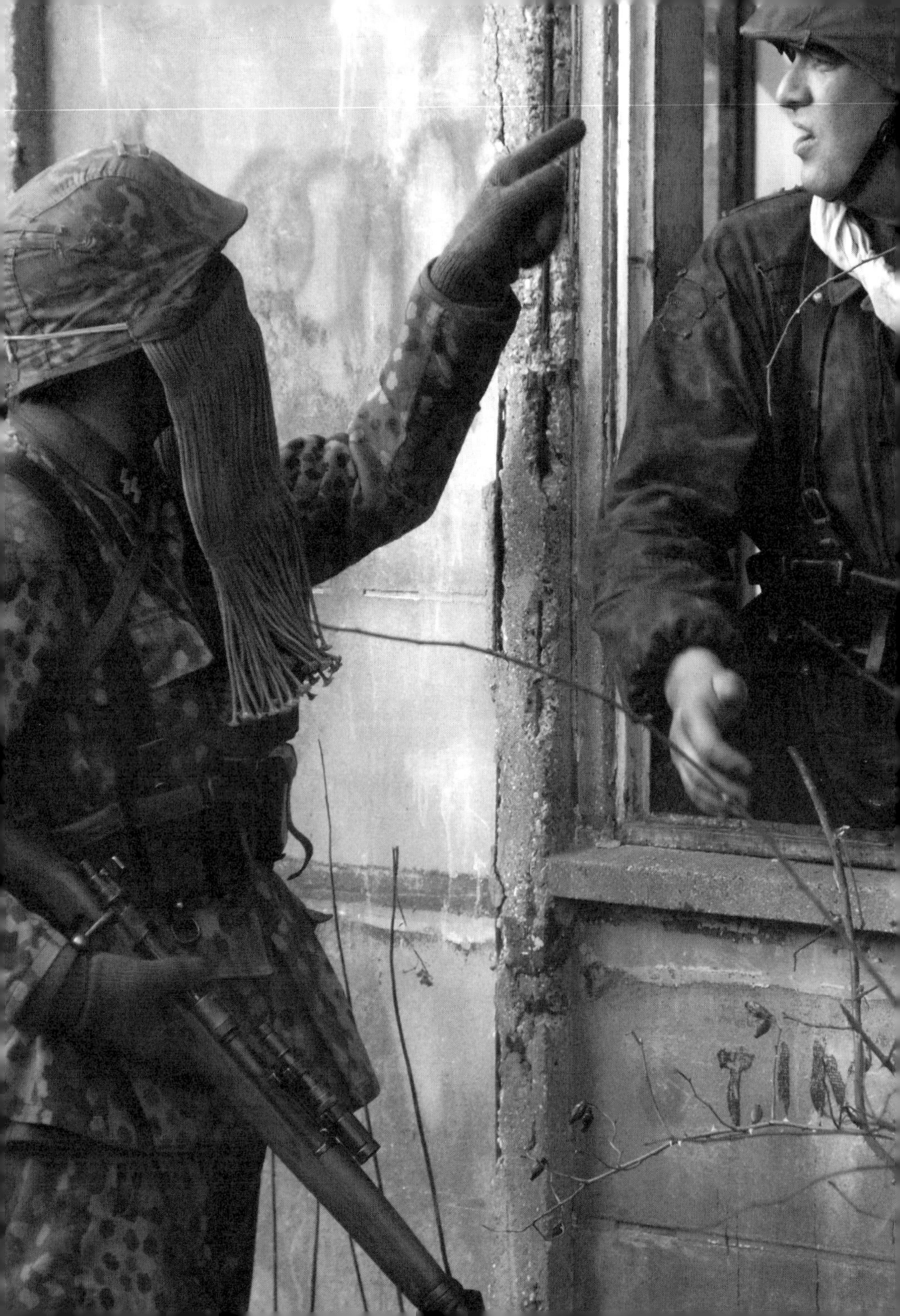

第3章 新しい世紀

左 フランスをつき進んだ連合国軍は、いたるところでドイツ軍狙撃手に遭遇したが、味方の狙撃手でそれに対抗した。(Cody)

左ページ 1944年6月、連合国軍がフランスに入ると、ドイツ軍狙撃手がノルマンディー中の建物や生け垣を占拠していた。(Andy Colborn/SBG)

下 連合国軍は狙撃手を効果的に配備することができるようになった。(Ken Bell中尉／カナダ国防省／カナダ資料室ならびに公文書保管所／PA-211728)

　1944年6月、フランスのノルマンディーに上陸した連合国軍は、いたるところで激しい戦いに直面した。大砲や機関銃に対抗しなければならないのにくわえて、あらゆる場所にドイツ軍狙撃手がひそんでいて、しかもそれが戦闘経験豊富な熟練兵ばかりだったのだ。しかしながら連合国軍にも狙撃手はいた。アメリカ陸軍のフランク・クウェイテク軍曹は1944年6月の終戦までに、敵の狙撃手を含む22名を殺害したしるしをライフルの台尻にきざんでいる。

　アメリカ人従軍記者として名高いアーニー・パイルは伝えている。「ここノルマンディーでは、いたるところに狙撃手がいる。木立のなか、建物のなか、残骸のなか、草のなか。しかしだいたいは、背が高くこんもりと生い茂った生け垣のなかにひそんでいる。ノルマン人すべての家や畑を区切る垣根として、どこの沿道

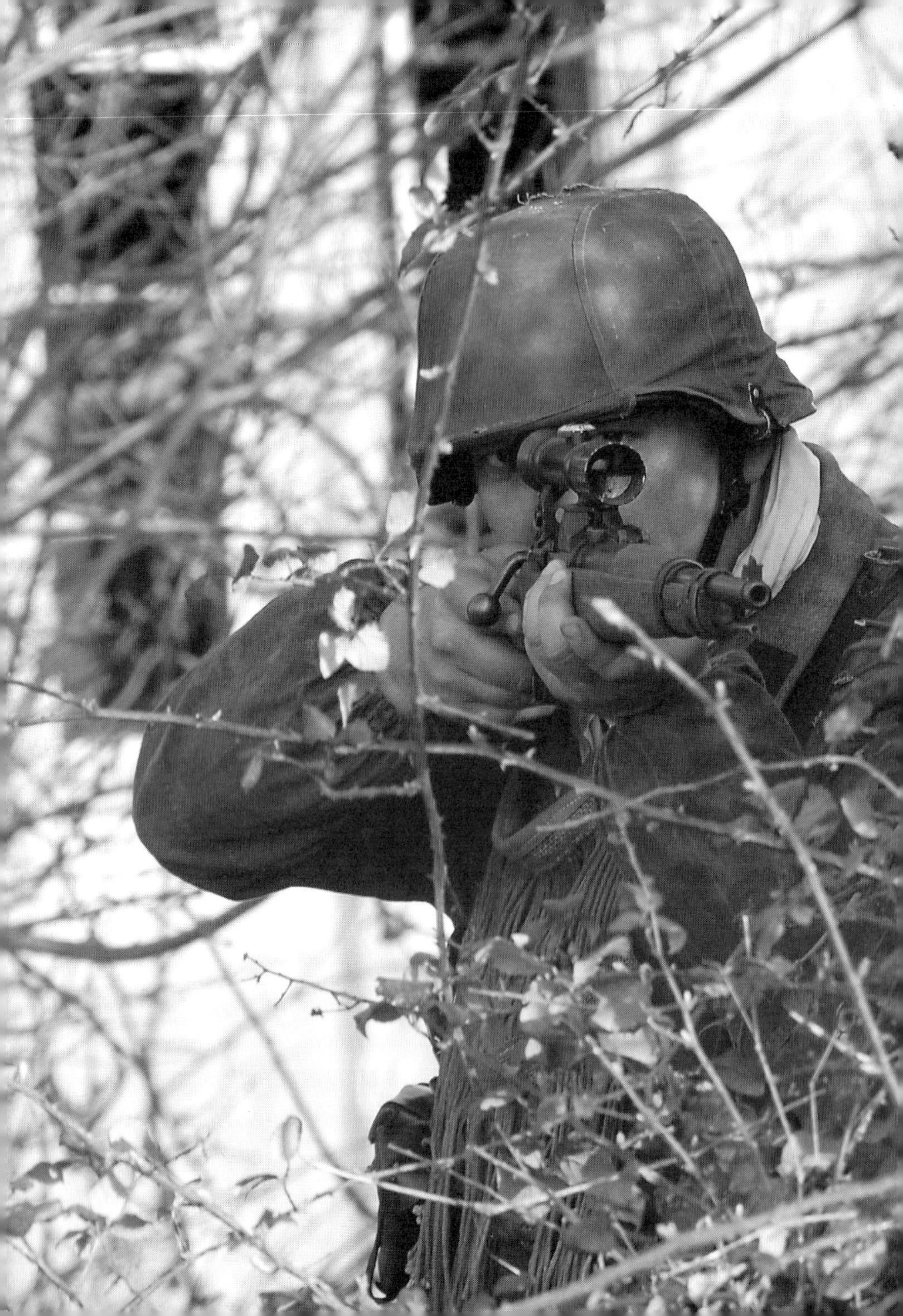

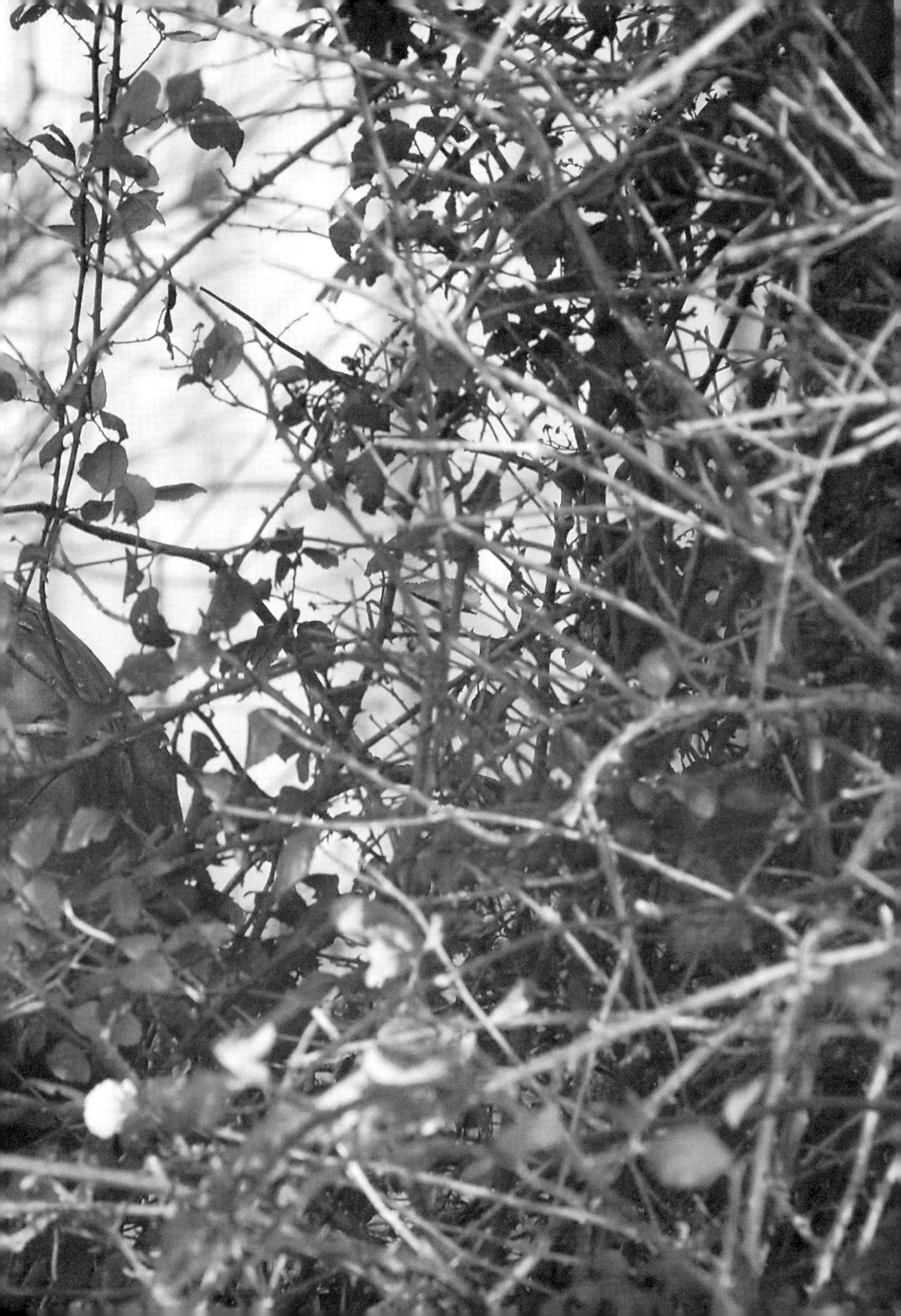

右　わずか17歳でイギリス海兵隊コマンドー部隊に志願したレナード・チョークは狙撃手として訓練を受けた。彼はカーンで肩と首を負傷したが、終戦まぢかにまた戦場へもどった。オスナブリュックの市街戦では、新しい場所を占拠しようと走って移動していたドイツ軍の機関銃チームを撃った。何年もあとになって、息子にそのできごとを語って聞かせたとき、彼はあっさりと言った。「相手が走っているときは、ほんの少しだけ先に行かせて…」。「客観的」に事実を語るようすは、多くの狙撃手が仕事をするときの態度をよく表しているように思われる。

前ページ　1944年冬のドイツ軍狙撃手を演じる。（Andy Colborn/SBG）

にもどこの小道にもある、まさにあの生け垣だ」

　チャンスさえあれば、ドイツの狙撃手はまず連合国軍の将校を狙った。双眼鏡や拳銃や地図をもっているので見ればすぐにそれとわかる。将校や下士官である可能性が高いからと、ひげをたくわえた人物さえ狙い撃った。場合によっては、指示を出しているように見えたというだけでも十分だった。ほかにも車両の指揮官、信号手、機関銃兵、監視兵などが優先的に標的にされた。ヘルメットにはっきりと赤い十字をつけていた衛生兵も例外ではない。

　ノルマンディーのドイツ軍狙撃手は、自分たちの姿を見せずに連合国軍の動きを止める絶好の場所として、十字路、橋、狭い小道、ボカージュとよばれる生け垣が交差する場所を攻撃目標とした。彼らは垣根の下を掘って潜りこんだり、人けのない建物内部や周辺に隠れたり、教会のとがった屋根など高いところに登ったりするなど、狙撃に有利だと思われる場所ならどこにでもいた。これに対抗することはむずかしい。なぜなら、こうした田園風景のなかでなら狙撃手は数百ヤードという近い距離から正確な射撃ができるのに対して、その姿が見えなければ報復射撃はできないからだ。それでもやはり、ひとたび見つかれば、狙撃手の居場所に向けて小火器による猛烈な攻撃が放たれ、必要だと思われれば大砲も召集された。いずれにしても、彼ら狙撃手を排除するまで長く苦しい戦いは続いた。

　フランス国内を移動していった連合国軍は、ほかの経験豊かな部隊ほどしっかりとした警戒をしていないドイツ人狙撃手にも出会った。彼らは負傷したり捕虜になったりしないかぎり、死ぬまで戦った。その多くは、どんな犠牲をはらってでも祖国を守るよう教えこまれていた、ナチ党の青少年団ヒトラー・ユーゲント運動の狂信的な若者たちだった。戦争での敗北が決定的になってからもなお、一部のドイツ人狙撃手は最後の最後まで戦っていたのである。

太平洋と極東

　太平洋の島々、そしてビルマなどアジアの大陸において、連合国軍は日本軍狙撃手の脅威に直面した。おそらくほかのどこの狙撃手よりも、日本軍は近距離狙撃の技術を駆使し

第2次世界大戦時のカムフラージュ

　第2次世界大戦が勃発したときには各国の陸軍で、くすんだ緑、灰色、茶色といった「均一な」色の戦闘服よりも迷彩模様のものが用いられるようになりつつあったが、それはおもにパラシュート部隊、特殊部隊、そしてもちろん狙撃手などの精鋭部隊にかぎられていた。迷彩服、迷彩色による偽装は、一見矛盾するようだが、くすんだ背景色の上にめだつ色と補色となる色（茶色、緑色、灰色、そして黒）の両方、あるいはいずれかを、不規則な縞や斑点やふぞろいの形にして配置し、人間や隠しておきたい物体の形をわかりにくくするものである。

　ドイツ軍は1930年代半ばからカムフラージュパターンの実験を重ね、最新の布地生産技術をおおいに活用して、さまざまな景色に適したいろいろな偽装ヴァリエーションを生み出した。なかには四季に即したデザインさえあり、春と秋の色あいを映し出す2つの異なるパターンが裏表でリバーシブルになっている服もあった。

　ロシア軍や北部ヨーロッパ、スカンディナヴィア諸国は、雪におおわれた冬の地形に溶けこむような白いカムフラージュ服を作ったほか、ライフルの形をわからなくするために白い布きれをつけたり、銃床に不規則な白線を描いたりした。

　第1次世界大戦以降のイギリスは、1940年に偽装開発訓練所を創設するまでカムフラージュの実験を中断していた。おもしろいことに、この施設ではプロの奇術師であるジャスパー・マスケリンに錯覚的なカムフラージュを作らせたこともある。イギリス軍の第2次世界大戦最初のカムフラージュ服はデニソンスモックで、緑、茶

左下と右下　ドイツ陸軍には、季節や背景の地形を反映したいくつものカムフラージュパターンがあった。上着の多くはリバーシブルで、表と裏ではパターンが異なっていた。

下　第2次世界大戦のカナダ軍狙撃手、カルガリー・ハイランダーズ偵察狙撃分隊のマーシャル軍曹。デニソンスモックを着て、顔面のたれ布を頭に巻きつけている。
(Ken Bell中尉／カナダ国防省／カナダ資料室ならびに公文書保管所／PA-a140408-v6)

5Sのルール

Shape（形）
人の体型や、ライフルなどまっすぐな線を示すものはすべて、カムフラージュ用のスクリム、塗料、迷彩色の布や網や草木などで「形をくずす」。

Shine（光）
むき出しの顔や手、ライフルの銃身や作動部、スコープや望遠鏡のレンズなど、光り輝く可能性のあるものにはすべて覆いをかけるか、カムフラージュをほどこす。

Shadow（影）
可能なかぎり影にひそむ。影を落とすような事態はできれば避ける。

Silhouette（シルエット）
空、水面ほか明るい背景に輪郭を浮かび上がらせてはいけない。

Spacing（間隔）
自然な物体はけっして一定の間隔にはならばない。また自分と相棒の射手との間隔は適度にあける。

じつは6番目の「S」があるといってもよい。それは「sudden（不意な）」動きは避ける、あるいはつねに「slowly（ゆっくりと）」注意深く動くことだ。人間の目に最初に飛びこんでくるのは、まちがいなく動きなのである。

色、黒の各色が塗られた、ゆったりとした黄褐色の上着だった。本来はパラシュート部隊のためにデザインされたものだが、その隠蔽と全天候型の品質をかわれて、まもなく狙撃手を含むほかの専門部隊でも採用された。

アメリカ陸軍は1940年にカムフラージュ用戦闘服と取り組みはじめ、海岸戦とジャングル戦に合わせて「カエル模様」と「ヒョウの斑点」柄が裏表で着用できるデザインを生み出し、太平洋戦域の海兵隊に支給した。

軍によっては、戦闘用ヘルメットに迷彩模様を塗ったところもあるが、一般的には迷彩色の布でできたカバーをかけたり、くすんだ色の布きれ（スクリムという粗い生地）やその土地に生えている草木を織りこんだ網をかぶせたりしていた。

とりわけ日本軍とオーストラリア軍は、背景に溶けこむために草、枝、ヤシの葉などをうまく用いていた。ウォンガベルなどオーストラリア軍の訓練施設では、狙撃手は竹で「輪」を作り、草を編んだ覆いをかけて、自分が隠れているひとり用の塹壕にかぶせておくことを教えられた。日本軍を見て覚えたやり方である。オーストラリア軍はまた、ジャングルのなかで自分の輪郭をぼやかすために網やスクリムを広く活用した。

左　訓練中の狙撃手。顔に色を塗る、スクリムや網をかぶるなどのカムフラージュをほどこしている。(Dwight E. Dolan中尉／カナダ国防省／カナダ資料室ならびに公文書保管所／PA-177141)
下　第2次世界大戦、イギリス軍の冬用カムフラージュ服。(Barney J. Gloster中尉／カナダ国防省／カナダ資料室ならびに公文書保管所／PA-137987)

第3章 新しい世紀

上 ドイツ軍「オークB」パターンのカムフラージュ。(John Norris)

上 ドイツ軍「オークA」パターンのカムフラージュ。(John Norris)

上 ドイツ軍「ふつうの木」パターンのカムフラージュ。(John Norris)

上 スターリングラードのロシア軍狙撃手。カムフラージュした上着の上から、カムフラージュの覆いをかけている。

上 ドイツ軍「ぼやけた模様」パターンのカムフラージュ。(John Norris)

上 風景に溶けこむオーストラリア軍狙撃手。迷彩色によるカムフラージュの効果がよくわかる。(オーストラリア戦争記念館、083462)

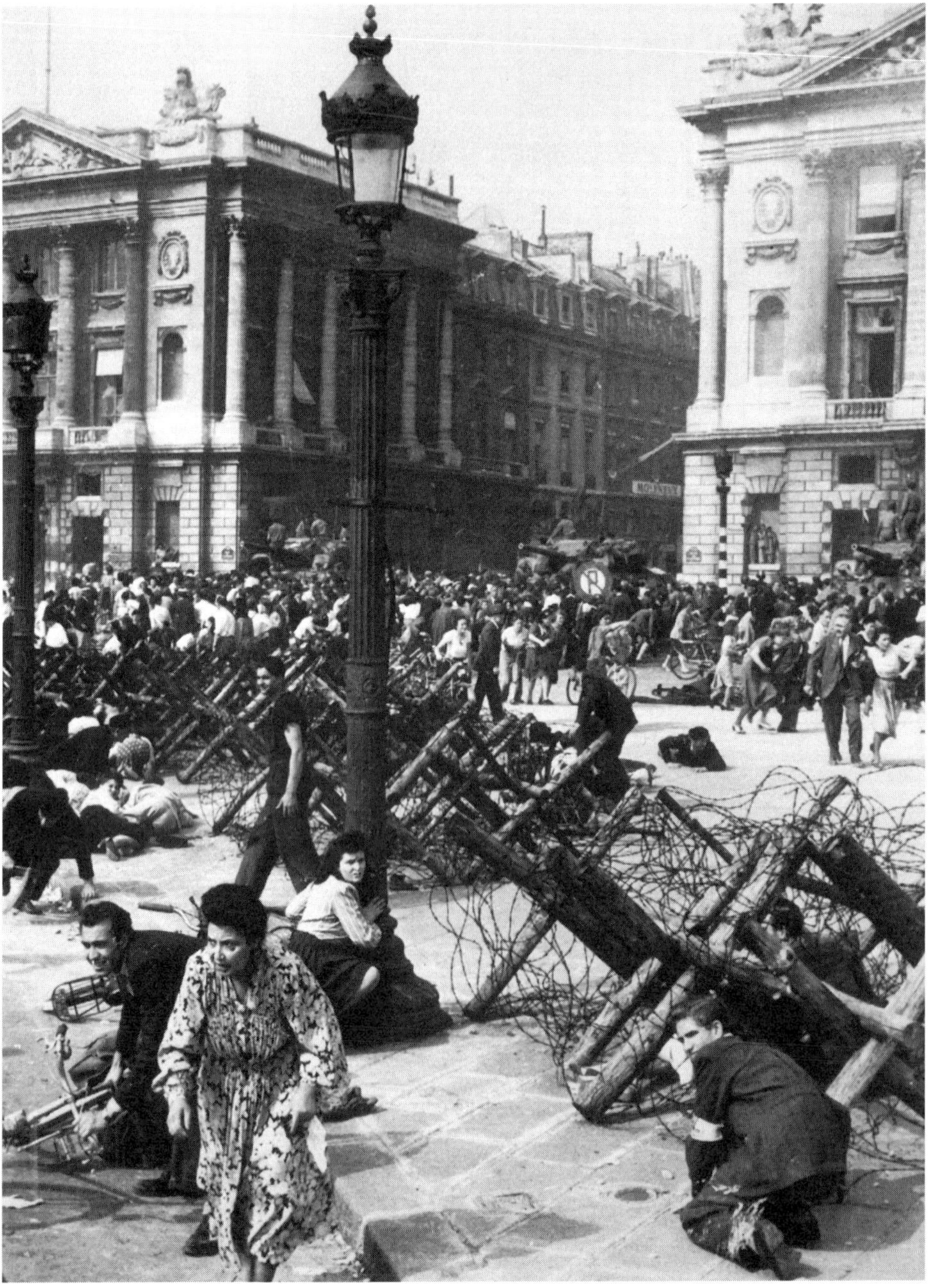

第3章 新しい世紀

左ページ　連合国軍によって町が解放されても、ドイツ軍狙撃手が後方に残って混乱を起こすことはめずらしくなかった。(LoC)
左　ドイツ軍狙撃チーム。自分たちの掟にしたがって、多くは最後の最後まで戦った。(Cody)

ていたのではないだろうか。隠れたまま何時間、ときには何日も、敵が「白目の見える距離に近づく」まで待ちつづけ、いざ撃つときは自分が死ぬまで打ちつづける。天皇のために死ぬまで戦うという狂信的で自殺行為ともいえるほどの意気込みは、神風特攻隊のパイロットだけではなく当時の日本軍歩兵にもたたきこまれていた。日本軍の「狙撃手」は標準支給ライフルを使用するたんなる通常歩兵であることが多かったし、彼らが撃ってくる距離は非常に短かったので、武器にスコープがついているかどうかは問題ではなかった。実際に発砲するまでのあいだ身をひそめていたという事実こそが、彼らをあれほどまでに危険な相手にしていたのである。そのため、連合国軍は海岸線、丘陵地帯、ジャングルのいたるところでたいへんな苦労を強いられた。

1943年のタイム誌の記事では以下のように述べられている。「南太平洋から帰還した海兵隊や陸軍の兵士はほぼ全員が口をそろえる。一対一の戦いなら、日本兵はアメリカ兵の戦闘能力にはかなわない。だが、潜伏、ステルス、わなにかんすることはすべて、腹が立つことに日本軍のほうが一枚うわてだ、と。

下　極東のジャングルの雰囲気。狙撃手が隠れることがどれほど簡単だったことか。(LoC)

上　タラワの上陸地点より戦いながら進んでいくアメリカ海兵隊。それを迎え撃ったのは重火器による砲撃と「始末の悪い」日本軍狙撃手だった。太平洋でも極東でも、日本兵は死ぬまでとことん戦う覚悟ができていた。（NA）

右　タラワのアメリカ軍狙撃手。1943年。（Cody）

彼らは立ったまま入れるほど深いひとり用の塹壕を掘る。直接大砲の弾があたらないかぎりは安全で、その点ではアメリカの細長い塹壕よりもすぐれていた。守勢にまわったときは、彼らはヤシの幹に守られた待避壕へ入って、なんらかの爆弾かその場所を嗅ぎつけた人間に殺されるまで徹底的に抗戦する。

　帰還した将校のあいだでは、日本軍狙撃手の話でもちきりだった。日本の狙撃手には手を焼かされるという。狙いはお粗末だが、ずばぬけてうまく隠れる。まったく気づいていなかった兵士を飛び上がらせるにはそれで十分だ。

　（中略）けれども、日本軍には想像力の欠如が大きな障害となっている。命令はくだされたとおりに実行し、必要とあらば命もなげうつ。しかし、なにかが予想どおりに進まなかったとき、彼らは適切に戦術を変更できない。日本軍の攻撃が抵抗にあっても、とにかく前進する。日本軍がおそろしい大量虐殺へとみずか

第2次世界大戦日本軍の狙撃銃

　日本陸軍の主要な狙撃兵器は、ボルトアクション式で7.7×58ミリの有坂九九式狙撃銃と、それより型の古い6.5×50ミリの有坂九七式狙撃銃だった。

　九七式は有坂三八式をベースにしている。1931年に日本と中華民国とのあいだに武力紛争が始まって、1937年に戦闘が本格化、そのまま1941年に第2次世界大戦の一部と化していった長い期間に、日本軍では三八式が使用されていた。1937年に軍に導入された狙撃用の九七式では、ボルトがさらに長くカーブする形になったが、これは後部にとりつけられた2.5倍の望遠照準器を手で妨げないようにするためである。このライフルの銃床は軽く、折りたたみ式の針金製二脚がついていた。三八式ライフルすべてに共通する大きな問題点は長すぎることと、6.5×50ミリの軍用弾に十分な威力がなかったことである。しかし、そのぶん銃口から出る発砲炎が小さかったので、敵から見つかりにくかった。

　九九式は、銃身が九七式よりも20センチほど短く、威力の大きい7.7×58ミリカートリッジを使用、さらに有用性の高い4倍のスコープがついている。ただし、いくつかの初期モデルは依然として2.5倍だった。

　有坂三八式とその派生型は、当時かなりの評判だった。フィンランド軍では、モシン・ナガンではなくこちらを選ぼうかというところまでいったほどで、最強のボルトアクションをもつライフルのひとつだと考えられていた。

上　有坂九七式狙撃銃。1937年ごろ。大日本帝国陸軍小倉造兵廠製。フォアエンド（先台）の一脚と、望遠照準器つき。1930年代には満州、第2次世界大戦初期にはニューギニアで日本軍が使用した。（オーストラリア戦争記念館、REL/07061.001）

下　有坂九九式狙撃銃。1940年ごろ。大日本帝国陸軍名古屋造兵廠製。4×7望遠照準器つき。前の九七式ライフルを改良したもので、長さが短くなり、口径が大きくなった。太平洋戦域全体で日本軍が使用した。（オーストラリア戦争記念館、REL/07214）

1942年、オーストラリアのノーザンテリトリー。第23／第21オーストラリア歩兵大隊のR・W・ウィルソン中尉が訓練兵に狙撃の基本を説明している。木の上の狙撃手は、粗い麻布を緑色に染めたカムフラージュスーツを着用している。（オーストラリア戦争記念館、027767）

第3章　新しい世紀

パプアニューギニア。隠れていた木の下で死亡している日本軍狙撃手。右手の先には壊れたライフルが転がっている。オーストラリア軍とアメリカ軍はどちらも、木の上の狙撃手を相手にするときにはたんにマシンガンやサブマシンガンを用いた。上部の枝を落として隠れている狙撃手を追い出すのだ。(オーストラリア戦争記念館、013937)

第3章　新しい世紀

第2次世界大戦アメリカ軍の狙撃銃

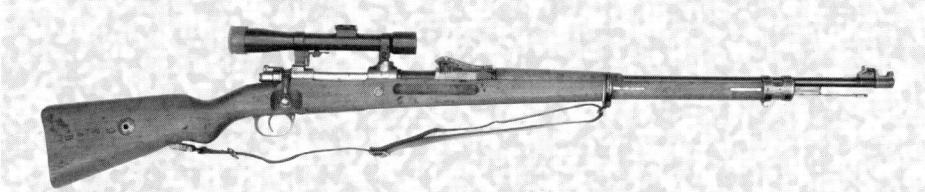

　1940年までには、アメリカ陸軍の主要戦闘ライフルとして、セミオートマティックのM1ガランドが採用されていた。だが残念なことに、クリップで装填する仕組みだったためにスコープを上部に装着することができなかった。そのためスコープと側面のマウントにかなりの研究を積み重ねた結果、1944年の終わりごろにはライマン・スコープM81とM82の認可が下りた。その一方で、2万8000挺あまりのレミントン・アームズ製ボルトアクション式、.30-06口径のスプリングフィールドM1903A4（狙撃用）もまた、第2次世界大戦とそれ以降もずっと使いつづけられていた。狙撃手の多くは、ガランドの狙撃型が支給されても、スプリングフィールドを好んだのである。A4スナイパーモデルには「オープンサイト」がなく、しばしば銃床に拳銃用のグリップがついていた。レシーバーは、レッドフィールド製マウントベースと4分の3インチ（約1.88センチ）のリングをつけられるようになっており、そこへ2.5倍のウィーヴァー330Cスコープをのせることができる。

　M1903A4にスコープを装着するとストリッパー・クリップで装填することはできないが、箱型弾倉には手動でカートリッジをひとつずつ、最大容量の5発までつめこむことができた。

　戦争が始まったとき、アメリカ海兵隊の標準狙撃用ライフルは、5倍のライマン5Aスコープつきのスプリングフィールド1903A1だったが、のちにスコープが8倍のユナートルに格上げされた。いずれのヴァージョンも第2次世界大戦をとおして用いられていた。

上　スプリングフィールドM1903A3スナイパーライフル。レシーバーには、US REMINGTON MODEL 03-A3と刻印がある。このライフルには、レッドフィールド製マウントの上に、ウィーヴァー・モデル73B望遠照準器が装着されている。望遠鏡は上部管に白字で3419601と番号がふってある。真鍮製の留め金がついた2本の革製つりひもがつけられている。
左　ユナートル8倍スコープつきスプリングフィールドM1903A3スナイパーライフルを手にして、アメリカ海兵隊を演じる。

右　塹壕や掩蔽壕に隠れている狙撃手をかたづける方法として、アメリカ軍は火炎放射器を用いた。

　らつき進んでいくのはそのためだ」
　むろん日本軍にも、長距離射撃やカムフラージュなど狙撃手としてのスキルを身につけた狙撃のスペシャリストは存在した。おもな武器は、ボルトアクションの有坂九九式狙撃銃と、それよりも古い型で6.5×50ミリの有坂九七式狙撃銃である。専門の狙撃手は、その土地の草木を用いて塹壕や自分自身を偽装することに長けていたうえ、過酷な環境でも辛抱強く耐えることができたことでよく知られている。それでもやはり、彼らは複数の弾を発砲することが多かったので、すぐに正確な位置が発覚し標的にされた。そして彼らの相手は、アメリカ海兵隊やアンザック軍団といった世界最高の訓練を受けたカウンタースナイパーだったのだ。

　連合国軍狙撃手は、可能であれば、日本軍ライフル銃兵を見つけしだいひとりずつ狙い撃ったが、それができない場合には、それ以外のカウンタースナイパーテクニックによっても等しく効果をあげていた。「木の上」にいる狙撃手に対しては、たんに機関銃やセミオートマティックの武器でそれらしい木の上部を「粉々に吹き飛ばして」、圧倒的な火力でそこを占拠している狙撃手を追い出した。塹壕や洞穴にひそむ狙撃手をかたづけるには、火炎放射器や爆発物が非常に有効だった。
　どんなに戦闘経験の豊富な日本軍狙撃手でも、ほとんどが殺されるか、捕らえられるかすることは避けられない状態だった。彼らの代わりに送りこまれてくる兵士は、たいていの

第3章 新しい世紀

場合、前任者よりも未熟だったので、連合国軍が遭遇する敵の水準はしだいに下がっていった。

第2次世界大戦中、連合国のほとんどでは、狙撃手を養成する訓練施設を設立したり、すくなくともこの特殊な戦闘方法に必要な技能を教えこんだりしていた。そしてたしかにそれは期待以上の利益をもたらしていた。ゆえに、アメリカ陸軍と海兵隊が終戦とともに狙撃手向け訓練を中止する決断をくだしたことはまさに驚きだった。

下　1945年、ボルネオ島ボーフォート。日本軍狙撃手を探す、狙撃手I・トンクス1等兵と観測手2名。（オーストラリア戦争記念館、114097）

図説狙撃手大全

1944年、ブーゲンヴィル島。第25歩兵大隊のT・ホール1等兵が、高木の上の日本軍狙撃手を狙い撃つ。オーストラリア軍の敵陣への進軍中に。(オーストラリア戦争記念館、078022)

第3章 新しい世紀

アメリカの島づたい作戦中、アメリカ軍との続けざまの銃撃戦に倒れた日本軍狙撃手。

第3章　新しい世紀

第2次世界大戦オーストラリア軍の狙撃銃

　第2次世界大戦中のオーストラリア陸軍標準スナイパーライフルは、第1次世界大戦期の装備からまるごとひっぱってきたものだった。すなわち、パターン1918スコープつきのパターン1914エンフィールドNo.3 MkI*(T)スナイパーライフルと、SMLENo.1 MkIII*(HT)である。後者は、リスゴー造兵廠で改造されて、ヘビー・バレルになり、木製チークピースの高さが上がったSMLENo.1 MkIII*に、パターン1918スコープを装着したものだ。

　スコープのマウントはクロータイプで、低いツメは純粋に狙撃だけにライフルを用いる場合に使用、高いツメはふたつの用途向け、つまり照準線をさっと下にずらしてアイアンバトルサイトで接近戦に入れるようにするためのものである。これはあきらかに、オーストラリア兵の多くが突入したジャングル戦での使用を念頭に置いたもので、100メートル以下の距離で続けざまに何発も撃たなければならないことがあったためだ。

　装備は最新とはいえないが、戦前から多くがアマチュアのライフル愛好家やプロのカンガルーハンターだったオーストラリア兵は、とりわけ有能なスナイパー、かつカウンタースナイパーだった。

上　パターン1918望遠照準器つきのパターン1914エンフィールドNo.3 MkI*(T)スナイパーライフル。第2次世界大戦中、オーストラリア陸軍が使用した。(オーストラリア戦争記念館、REL-06068-001)
左　オーストラリアン・オプティカル・カンパニー製のパターン1918ライフル望遠照準器のクローズアップ。写真は1944年製。(オーストラリア戦争記念館、RELAWM 37030.002)

左　スプリングフィールドM1903A4スナイパーライフルを手に、アメリカ軍レンジャー部隊兵を演じる。

アメリカ海兵隊狙撃手は、ライマンあるいはユナートルのスコープを装着したスプリングフィールドM1903A4スナイパーライフルを装備していた。写真はユナートル・スコープ。（John Norris）

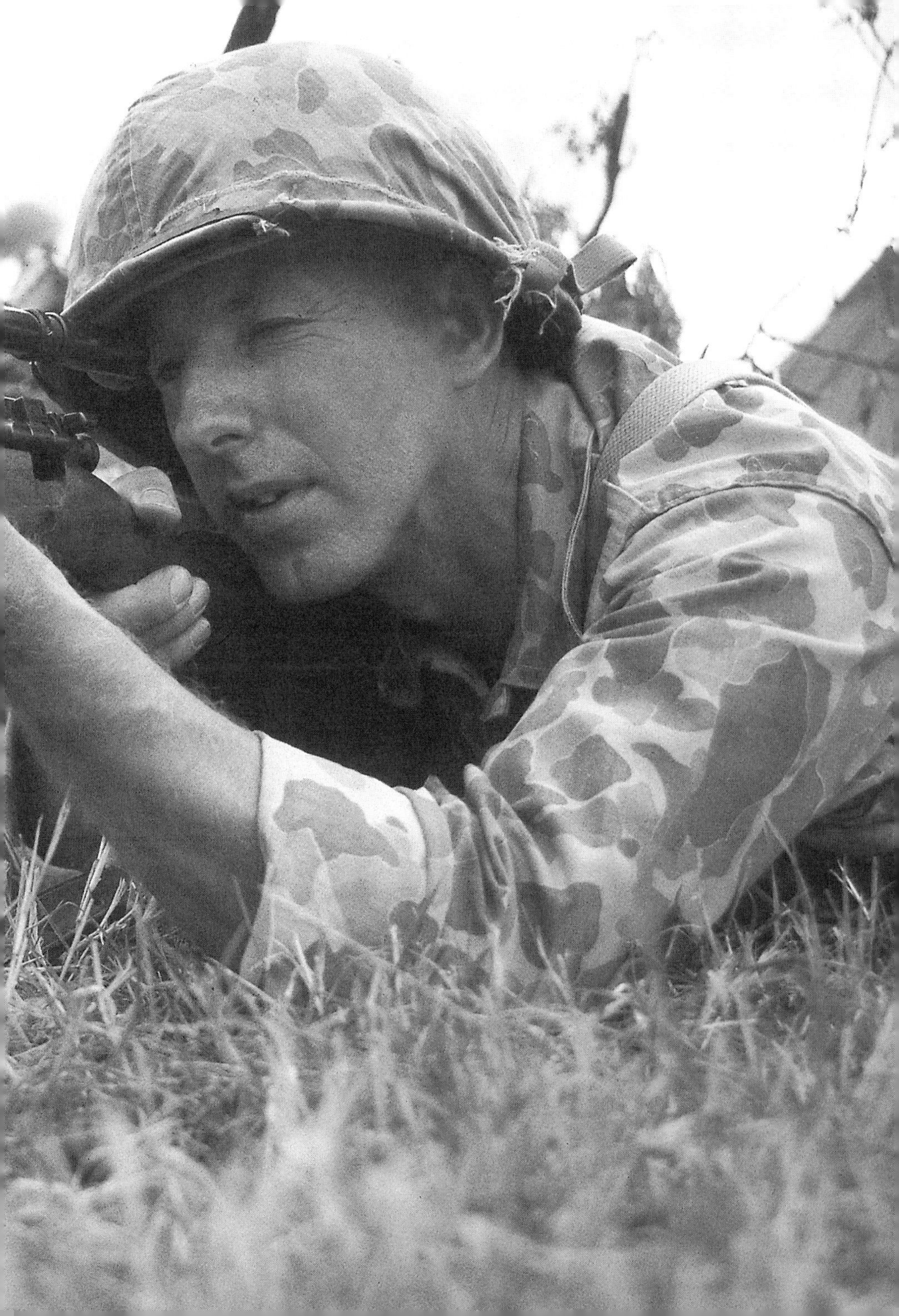

CHAPTER FOUR

Peace at Last ?

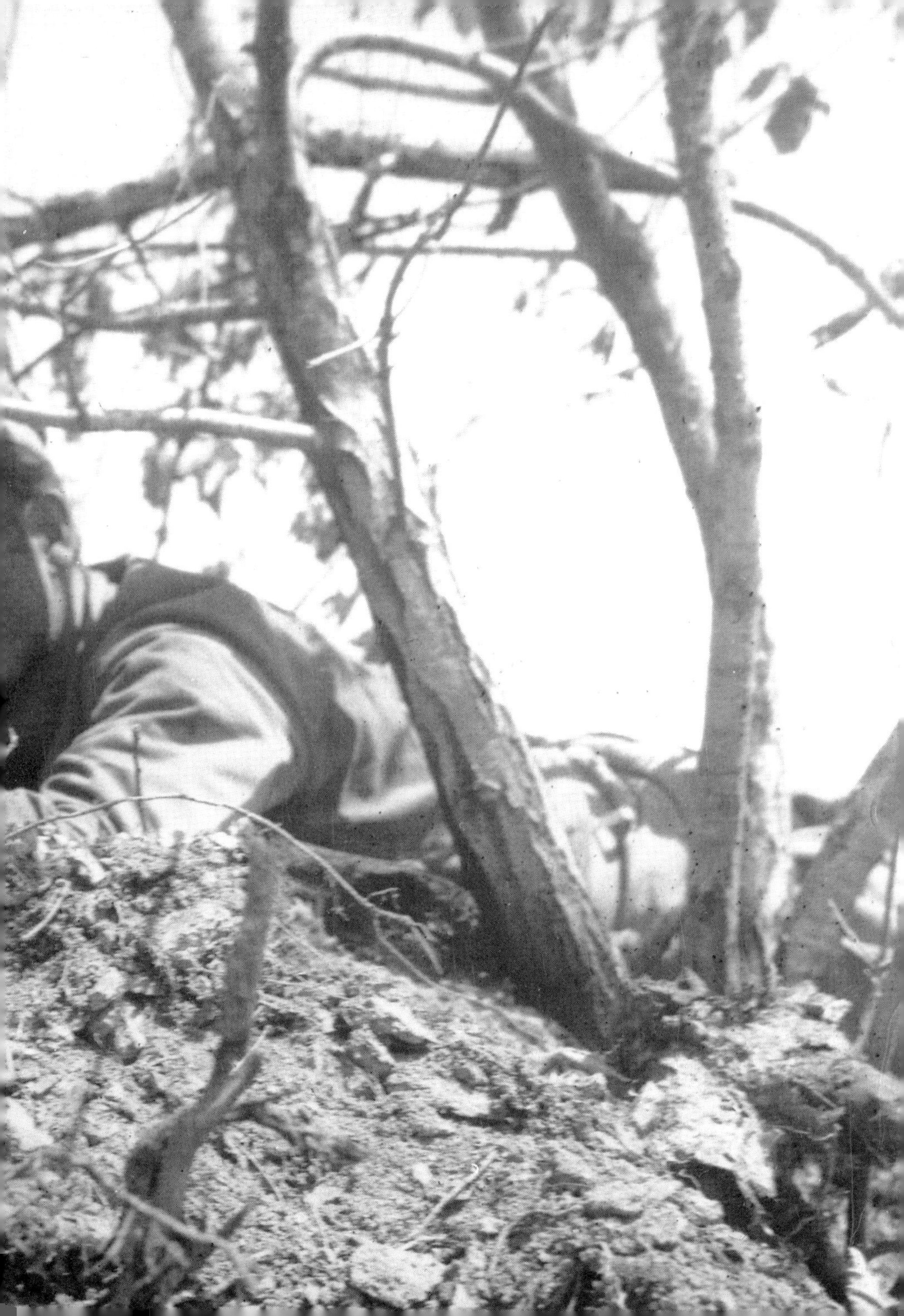

第4章

ついに平和が？

前ページ　アメリカ海兵隊のダニー・ロドリゲス伍長がスナイパースコープをのぞきこむ。はるか遠い山の背に見つけた4名の北朝鮮の兵士を狙って。1950年ごろ。ライフル射撃には重点を置くだけの価値があった。（アメリカ海兵隊）

　第2次世界大戦の終わりに待っていたのは、必死で日常にもどろうと、紛争や戦争にかかわる一切合切を避けようとする世界だった。もう二度と戦争は起こらない、人類はようやく紛争のおそろしさを悟った、社会はくりかえしそう信じようとする。だが、あいにくそうはならないようだ。すべてが順調だ、二度と過ちは犯さないと自分に言い聞かせるために人間がとる行動は、戦争や紛争につながるすべてをただちに葬りさることである。そしてしばしば苦労して得た教訓さえも放り出してしまう。これまで幾度も投げすてられてきたそんな教訓のひとつが、狙撃の技能にかかわることだった。

　第1次世界大戦の戦闘が終わったときと同じく、このときも世界中の軍隊は狙撃を見放したも同然だった。狙撃分隊や小隊を片端から解隊し、経験豊かな熟練兵をありきたりの仕事にもどした。戦時中は危険で責任の重い任務をこなしてきた彼らは、狙撃手の装備一式を返却すると、ライフル小隊へもどったり、上官が適性を判断して一方的に配属を決め、情報部など別の部署へ異動したりした。現在でもよくあるが、一連の技能を高く評価する政府の機関へと移っていった者もある。だが、大多数の兵は彼らの知識と経験とともに実質的にはすてられたのだ。

　こうした状況をひき起こす理由のひとつは財政である。戦争は当事国の経済をひどく消耗させる。政府は急いでコストを削減して、国民社会へ、国家再建へと支出をまわすことを強いられる。もちろんそれはきわめて重要なことで、それはそれで歓迎すべきことだが、その過程には幾人もの将軍や提督や空軍准将がいて、できるかぎりたくさんの戦車や艦船や航空機を残そうと躍起になってい

第4章　ついに平和が？

左　第2次世界大戦後にイギリスがまきこまれた「小規模戦闘」のひとつは、1948年のイギリス委任統治領パレスチナで、ハガナー（イスラエル国防軍の前身である「防衛軍」）が相手だった。写真は男女ふたりのハガナー狙撃手が木に登ってイギリス部隊を銃撃しようとしているところ。1948年5月21日。（Hulton-Deutsch/Corbis）

る。そうした策略のなかで、装置や設備を残そうとすれば、当然なにかを犠牲にしなければならない。そう、いつの時代においても、狙撃はライフルをもっただだの人間で、すなわち優先度が低いと考えられてきたのである。

過去60年以上にわたるいくつもの戦争や紛争をのりこえてようやく、史上はじめて狙撃手というものが戦闘の形として容認されるようになり、さまざまな状況で精鋭攻撃手段だとみなされるようにもなった。国によっては年間に養成する狙撃手の数を3倍にしたところもある。

しかし、第2次世界大戦が終わって陸軍の規模が縮小されるのにともなって、またしても狙撃手が消滅した。たとえば、イギリス軍は即刻すべての狙撃訓練を中止して、狙撃部隊を解隊した。イギリス海兵隊の先見の明がなければ、もう少しで狙撃手の経験すべてを失ってしまうところだったのだ。

戦後のイギリスでは、海兵隊がコマンドー部隊の役割を一手に引き受けた。陸軍は特殊技能をもった部隊を解隊したり、兵を移動させたりして、すべての陸軍コマンドー任務を終了させた。コマンドー部隊においては、その任務の性質からいって、少人数の部隊がはるかに大規模な敵の軍勢より優位に立つことを可能にするものなら、どんな技能でも非常に大きな価値がある。狙撃は完璧にその要求を満たしているといってよい。

狙撃はさまざまな歩兵技能の集まりにすぎないが、そのあまりの水準の高さにそれ自体が特殊技能となって、きわめてすぐれた力量をもつ兵士を作り上げる。コマンドー部隊の

上　イギリス海兵隊員が北朝鮮のソンジン付近で共産軍の鉄道網を襲撃。爆発物で谷間の線路を破壊したようすをふたりの隊員が山の斜面から眺めている。第2次世界大戦後は海兵隊が狙撃を含むコマンドー部隊の役割を引き受けた。
(Bettmann/Corbis)

ような小さな部隊では、狙撃手の技能は価値があると同時に大事にもされる。イギリス海兵隊は、どんなときにも、なによりもプロ精神が求められるという信条を高く掲げている。これは、どんな特殊技能をもっていても、衛生兵であろうと戦闘機のパイロットであろうと、すべての兵はまずは歩兵であれとするアメリカ海兵隊の気がまえにも反映されている。

イギリス海兵隊はまさしく、英米両軍の現在の狙撃訓練施設やカリキュラムの基礎となっているといえるだろう。無情にもふたたび戦争が起きたとき、イギリス海兵隊は狙撃手という選択肢を維持していた唯一の軍隊だったばかりでなく、さらにそれを改善して完成させてもいた。もしかすると、任務の達成を軽武装の部隊にゆだねざるをえないという状況が、大西洋をはさむ英米両方の海兵隊に狙撃部隊の増強を決断させた

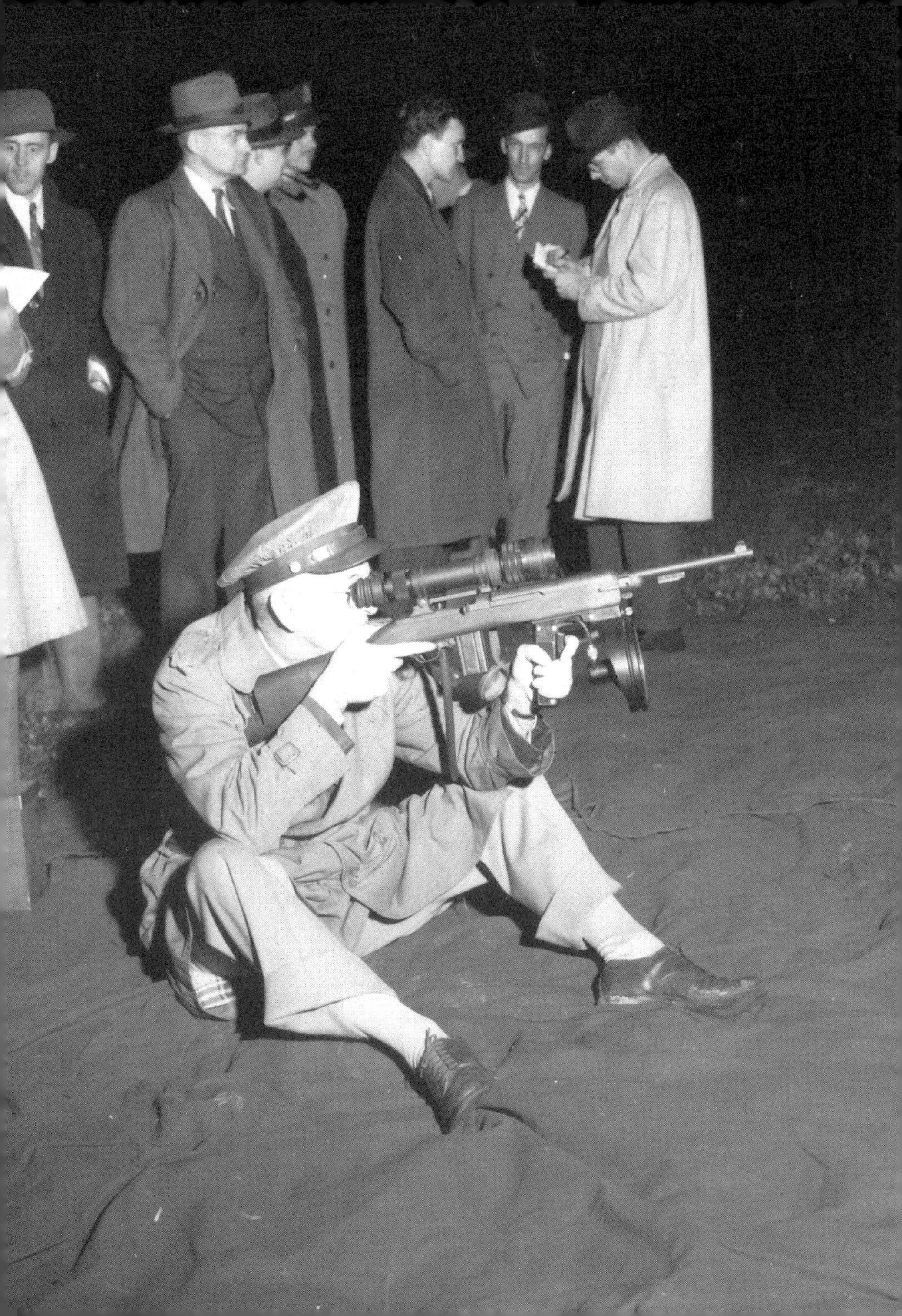

のかもしれない。誰に先見の明があったにしても、第2次世界大戦後の紛争は、狙撃の脅威となるものをすばやくとりのぞき、大規模な軍隊が追いつくまでの時間をかせげるかどうかにかかっていた。

朝鮮戦争

　平和はいつもするりと逃げていく。経済的な理由であれ、宗教的な理由であれ、人間の同族意識というものはたえず人を戦いへと誘いこむ。ゆえに、1950年に朝鮮戦争が勃発したことはなんら驚くにはあたらなかった。第2次世界大戦が終わるとロシアとアメリカという超大国が出現したが、世界はこうあるべきという見解の相違から、この2国のあいだに緊張が高まることは必至だった。半分にひき裂かれた朝鮮国家は、ロシアが北を支援し、アメリカが南を支援するという二大国間の衝突の舞台となる。1950年6月、緊張は攻撃に変わり、北の共産軍が境界線を越えて南へとなだれこんだ。

　こうして戦闘が始まると、軍を拡大してその能力を高める必要性が生じる。したがって、狙撃手がふたたび出現するまでにそう長くはかからなかった。それまでの大きな戦争と同じように、狙撃にからんだ死傷者の数が増えるとすぐに、西側諸国の軍隊は再考を迫られ、またしても急速に狙撃手が導入されることになったのだ。

　朝鮮戦争ではジェット戦闘機など技術的に進歩した武器が華々しく投入された一方で、序列の低い狙撃手はこのときも、どんなに技術が発展しようとも、自分たちはしかるべく任務を遂行し、自分の地位をはるかに上まわる大きな損害を敵に与えることができるのだということを証明してみせた。朝鮮半島の地形と気候からいって、戦闘はふたたび歩兵が中心だった。つまり、どのような体裁をとろうと所詮はライフルや機関銃を手にした人と人との戦いであり、それが戦いの場である以上、敵の狙撃を克服することがいちばん大きな問題だった。

　南北どちらの側の狙撃手も、何年も前に前任者が第2次世界大戦で使用していた装備と服装で戦闘に突入した。望遠鏡や倍率の高い観測用スコープとともにしまいこまれていたライフルが再支給され、第2次世界大戦で経験を積んだ狙撃手が探し出されて軍によびもどされた。

　朝鮮半島は気候と地形が苛酷で、敵対する軍勢はしばしば塹壕戦で膠着状態におちいった。それはまるで第1次世界大戦の北部ヨーロッパのようで、遠距離からの攻撃がふつうのこととなり、防御壁から頭をもちあげただけで狙撃されるということを意味していた。連合国軍将校の多くは北朝鮮軍の配備状況を確認しようとして倒れにいくようなものだった。それまでのあらゆる戦争と同じだが、上位の司令官がやすやすと襲われるようになればなるほど、ますます早急に手をうつ必要があった。

　狙撃手にはほかに類をみない能力がある。それは兵の心のなかへ潜り

前ページ　1940年代終わりごろ、初期のスナイパースコープの実演。これでアメリカ海兵隊の射手は完全な闇のなかでも標的を判別できる。写真ではモデルT-3カービンにM2スナイパースコープがとりつけられている。拳銃グリップの前につけられたスポットライトから放射される光は裸眼では見えないが、スナイパースコープをとおせばはっきりと見える。そのため狙撃手は夜間でも、敵に自分の存在を知られることなく正確に撃つことができる。(NA)

第4章 ついに平和が？

こんでいちじるしく士気を低下させることだ。相手が見えれば隠れることもできるのに、どこにいるのか見当もつかないということそのものが、部隊の日々の応戦態勢に深刻な影響を与えることが多い。しばしば報告書や報道で述べられているような、朝鮮の狙撃手はいたるところにいるという連合国軍兵士の発言はあきらかに大げさだが、狙撃手がごくふつうの兵士におよぼす心理的影響をよく表している。この影響を部隊の人数分だけかけあわせれば、狙撃手の存在がどれほど広い範囲で兵の自信を打ち砕き、士気をくじくのかがわかってくるだろう。

連合国軍の狙撃手は、第2次世界大戦で習得したもうひとつの技能もいち早くとりもどした。それは間接射撃の統制である。ほとんどの兵士がただ眺めているのに対して、狙撃手は観察するよう訓練されている。つまり、敵の細かい動き、配置、日々の行動など詳細を見ているということだ。相手の不注意な動き、地面に記された明らかな信号、お粗末

上　T-3カービンとM2スナイパースコープの組みあわせ。写真は1940年代終わりごろの実演。現在の基準からすれば扱いにくいことはまちがいないが、第2次世界大戦の南太平洋戦域では日本軍に対して大きな成功をおさめた。（NA）

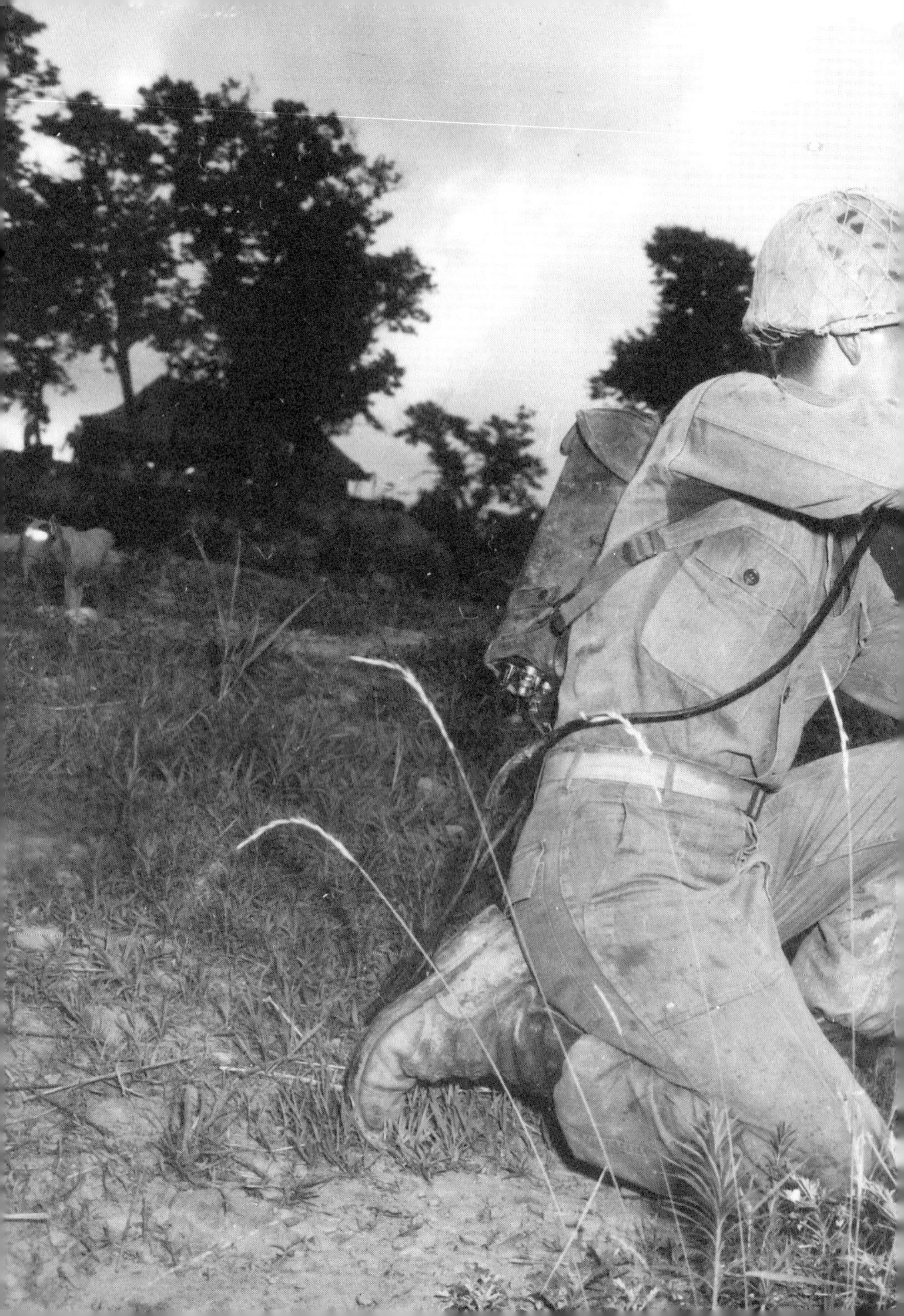

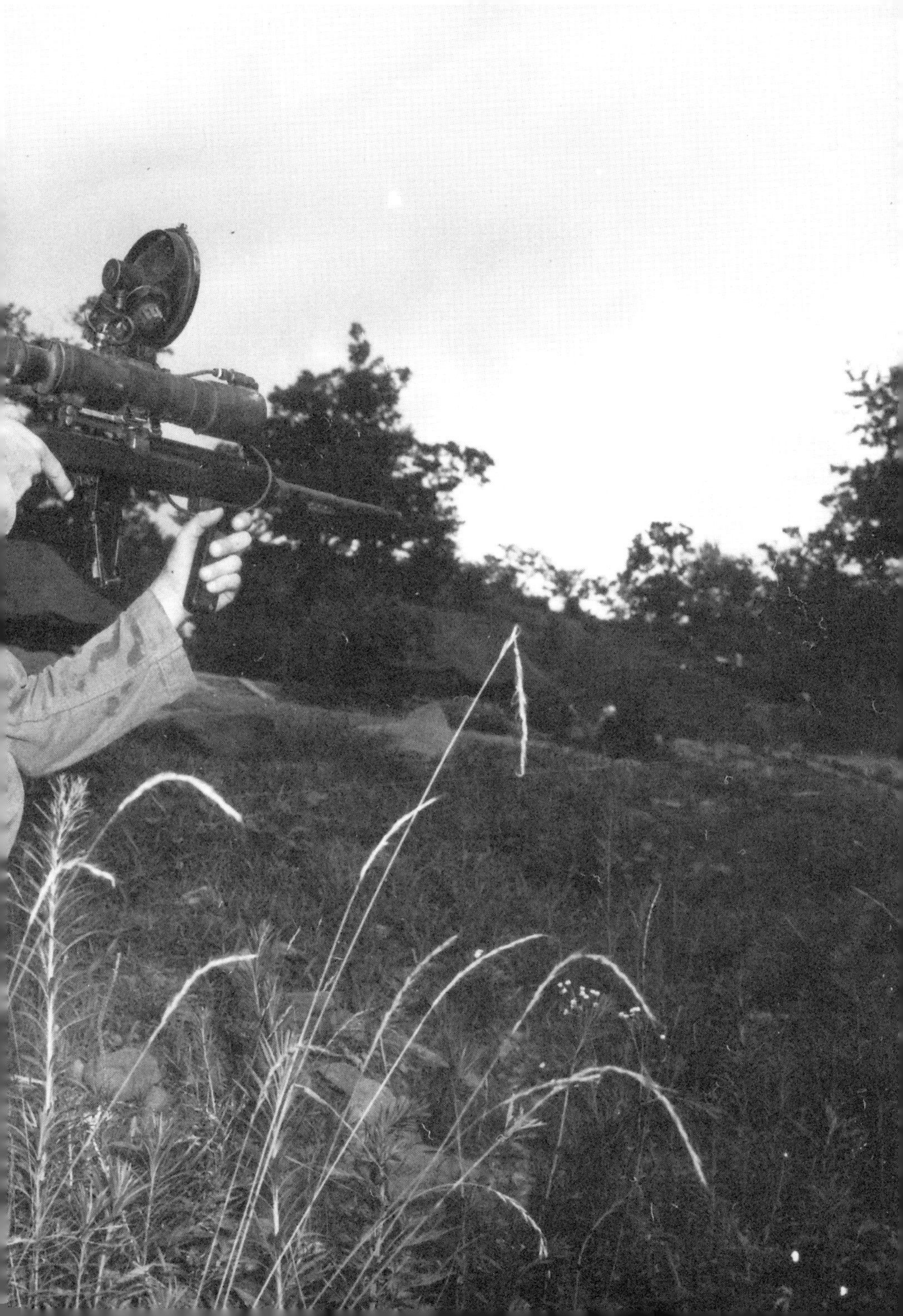

前ページ　アメリカ陸軍第３歩兵師団第７歩兵連隊のローレンス・ホーリー伍長が、朝鮮戦争時代のスナイパースコープ装置を操作する。（NA）

なカムフラージュのほどこされた無線アンテナなどはすべて、そこがさらに注意深く監視すべき場所であることを示している。さらに観察を続けた結果、敵の居場所、移動ルート、目的を割り出せることも少なくない。そして装甲部隊、大砲、迫撃砲、さらには機関銃などの支援兵器を要請して、敵に正確な砲撃を大量に浴びせ、相当数の犠牲と混乱を与えることができる。

時代遅れの装備

技術が進歩したのだから狙撃はもう必要ないという1940年代後期に広まった短絡的な考え方のせいで、狙撃手の装備にかんする分野では一切の研究開発が行なわれてこなかった。そのため狙撃手に支給されたライフルは、それを手にした人間よりも多くの戦闘を経験してきたような

第4章　ついに平和が？

左　朝鮮戦争に笑顔がなかったわけではない。写真はヘイドン・L・ボートナー准将（中央）を含むアメリカ陸軍第2歩兵師団第23歩兵連隊の将校と兵士ら。.50口径で肉厚の機関銃用銃身をもつ新しい「スナイパーライフル」と、敵から奪ったロシア製対戦車ライフルの銃尾の横でポーズをとる。（NA）

代物だった。さらに、第2次世界大戦でともに戦った連合国の分裂と、朝鮮戦争にかかわる国々の政治的見地の対立から、アメリカ軍とイギリス軍はロシアが作った武器に背を向けることにもなっていた。

イギリス、オーストラリア、カナダの狙撃用兵器

　第2次世界大戦でもっともすぐれていたスナイパーライフルはリー・エンフィールドNo.4Tだという見解が大多数である。したがって、朝鮮戦争で、命中精度と信頼性に定評のあるこのライフルを支給されていたイギリス軍狙撃手は有利だったといえる。リー・エンフィールドは、ヴィクトリア女王時代の紛争から朝鮮戦争まで、さまざまな形でイギリス陸軍に大きく貢献しており、使用する兵に満足感をもたらしてもいた。

次ページ　望遠照準器をのぞきながら落ち着いて狙いを定める海兵隊のチャールズ・R・ビル軍曹。朝鮮における海兵隊の進軍を阻止しようとした中国共産主義者のひとりを倒す。万が一、海兵隊が格闘戦にまきこまれた場合にそなえて、土壇場で身を守る手段となる銃剣がついている。（NA）

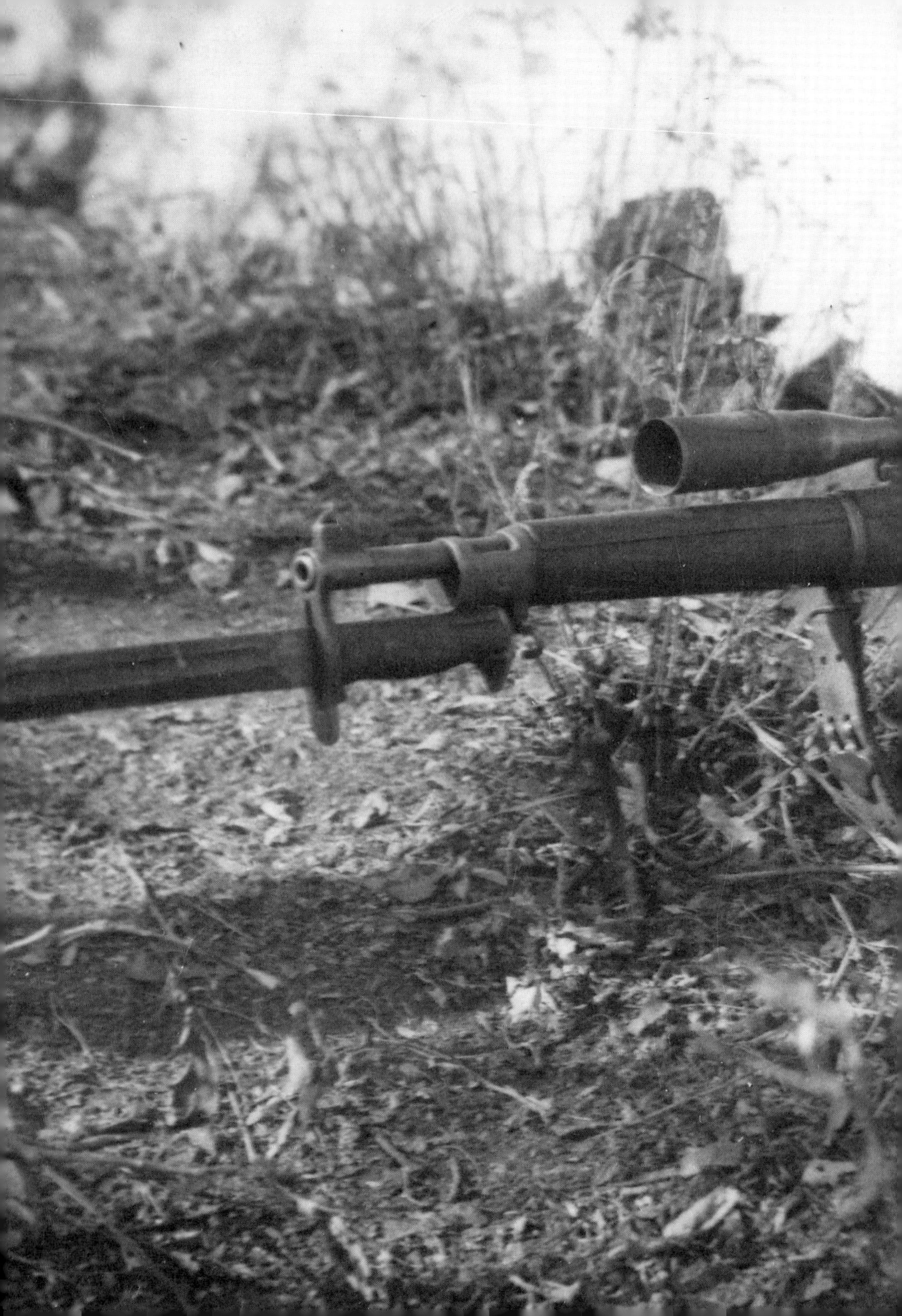

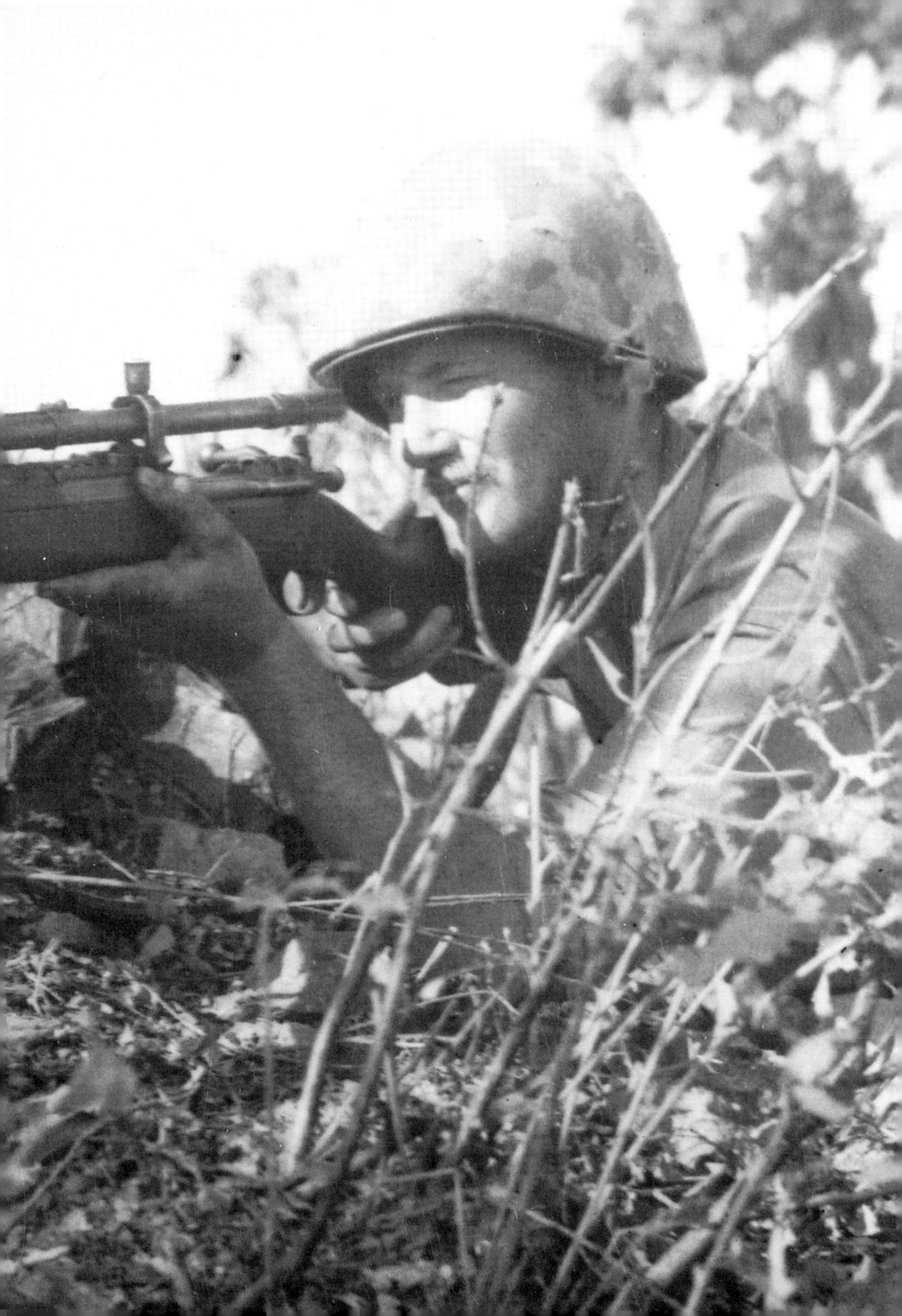

アデン、クレーター地区

　狙撃と対抗狙撃という対立が日常化したもうひとつの植民地は、アラビア半島のアデンである。この地域はごつごつした岩山の地形で、低い海岸線と高い台地とに分かれていた。1960年代の初めから半ばごろまで、アラブの宗教的政治的な党派がこの地域の支配をめぐって争い、動機はなんだったにせよ、イギリス陸軍はその真ん中に立たされることになった。アラブ軍から高台の山岳地帯を奪い返すために、パラシュート連隊と第45コマンドー部隊の両方がワディ・タイムに展開された。朝鮮を二分する軍事境界線38度線の山地と同じように、この地域も遠距離からの正確な狙撃攻撃に適しており、イギリス軍とアラブ軍の狙撃手がさかんに応戦した。

　戦争とよぶにふさわしい場所と化してしまったのが、クレーターとよばれる市街地だった。名前からもわかるように、この地区は古い火山の噴火口の周囲に細い路地が張りめぐらされ、家がびっしりと建てられた町だったが、暴動が起きて大混乱になった。

　イギリス軍が何度も待ち伏せ攻撃を受けるなど、さまざまな戦闘をへて、ようやくアーガイル・アンド・サザーランド・ハイランダーズ部隊がクレーターの町を奪い返すことが決定される。実際に町を奪還したのは、まもなくメディアにその名をとどろかせることになった司令官「マッド・ミッチ」ことコリン・キャンベル・ミッチェル中佐と彼の指揮するハイランダーズ部隊だが、その成功は戦闘中とそれに先立つ第45コマンドー部隊狙撃手の協力があってこそだった。狙撃手増援の要請を受けて町をとり囲む高台に配置された第45コマンドー部隊の狙撃手は、襲撃の何日も前から狙撃を行なうと同時に、暴動についても詳細に軍に報告していた。このコマンドー部隊の活動が町を占拠していたアラブ人の士気を低下させたことはまちがいない。狙撃手の存在によって町を動きまわることが非常に危険になってしまったのである。また、ハイランダーズが戦いながら迷路のような市街地へと進んでいくときには、狙撃手が特定の脅威となるものを排除した。なお、この時期においてもまだ、彼らは第2次世界大戦の古びたライフルと装備を用いていた。

左　イギリス植民地アデンのクレーター地区で屋根の上からスナイパーに狙われ、急いで隠れる場所を求めるイギリス海兵隊第42コマンドー部隊の兵士。1967年11月17日。(Bettmann/Corbis)

第4章　ついに平和が？

　カナダ軍はリー・エンフィールドを差し替える時期がきたとの決断に達し、時間を有効に利用してすくなくとも研究を重ねてはいたものの、No.67スコープつきの改造されたCモデルをなおも使用していた。ほかのことはともかく分別は失わなかったオーストラリア軍は、朝鮮戦争に部隊を配備したときに、この戦争が狙撃戦になることをしっかりと予想していた。自国のリスゴー造兵廠で生産されたリー・エンフィールドを手に、オーストラリア軍は訓練のいきとどいた狙撃手をすべての歩兵中隊に配置、共産軍との長距離からの戦闘でたちどころに名をあげた。

　このライフルは脱着式の10発入り弾倉をもち、クリップで給弾するタイプよりもすばやく装填しなおすことができた。フローティング・バレルが開発されるより前に設計、生産されたライフルだが、最後部の数インチをのぞいて銃身全体がつつみこまれるように木でおおわれている。また、銃剣をとりつけられるようにもなっていた。

　スナイパーライフルに銃剣装着用の部品をそなえるという考えは、必要性が認められないという理由で年月とともに放棄されていた。そもそも、狙撃手は姿が見えないはずだし、通常は近接戦の範囲から遠く離れたところで行動するからだという。しかしそうした見解はいくらか近視眼的であるように思われる。なぜなら、狙撃手も侵入や脱出のさいに敵に発見される可能性はあり、場合によっては狙っていた獲物に居場所を割り出され、襲われることもあるかもしれない。そのような状況に置かれたら誰でも、身を守るためならどんな方法でも用いたいと考えるにちがいないからだ。

　そんなことがあるかとバカにする人もいるだろうが、こちらに向かってくる敵と銃剣つきライフルの長さだけ離れて戦うか、真っ向からナイフでやりあうかと聞かれたら、迷わず銃剣をとるのではないか。

　イギリス軍はまた、戦闘での実績もあり性能のよいNo.32望遠照準器を配備した。リー・エンフィールドとこの照準器との組みあわせは、その後も長くイギリス軍で使いつづけられることになる。NATO（北大西洋条約機構）加盟国が標準口径を定めたときには、リー・エンフィールドの薬室が変更されたのにあわせてNo.32も7.62ミリ弾用に調整された。

　観測手はその役目にあわせて、見た目はネルソン提督がトラファルガーの海戦で使ったものによく似てい

上　一般には製造場所の名をとってスプリングフィールド・ライフルとよばれるM1903は、アメリカのライフルのなかではもっとも長く使用された。写真ではスコープがとりつけられているが、朝鮮特有の過酷な気候のために、狙いをつけて発砲することがむずかしかった。(NA)

次ページ　朝鮮戦争の連合国軍狙撃手が使用することを願って、アメリカ陸軍ウィリアム・S・ブロフィー大尉が高倍率のスコープをつけた.30口径スナイパーライフルを披露する。1952年10月3日。彼が推奨する新しいライフルは、ヘビー・バレルのウィンチェスター・モデル70をベースにユナートルのスコープを装着したものだった。一方、最高司令部はすでに軍で使用されているガランドの改造を求めた。(NA)

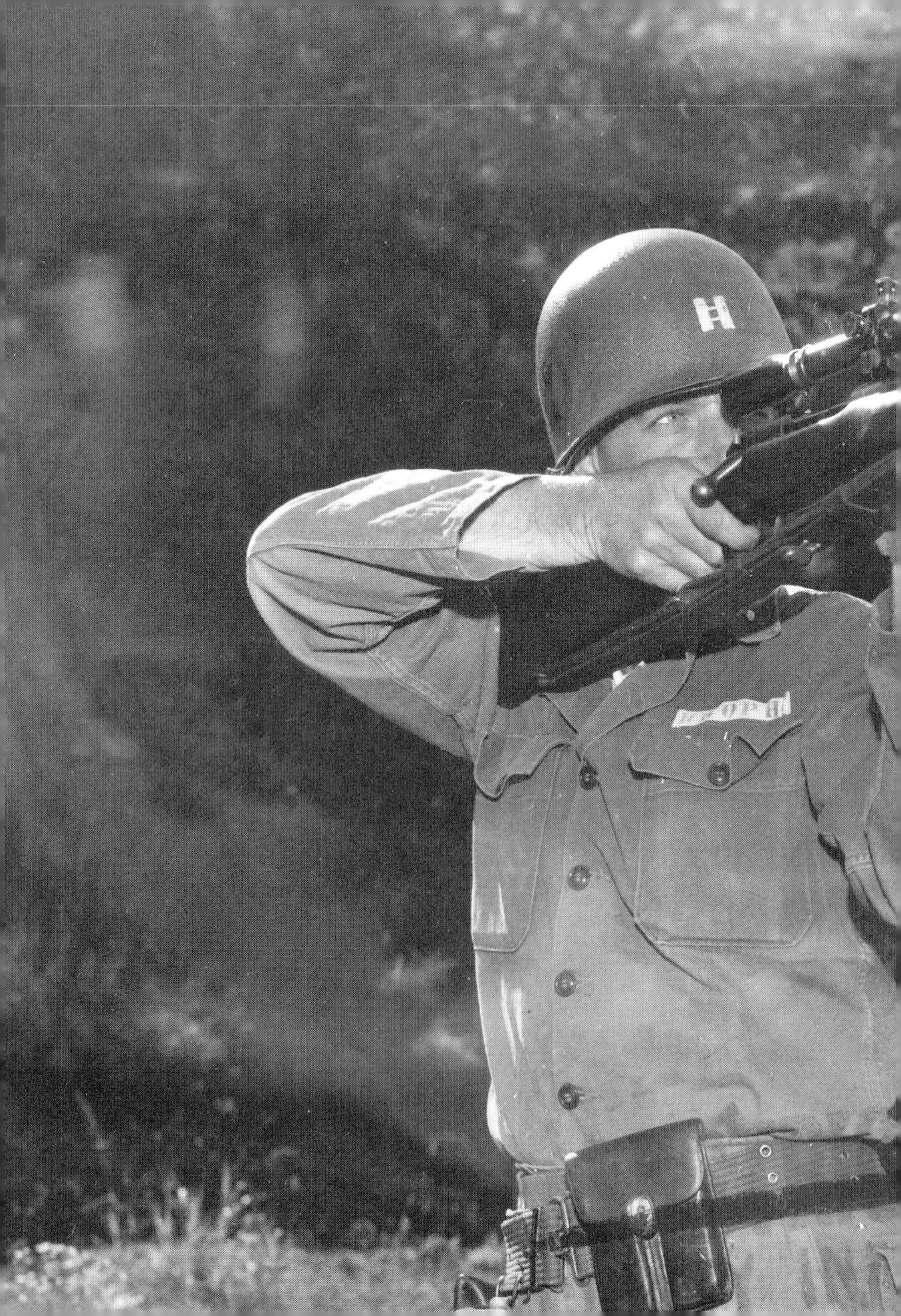

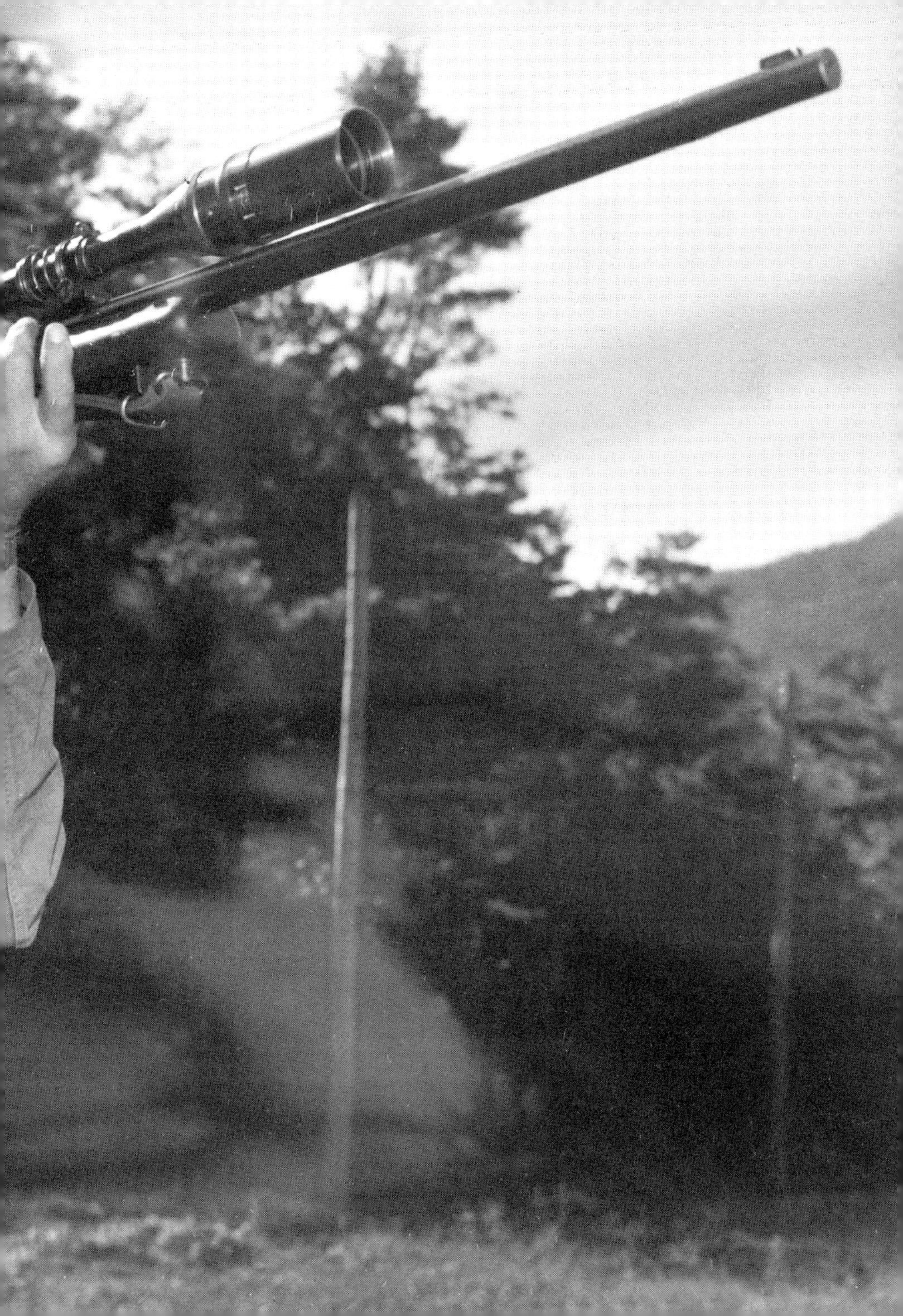

たものの、倍率が20倍の望遠鏡を支給された。

イギリス軍が支給した偵察連隊用の観測用スコープですぐれていた点のひとつは、分解してレンズを磨けるので、つねに鮮明な視界を保つことができたことである。そのかわり欠点もあった。狙撃手全員が望遠鏡を分解する訓練を受けていたとはいえ、レンズを逆向きにつけてしまうことがままあり、たいていの場合は完全に組み立てなおすまでそれに気づかなかったのである。

イギリス軍はさらにプリズムコンパスも支給したが、これは現在でも軍で用いられている。這いつくばって進んでいると世界がまったく違う場所に見えるので、正確なナビゲーションは今も昔も狙撃手には不可欠だ。このコンパスは非常にできがよく耐久性も高かったので、イギリス軍狙撃手は姿を見られずに正確に移動することができた。

装備が第2次世界大戦時のものだったとはいえ、実際には朝鮮戦争で任務にあたるイギリス軍狙撃手にとってはそれで十分だった。現在のイラクに駐留している狙撃手に同じ装備を支給したとしても、立派につとめを果たせるだろう。

アメリカ軍狙撃手の装備

アメリカの兵隊もまた、第2次世界大戦時の前任者に支給されたのと同じライフルと道具一式を渡された。M1ガランドとスプリングフィールド1903はどちらも、戦争行為が終わったときに収納された予備倉庫からひっぱり出されたが、朝鮮での任務にはそれでも十二分だった。防衛費の額からいっても、このふたつのライフルにはリー・エンフィールドより多くのヴァリエーションがあった。したがって、望遠照準器、銃床のデザイン、発砲炎にはいろいろなものが存在するが、基本的にはどれも同じで、どちらのライフルもそれまでの戦争で得た高い評価にさらに名声を重ねていった。

聞く人によって、片方のライフルのほうがもう一方よりもよいという返事が返ってくるが、狙撃にかかわるほとんどの物事と同じように、誰かにとってよいものがほかの人にとってもよいとはかぎらない。あきらかに個人の好みというものがあるようだ。だがどちらを好むかは別として、ふたつのライフルはいずれも命中精度が高く信頼できる小火器である。スプリングフィールドは純粋なボルトアクション式の単発銃であるのに対して、ガランドはセミオートマティックであり、技術的に共通する部分が一部しかないということも影響して、どちらのほうが命中精度が高いかという議論は今もなお続いている。

朝鮮軍狙撃手の装備

韓国軍は西側連合国の装備を与えられていたが、共産主義の北朝鮮軍はおもに中国やロシアの兵器類で武装していた。第2次世界大戦中に日本軍相手に戦った中華民国軍に投下

第4章　ついに平和が？

された西側連合国の武器の一部が使用されることもあった。また、スターリングラードの戦いで名をはせたライフルのモシン・ナガンももちこまれ、ライバルと同等以上であることを見せつけていた。戦争が始まったときには、おもにロシア軍に訓練された北朝鮮の狙撃手が西側軍と交戦していたが、のちに訓練のいきとどいた中国の狙撃手が大勢くわわっている。

北朝鮮軍は南の敵に比べて寒い気候に対するそなえができていた。実際、彼らの綿入り戦闘服は遠目に見ると人間の輪郭を大きく歪めることにもなり、全体として「カムフラージュ」の役割もかねていた。筋金入りの粘り強さと、ほとんど古風ともいえる戦闘に対する価値観から、北朝鮮兵は細かいことにまで注意をはらい、その場に即した判断をくだすことができた。すでに科学技術に頼ることを覚えていた西側諸国の兵には、ときとして欠けていた能力だ。

ロシア軍の「顧問」が北のために狙撃をになっていたことは周知の事実である。一方の中国は、功績をあげた狙撃手を公に評価し、たとえばチャン・タオ・ファン（張桃芳）は32日間で214人を殺害したと認定されている。これは第2次世界大戦のスターリングラードでロシアが用いたプロパガンダの手法をまねたものだが、いわゆる姿の見えない狙撃手というものが敵の精神に与える影響を、中国が理解していたことがわかる。対する西側諸国はつい最近までそれを利用することに消極的だった。

当初は、こうして基本に忠実な姿勢をとった北朝鮮の狙撃手が優位に立っていた。だがそれに匹敵する能力を有していた連合国軍の兵がまもなく挽回した。

かすかな希望の光

1950年代と60年代に起きたさまざまな紛争のあいだ、ほぼたえまなく狙撃による攻撃にさらされたことが原因かもしれないが、世界の強国は狙撃手の能力と、厳密には彼らが用いるライフルの性能とについて真剣に考えるようになった。

朝鮮戦争のあいだ、アメリカ陸軍第7歩兵師団のウィリアム・S・ブロフィー大尉は、アメリカ軍に狙撃専用ライフルをとりいれる必要があることを訴えるために、自分で費用を工面して、ウィンチェスター・モデル70とユナートル望遠照準器を組みあわせて使用してみせた。彼は、標準支給されているライフルよりも自分のライフルのほうが高性能だと実証することには成功したが、最高司令部を動かすにはいたらなかった。司令部は、支給ライフルでも十分で、それ以上弾薬の種類を増やしたくないと考えたのである。

しかし、高性能ライフルの使用を押し進めていたのはブロフィーだけではない。特別な設計のスナイパーライフルを採用することに賛同していた人間のなかに、アメリカ海兵隊のヴァン・オーデン准将がいた。海兵隊に狙撃専用ライフルが必要だと考えていた彼は独自行動をとり、モ

右 ナンキン作戦中の1968年10月14日、第4海兵連隊第1大隊D中隊の狙撃手が落ち着いて敵の動きに狙いを定める。武器は1966年に導入されたM40ボルトアクション・ライフル。海兵隊は当初ベトナム戦争用に700挺のレミントン・モデル40Xライフル（モデル700ライフルの標的・害獣駆除用）を発注し、そのほとんどにレッドフィールドの3～9倍アキュレンジ倍率可変スコープが装着されていた。しかし、ベトナム戦争ではいくつかの欠陥が露呈し、とくに木製銃床のゆがみがひどかった。そこで海兵隊の兵器担当者はM40をM40A1に改造し、ファイバーグラス製の銃床とユナートルのスコープをつけて1970年代にふたたび導入した。銃身長は24インチ（約61センチ）、全長は43.97インチ（約111.7センチ）、重量は14.48ポンド（約6.57キログラム）である。銃口初速は毎秒2550フィート（約777メートル）、有効射程はおよそ1095ヤード（約1001メートル）だ。給弾システムは装填数5発の脱着式箱型弾倉で、7.62×51ミリNATO弾を使用する。のちにさらに改良がくわえられてM40A3となった。A1モデルへの切り替えは1970年代に、A3ヴァージョンへは2000年代にそれぞれ完了した。（NA）

デル70ウィンチェスターというブロフィー大尉の提案を支持しただけでなく、さらに一歩踏みこんで、どのような選択肢であろうと大きくて重い弾丸を装填できるようにするべきだと主張した。そうすれば、弾道がより水平に近づいて安定し、長距離でもばらつきがなくなる。現在の陸軍が300ウィンチェスター・マグナムと338スーパー・マグナム・ライフルを採用していることを考えると、准将にはまさに先見の明があったといえる。予算部門にいた彼の同僚が同じくらい洞察力に恵まれていなかったことは非常に残念だ。

1950年代に、NATO標準弾薬の口径に7.62ミリが採用されたのを機に、多くの陸軍がスナイパーライフルの問題にあらためて目を向けた。イギリス軍ではL1A1として知られるベルギー製のFN FALライフルが導入されたとき、ライフル自体は非常に高精度だが、プレス加工されたスチール製のアッパー・カバーが光学照準器をのせるには薄く弱すぎることが判明した。射手がいつも同じ結果を出すためには、頑丈にとりつけることができなければならない。どこの軍隊でもいつも資金が問題となるものだが、このときもまた、代わりの改造候補として年代物のリー・エンフィールドNo.4Tに視線が注がれた。

口径が新しくなると、ライフルの薬室と銃身を変更するという主要構造の改変が求められる。「新しい」武器にはNo.32望遠照準器が適していると考えられたが、依然として第

第4章　ついに平和が？

2次世界大戦時の型がかかえていた零点規正の問題のほとんどをひきずっていた。No.4Tの木製のカバーは銃身の3分の2がむき出しになるほど削りとられ、新しい弾倉がとりつけられたが、それ以外はすべて第2次世界大戦のときの古くさい装置のままだった。

アメリカ陸軍は狙撃任務に特化したライフルを選択するのに手間どっていたが、すでに性能が実証されていたガランドを改造する可能性を探っていた。軍は実際それに成功したのだが、その結果誕生したM14が本来の設計に見あうだけの評価を得られるようになったのは、おそらくごく最近のことだといってよい。アメリカ軍は現在、「対テロ戦争」で使用するために、ベトナム戦争後に連合国に寄贈したすべてのM14をふたたび手に入れようとしている。

M14はガランドの装置をベースに、弾倉が20発になったほか、内部にいくつかの小さな改良がくわえられて、非常に性能の高いライフルとして生まれ変わった。今日ではM14のさまざまな型がNATOの特殊部隊のあいだに広く普及しているほか、戦場となる地形に適した7.62ミリ弾がふたたび主流になっている。

余談になるが、ヨルダン軍はアメリカから寄贈されたM14にヘビー・バレルとマクミランA5の銃床をとりつけ、トリガーアクションに手をくわえて、2分の1MOA以下の調整が可能なM62スナイパーライフルを作り上げた。名称にはヨルダン国王に敬意を表してその誕生年がつけられている。

一方、独自の試験を行なっていたカナダ軍は、悲しいことに試用にたどりつくころまでに狙撃用ライフルを維持する意欲を失ってしまったようである。通常の部隊にFN FALを採用したカナダ軍は、その狙撃用も作ろうと考え、何度か試みたのち、光学照準器を支えるためにトップカ

第4章 ついに平和が？

左　第3海兵師団の上等兵が照準を調整するために標的に狙いを定めている。ボルト作動部がはっきりと見える。ベトナムにあった師団の狙撃訓練施設にて。1967年6月24日。（NA）

バーを強化することになった。その結果生まれたデザインはどうひいき目に見ても不安定で、550メートルを超える距離など論外だった。

しかしながら、各国軍のこうした動きはどれも重要ではなかったようだ。狙撃術はこのときもまた役割を果たし終えたと考えられていたのである。かたやこの時期、軍の契約獲得を見こむ民間企業は、非常に信頼性の高いボルトアクション式スナイパーライフルを生産することに余念がなかった。だが売りこみが成功するのは、もうしばらくして東南アジアで大規模な紛争が勃発してからのことである。

ベトナム戦争の狙撃手

ベトナム戦争のあいだ、アメリカは共産主義の広がりを阻止するために全力を注いでいた。1965年ごろになると、多勢のアメリカ軍と南ベトナムの兵士は、北ベトナムの正規軍を相手に大規模な歩兵戦を展開しながら、同時に、「撃って隠れる」という典型的なゲリラ戦術で姿を現さずに動きまわるベトコンをも相手にしていた。ベトコンは装備が貧弱で栄養失調の者が多かったが、一致団結して、外からやってきた敵を相手に自分たちのなわばりで戦おうとしていた。歴史をみるかぎりそれは大きな利点であることが多い。しかしながら、ゲリラにとっても、マラリアなど虫が媒介する病気に苦しまされるジャングルでは気を休めるどころではない。ましてや彼らはいつ来るともしれないアメリカ軍爆撃機のすさまじい空襲にもさらされていた。それでも、ベトコンは兵や物資の輸送に使うトンネルや秘密の通路を網の目のように張りめぐらした。豊富なカムフラージュの知識を生かしてアメリカ軍より優位に立ったことも一度や二度ではない。彼らは狙撃をしては姿をくらます。ふたたびアメリカ軍の背後に現れるのは次に攻撃するときだった。

この戦いで浮き彫りになったのは、ロシアは狙撃の問題を無視して手をこまねいていたのではなかったという事実である。ベトナム戦争中、西側諸国ははじめて、それまで耳にしていたものの実際に見たことのなかったライフルを手に入れた。SVDスナイパーライフルである。ロシアは革新的な武器を設計することで有名だが、このSVDもそのとおりだった。7.62×54ミリ弾を使用するSVDはセミオートマチック、箱型弾倉給弾方式のライフルで、銃身は24.5インチ（約62.2センチ）、4倍のPSO望遠照準器がとりつけられている。このライフルは1965年ごろからロシア軍に出まわっていた。PSOスコープはシンプルでありながら頑丈な設計で、高低と偏差が調節でき、射程を推測するためのスタジア測量器はたいへん使いやすい。ライフルには銃剣もつけられるようになっていた。これは時代遅れの感はあっても十分納得のいくオプションである。このライフルが発見されたことで、ベトナム戦争においてもロシア軍の「顧問」が存在し、北ベトナムの狙撃手がロシア軍から訓練を受けていることが確実となった。

訓練すること、もしくはしないこと、あるいはその両方は、第2次世界大戦が終わってから1950年代半ばまでのあいだ、西側諸国の多くの軍隊で議論をかもしていた。そのなかでもとくにイギリスとアメリカは、もはや歩兵すべてに正確なライフル射撃の訓練をする必要はないと感じていた。そう考えた理由は、新しい兵器の導入と民間企業の参入だとも、技術の進歩により狙撃技能は必要なくなったと考える人がますます増えたからだともいわれている。

右 1968年9月27日、非武装地帯を一掃するアメリカ第3海兵師団を支援する第9海兵連隊の狙撃手ブライアント・ホワイト上等兵。南ベトナムの冷えこむ晩に頭を暖かく保つために、これといって仕立てがよいとも思えないニット帽をかぶっている。(NA)

第4章　ついに平和が？

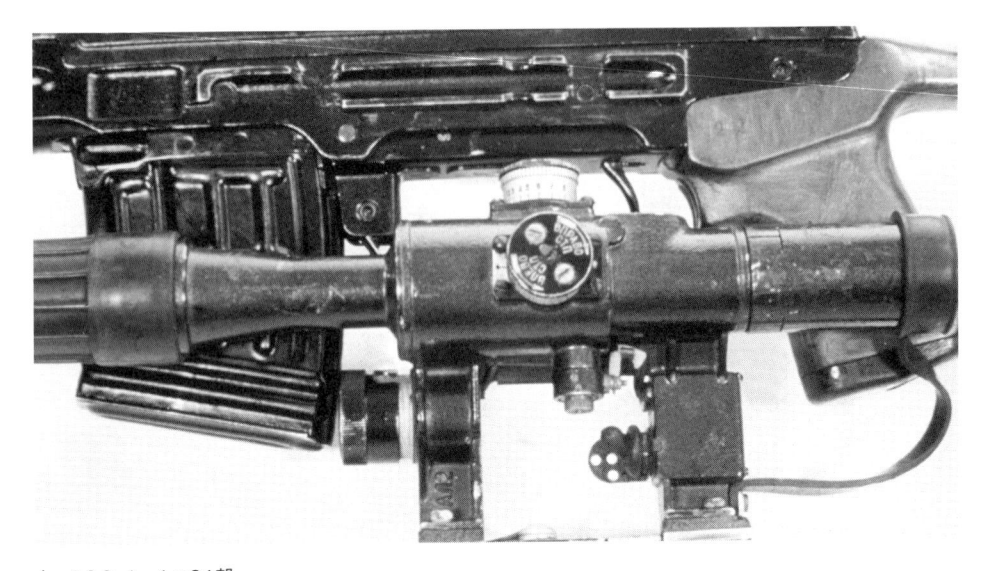

上　PSO-1、4×24望遠照準器つきドラグノフSVDの左側。長さのある武器だが約4.3キロとさほど重くないのは、銃床に大きな穴が開けられているからでもある。ガス利用式で、セミオートマティックモードのみで発砲するこの武器は、一般にこの世代で最強のスナイパーライフルだと考えられている。そして今なおその強さを誇っている。(Cody)

第1次世界大戦中に無人地帯を横切って進軍したドイツ兵は、自分たちが浴びた小火器射撃があまりにもすさまじかったために、とかく機関銃に向かってつき進んででもいるような気がしたという。だが実際には、彼らドイツ兵は、イギリス軍と、のちにアメリカ軍をくわえた両軍の兵士がくりだす、すばやい射撃の力量を肌で感じていたのだ。最近、いまどきの戦場ではボルトアクション・ライフルなど役に立たないと兵が語るのを耳にすることが多いが、両方の大戦で戦った兵士はきっとそうは考えないだろう。彼らなら、昨今の兵は甘やかされている、あるいは射撃に対する姿勢がいい加減だと結論づけるのではないか。そう思わずにはいられない。

セミオートマティック・ライフルにはあきらかに利点と欠点がある。ほかの技能同様、訓練を怠れば腕が下がる。ベトナム戦争で歩兵が発砲した弾の数としとめた敵の数を比較すると、兵の射撃能力が落ちていることがよくわかる。

このように軍全体の射撃能力が低下したことで、狙撃手は以前にもまして尊敬され、かつ恐れられるようになった。なぜなら狙撃手は依然として弾薬を最大限有効に活用する能力を有していたばかりか、技術が進歩して弾薬ごとのぶれが小さくなったために、かつてないほどその射程は長くなっていたからだ。

ベトナムのジャングルは狙撃に最適な環境ではないように思われる。しかし、アメリカ軍は前方に作戦基地をおいて前哨地点がたがいに支援しあう方法をとっていたので、しばしば高台の上の森を切り開いて作られたその周辺の場所は、狙撃手にと

第4章　ついに平和が？

って絶好の狩り場となった。かの有名なホーチミン・ルートにもまた、適切に配置されたアメリカ軍狙撃チームが狙い撃つのに好都合な、どうしても迂回できない場所や野原などがあった。さらに暗視装置が進歩したことで、狙撃手はますます恐れられる存在となる。

一方、北ベトナム軍とベトコンの狙撃手も効果的に配備されており、中隊を丸ごと足止めしたり、空中に停止しているヘリコプターと交戦したりしていた。共産軍の射手は8週間の狙撃訓練を終えてから、アメリカ軍の空襲をさけるために、たいていは闇にまぎれてホーチミン・ルート経由で南へ潜入した。作戦エリアに到達した彼らは、ただちに南ベトナム軍やアメリカ軍の将校、通信兵、重火器チームを攻撃する任務を実行し、任務以外の時間はベトコンのゲリラ部隊に初歩的な狙撃スキルを指導するためについやした。

戦争が激しくなるにつれて、アメリカ陸軍と海兵隊は狙撃の訓練プログラムを再開し、多くの有能な狙撃チームを生み出した。カルロス・ハスコックやチャック・マウィニーのように、そのすばらしい戦績から軍人のあいだで名を知られるようになった人物もいる。

ハスコックは海兵隊で行なわれる長距離の競技射撃で実績をあげていたので、ロバート・ラッセル大尉とジム・ランド大尉がそれぞれ第3、第1海兵師団の狙撃手養成を命じられたときには、いわずと知れた候補のひとりとして選ばれた。ジム・ラ

ンドはダナン近郊の55高地に訓練所を作り、ハスコックは軍警察からひき抜かれてその副官となる。

訓練所の最初の課題は、55高地にいつまでも居残って、細くつき出たような地形にいる海兵隊をくりかえし狙い撃ってくるベトコンの狙撃手を排除することだった。まもなく、偵察を行なったランド大尉とドン・レインク軍曹が、敵狙撃手の隠れ場所をつきとめる。敵狙撃手の戦術を

下　イラクに駐留しているアメリカ海兵隊員が、手に入れたドラグノフSVDをかかえている。このデザインは1960年代に考案されたものなので、誕生からの年月はこの兵士のほぼ2倍だ。ソ連のSVDがはじめて西側諸国の目に触れたのはベトナム戦争のときで、北ベトナムの狙撃手から奪ったものが詳しく分析調査された。これまでに中国、イラク、ルーマニアでライセンス生産されている。(Cody)

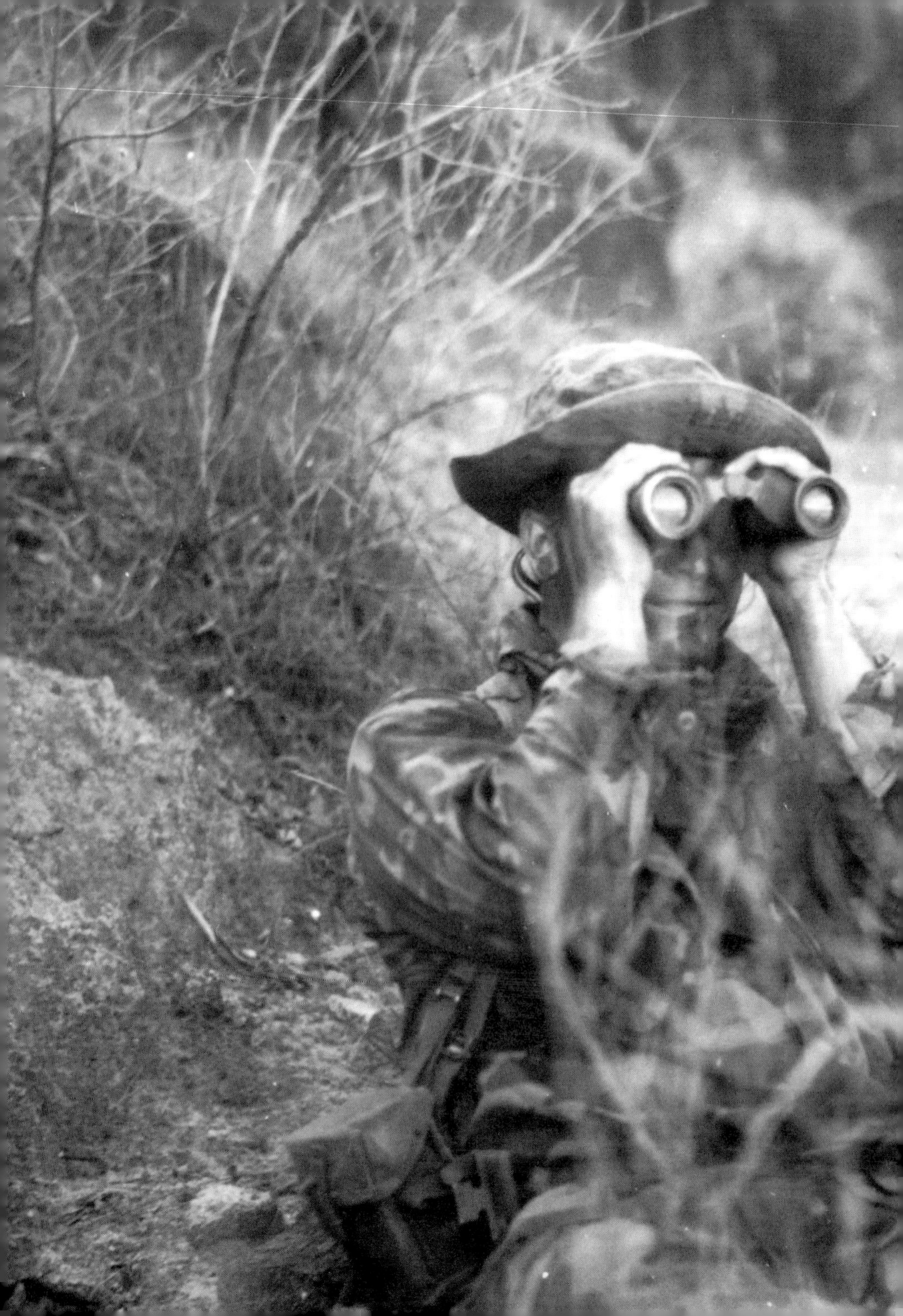

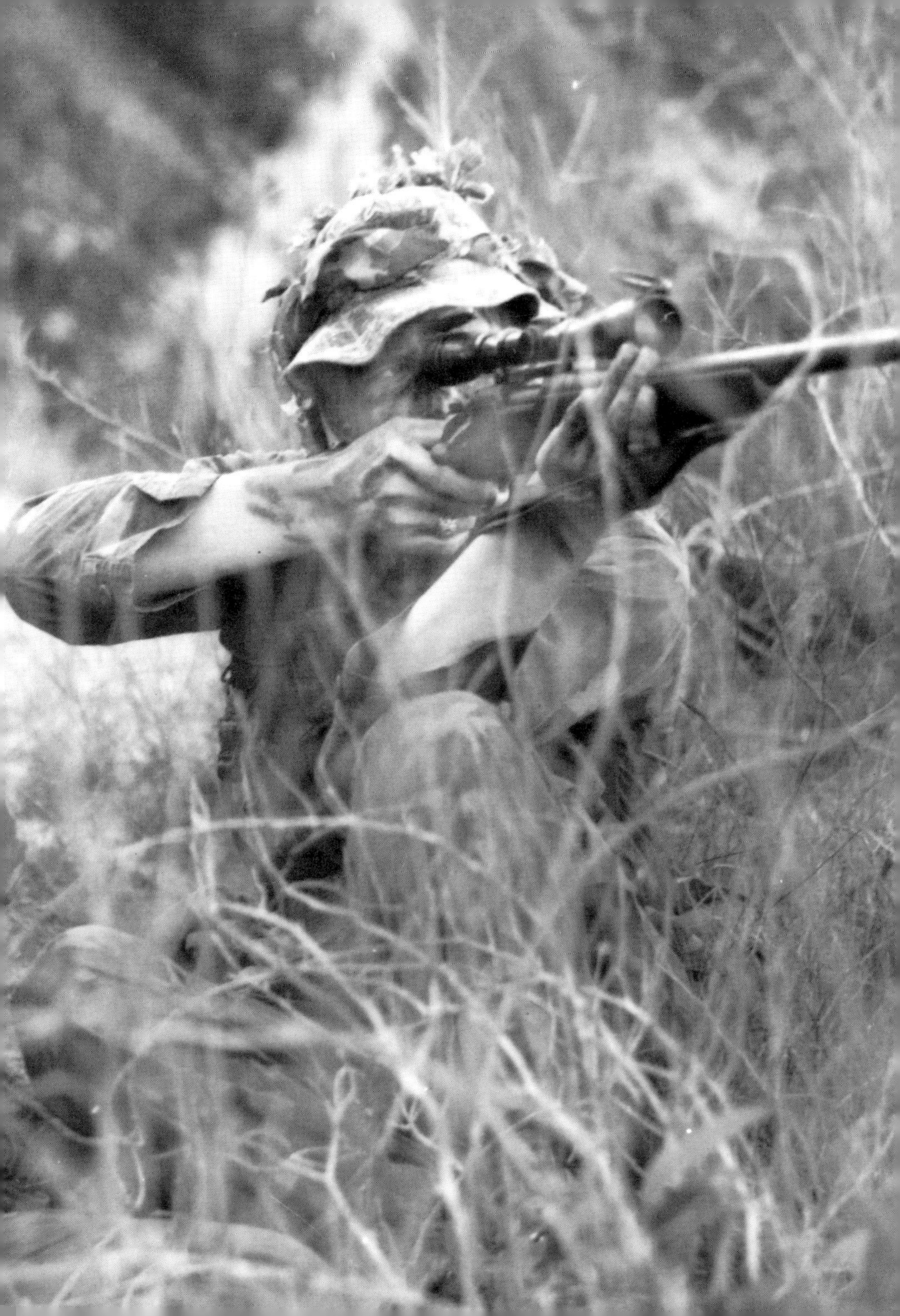

右　ベトナム戦争では、ダナン近郊の執拗で危険なベトコンを抹殺するために、写真のようなスコープつきの無反動ライフルが用いられた。(NA)

前ページ　第1海兵師団偵察狙撃チームのクロード・W・アルフレッド伍長が、ライフル銃兵ラリー・E・ブリッジズ伍長に攻撃目標の位置を指示する。1969年10月23日、ベトナムにて。(NA)

分析した結果から、106ミリ無反動対戦車ライフルをその隠れ場所に向けたまま、敵がふたたび撃ってくるのを待つことが決定された。わずか数日後、ベトコンの狙撃手は致命的な間違いを犯した。以前使った隠れ場所にまいもどってきたのである。

愚かな選択だったが、後悔するほど長生きはできなかっただろう。彼が発砲したその瞬間、対戦車ライフルが火を噴き、狙撃手は跡形もなく消え去った。

　カルロス・ハスコックの殊勲に光をあてた本は多いので、ここでは次

第4章 ついに平和が？

のことを述べるにとどめておこう。布製の戦闘帽に白い羽をつけていたハスコックはLông Trắng（ロン・チャン）、すなわち白い羽毛とよばれていたのだが、彼が与えられた作戦任務においてあまりにも成功をおさめつづけたので、とうとうベトコンはこの「白い羽毛」の首に懸賞金をかけた。

ベトナム戦争が始まったとき、海兵隊に狙撃専用ライフルはなく、第2次世界大戦中の古びた軍用ライフルといくつかの民間の狩猟用という不つりあいな組みあわせで配備され

アメリカ海兵隊のカルロス・N・ハスコック1等軍曹（1942～1999年）

1959年、すでにいくつもの射撃大会で優勝していたカルロス・N・ハスコックは17歳でアメリカ海兵隊に入隊、のちに東南アジアの戦争でにらみあった敵と味方の両方で語り継がれる伝説の人物となる。1966年に始まった任務で彼は、二度の勤務期間で合計93名の北ベトナム軍とベトコンを「しとめる」という快挙をなしとげた。実際の殺害数はこの数字よりもはるかに多いことはまちがいない。ゆうに400名を超えていたともいわれている。しかしベトナム戦争時の戦果は第三者が確認しなければならなかった。会戦地ならばそれも可能だろうが、狙撃手はたいていの場合、射手と観測手のふたり1組で行動していたので第三者が立ち会わないことが多く、確認することが困難だった。ハスコックがあまりにもたくさんの兵を倒したので、北ベトナム軍は彼の首に3万ドルの賞金をかけさえした（一般のアメリカ人狙撃手の首に対する報酬はわずか8ドル）。ベトコンと北ベトナム軍は、いつもつばの広い布製戦闘帽の帯に白い羽をつけていたハスコックをLông Trắng（ロン・チャン）、すなわち白い羽毛とよんだ。

海兵隊の一狙撃手としてのハスコックの武勇伝はいくつも存在するが、その多くは公式に記録されていない。そんな言い伝えのひとつに、ハスコックがベトコンの1個中隊をまるまるわなにかけた話がある。彼はまず縦隊の先頭に立つ兵を撃ち、それから最後尾の兵を撃ったといわれている。どこから狙撃されているのかがわからなかったベトコンは、しかたなく何日も同じ場所にとどまった。そのあいだに「ハスコックが敵を全滅させた」という。

ハスコックは20世紀の戦闘でもっとも遠い距離から敵を「しとめた」功績を認められている。1967年、彼は.50口径のM8Cスポッティング・ライフルをそなえた106ミリ無反動ライフルを使用して、2215メートルの距離から敵兵を撃ち抜いたのだ。

右　1996年11月12日、P・K・ヴァン・ライバー中将がハスコック1等軍曹（退役）に銀星章を授与して祝福する。ハスコックの隣にいるのは息子のカルロス・ハスコック・Jr 2等軍曹。ハスコックが勲章を授与されたのは、1969年のベトナムで、乗っていた装甲兵員輸送車が地雷にぶつかった7名の海兵隊員の命を助けた功績による。痛ましいことに、彼は長いあいだ多発性硬化症と闘ったのち、1999年に亡くなった。

第4章　ついに平和が？

ていた。戦争が進むにつれて、ひとつのタイプに標準化する必要があることは明らかだった。そこで、第1海兵師団の新しい司令官となったハーマン・ニッカーソン・Jr少将の助力を得て、以下の基準が定められた。

ライフルとスコープの誤差は2MOA以内。
デザインは頑丈でシンプル、かつ訓練時間を短縮するために説明が容易であること。
ライフルとスコープの組みあわせは湿度の高い状態に耐えられること。
ライフル口径は7.62ミリ。
スコープは1000ヤード（約914メートル）まで調節できること。

　1965年には、レミントン600、700ADL、BDL、700-40Xモデル、そしてウィンチェスター・モデル70といったライフルと、いくつかの照準器など、市販品が試験的に組みあわされた。レミントン社のモデル700-40Xの評価が高かったことから、1966年にまず700挺が発注された。このライフルには装填数5発の弾倉が内蔵され、フロアー・プレート、緑色にパーカライズ処理された24インチ（約61センチ）のヘビー・バレル、レシーバー、クルミ材の銃床、そしてレッドフィールド製アキュレンジ3×9倍スコープがとりつけられていた。その後、マクミラン製のファイバーグラスA5の銃床に変更するなど何度か改良が重ねられ、名称もM40となった新しいライフルは、現在もM40A4として海兵隊に残っている。

　ベトナムで海兵隊の狙撃手が成功をおさめたことを受けて、彼らは海兵隊内の正式な部署として承認された。そして1968年には海兵隊全軍で、連隊の司令部中隊内に狙撃小隊を設けることが命じられた。8541（スカウトスナイパー）養成所の誕生である。

　狙撃という観点からみれば、北部のうっそうと生い茂ったジャングルで戦わなければならなかった海兵隊に対して、陸軍はいくらか容易に行動できる地域にいた。ほとんどの作戦行動は広々とした水田や畑の多い南部の低地で実行されたので、陸軍の狙撃手は長い距離を水平に狙えばよかった。そのため陸軍は、正式な狙撃訓練プログラムを実施したり狙撃小隊を設立したりすることなく、そのまま戦闘に突入していた。

　そこで、第9歩兵師団は、ウィリス・パウエル少佐に訓練プログラムの導入を命じた。当初は2日以内の短い訓練だったが、1969年には18日間にひき延ばされた。この追加された期間のおかげで訓練兵はさらに多くのことを吸収できるようになり、指導教官として集められた経験豊富なベテランの下士官が、第2次世界大戦や朝鮮戦争で得た手痛い教訓を彼らに伝授した。

　パウエルの養成所は、射程の推定、観測、野外活動技術、カムフラージュ、射撃など、これまでの狙撃兵訓練所で教えられていたすべての主要な項目を網羅していた。訓練用に作られた射撃場がないので、付近の土

次ページ　第3海兵師団第4連隊第2大隊E中隊所属の狙撃手。1966年1月、ベトナムにおけるダブル・イーグル作戦でスコープつきM1ライフルをかまえる。（NA）

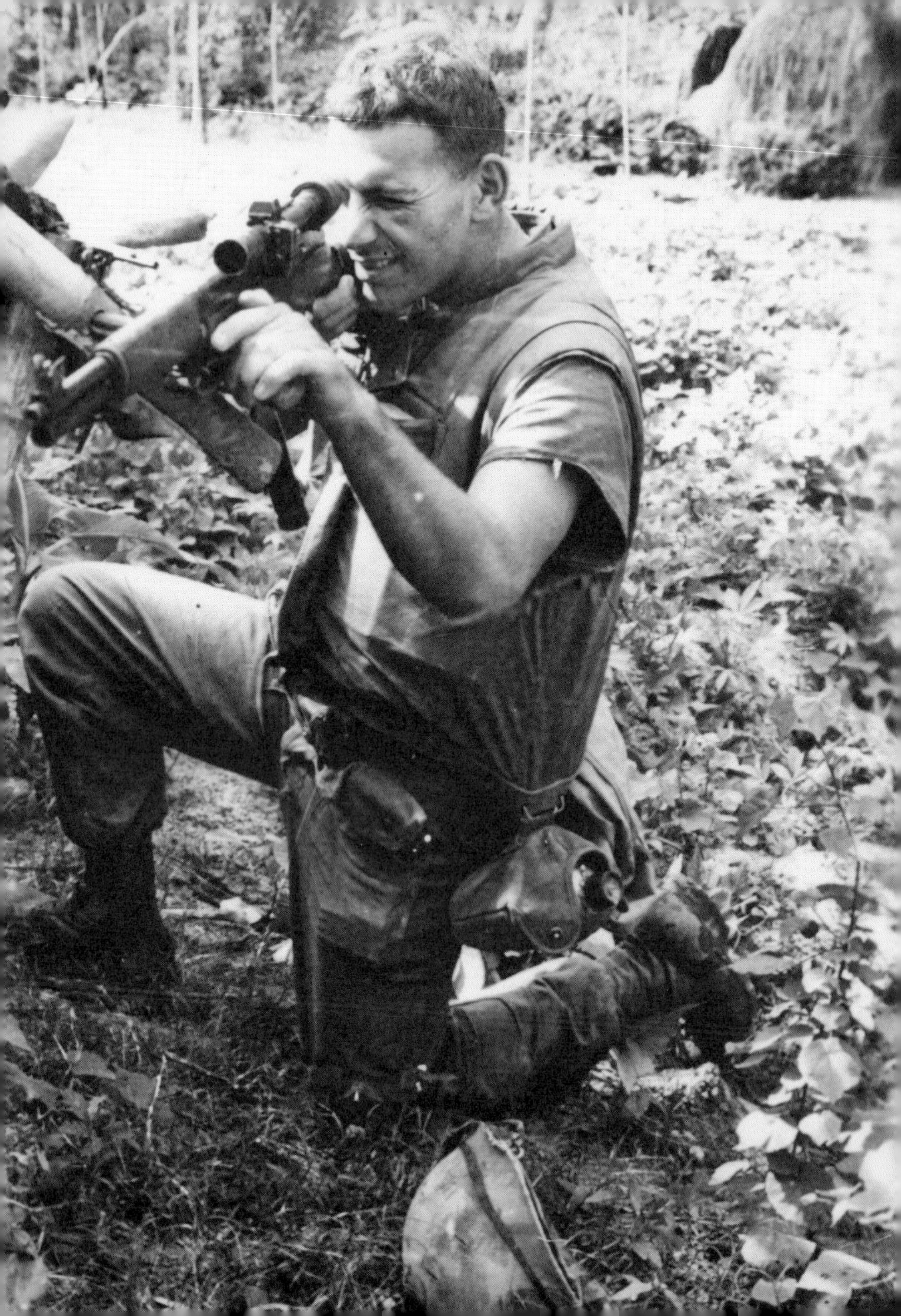

第4章 ついに平和が？

上 アメリカ海兵隊にM40A1スナイパーライフルとして採用された、望遠照準器つきレミントン・モデル700の左側。用心金のすぐ前に弾倉のフロアー・プレートがある。(Cody)

左 M1ガランド.30口径は、各国の歩兵に広く支給された最初のセミオートマティック・ライフルだった。写真は望遠照準器つき。韓国にある狙撃訓練施設で学ぶアメリカ兵が手にしている。(Cody)

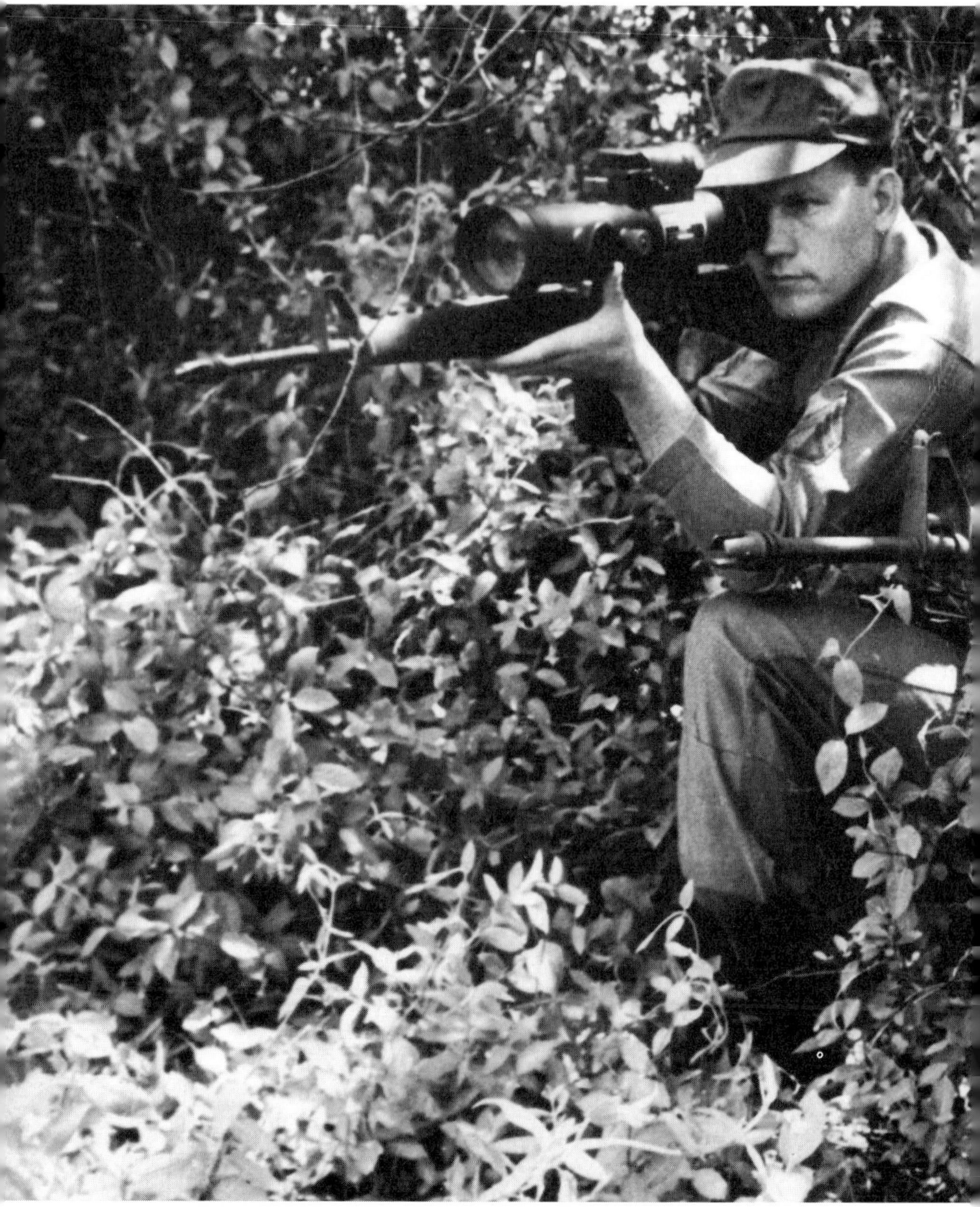

第4章 ついに平和が？

前ページ　1968年5月、アメリカ陸軍は新しい暗視装置を発表した。以前の赤外線を利用したものとは異なり、使用中に敵に探知されることはないといわれた。ほの暗い月や星明かり、あるいはかすかな夜空の明るさまでも増幅することで攻撃目標地点を明るく見せる。夜間に敵を見つけるためのこの新しい装置は、夜間戦闘におけるベトコンの優位性を低下させたといわれている。写真は、明るさを4万倍にするこうした装置を装着したライフルをかまえるふたりの兵士。(NA)

地をブルドーザーでならして目印をつけ、きちんとしたシルエットの練習用標的が手に入るまでのあいだは、使用ずみの105ミリ砲弾を標的として用いた。

アメリカ陸軍がM14セミオートマティック・ライフルを採用したことで、標準スナイパーライフルの選択肢も決まったようなものだった。頑丈で、900メートルを超える距離でも撃てる性能があり、すでに戦闘で実証ずみであるなど、M14はスナイパーライフルとしての基準を満たしていた。あとは、適当な望遠照準器と組みあわせればよいだけである。精選した結果、オート・レンジング・テレスコープ（ART）として知られるレザーウッドの弾丸降下補正用リングつきレッドフィールド3×9倍スコープが採用された。名称はXM-21である。この組みあわせは非常に有効であることが証明された。1969年1〜7月のあいだに、陸軍の狙撃手は1000名を超える敵

兵を殺害したのである。

フォークランド戦争の狙撃手

戦争というものはとかく、むずかしい国内の政治問題から国民の注意をそらす便利な道具として用いられる。とくに感情的な反応をひき起こして国民をひとつに結束させるような対象が見つけられればなおさらだ。1982年にアルゼンチンの軍事政権が行なったことはまさにそれだった。変化を求めるアルゼンチン国民の目を国内の経済問題からそらすために、イギリスではフォークランド諸島、アルゼンチンではマルビナス諸島として知られる南大西洋の島々の領有権をめぐって、長年くりひろげられてきたイギリスとの論争を利用しようとしたのである。

フォークランド諸島はネルソン提督の時代からイギリスの統治下にあり、住民はもっぱらイギリス人だったので、論争は無意味なことのよう

右　ベトコンのスナイパーライフルで銃撃されてばかりいることにうんざりしたアメリカ海兵隊員が、敵が発砲した方角全般へひとしきり撃ちこむ。1967年、ダナンにて。(Cody)

第4章 ついに平和が？

上 第4海兵連隊第1大隊B中隊つきの狙撃ペアが攻撃目標を見定めている。1968年10月7日、ベトナム、ナンキン・スコットランドⅡ作戦にて。(NA)

に思われた。しかしその地域の鉱物と採鉱の権利に目が向けられるとそうはいかなくなった。軍事政権は、イギリスによる統治は悪徳行為だとアルゼンチン国民の感情をあおり、自分たちの侵略計画を正当化した。

　軍事政権は、イギリスが海軍の規模とその南大西洋の配備を縮小して、フォークランド諸島のその後の領有権について交渉の席につく意欲を見せたときを狙った。このときアルゼンチンの指導者が犯した過ちは、イギリス政府が、そしてまさにイギリス国民が、島が他国の軍隊に「占領」されるという屈辱に対してどれほど激しく反応するかということを読めなかったことだろう。

　アルゼンチン軍の輸送機が実際にポート・スタンリーの滑走路を使用することが可能かどうかを探るために、C-130ハーキュリーズ輸送機に偽の緊急着陸を試みさせるなど、数週間かけて現地を偵察すると、アルゼンチン政府は少し離れたサウスジ

上 アメリカ海兵隊狙撃訓練兵と教官（ひざをついている）。1969年11月、ベトナムのダイラ峠射撃場で。遠くにぼんやりとした四角がふたつ見えるが、これは標的の前につけられている番号だ。その前面の木立や低木のなかに300ヤードを示す線も見える。(NA)

ョージア島にくず鉄を扱う労働者を上陸させて、そこがアルゼンチン領であると主張させた。彼らの権利を守ると称して軍の人員を配備する口実である。これが、その地域における政治情勢をあらかじめ作り上げておいて、世界各国から非難されることなくアルゼンチンの侵略理由を正当化するための行動であることは明らかだった。

フォークランド諸島は、小火器と軽対装甲兵器しかもたない20名ほどの小規模なイギリス海兵隊分遣隊が守っていた。アルゼンチンが侵攻したときはちょうど6カ月の任期を終えて交替するために、実際にはその倍の人数が駐留していた。しかしそれでもわずか40名に対して敵は数千である。あとからふりかえれば、侵略を示唆する前触れはすべてあったのだが、政治的無能と国家のエゴがあいまってその前兆をことごとく見落としたのだった。イギリス海兵隊は侵略が開始される何時間か前に政府から警告を受けていたので、アルゼンチン軍特殊部隊ブソ・タクテ

第4章 ついに平和が？

左　7.62口径M14ライフルの狙撃用を試射する。アメリカ軍特殊部隊が用いているものも含めてM14にはいくつもの型がある。M1ガランドの流れをくむM14は、M24やM25スナイパーライフルへとつながっている。(Cody)

ィコが、寝ているあいだにひとり残らず始末しようと兵舎に攻撃をしかけてきたときには、すくなくとも守備位置につくことはできた。

イギリス海兵隊はじりじりとひき延ばして戦ったが、とうとうアルゼンチン主力部隊にイギリス総督官邸の内外を占拠された。現在でもなお是非が問われているが、これ以上血を流さないためにと総督が兵に降伏を命じ、フォークランド諸島はアルゼンチンの手に落ちた。

イギリス政府の対応は速く、1週間もたたないうちに島々をとり返すべく軍隊が現地へ向かった。主力部隊が船で南下するあいだ、イギリス軍特殊部隊が先に飛んで、全面的な上陸作戦にそなえてひそかな偵察任務のために散開した。一方のアルゼンチン軍は部隊を集結させて、すでに陸上にいた軍勢を強化、イギリス軍の襲来にそなえた。

ここで論争の的になっているのが、フォークランド諸島を防衛するにあたってアルゼンチン軍が活用した狙撃手である。この問題は本当の意味

下　M14ライフルは1960年代に徐々に姿を消していったが、多くはアメリカ陸軍によってM21スナイパーライフルに改造され、次にM24SWSが採用されるまで狙撃用の標準支給品だった。(Cody)

右　1982年6月16日、フォークランド戦争の勝利を表明してイギリス国旗を掲げるイギリス海兵隊第40コマンドー部隊。イギリス部隊を悩ませた問題のひとつは、敵軍狙撃手の一部がアルゼンチン人ではないように思われたことだった。おそらくアメリカ人で、傭兵かもしれない。
（Bettmann/Corbis）

下　アキュラシー・インターナショナル（AI）PM。スナイパーライフルの対テロリストモデルで、L96A1としてイギリス陸軍に選定された。写真はオスプリーOE8050個人用兵器照準器つき。（268〜9ページの写真も参照）（AI）

で解決されることはないのかもしれないが、首をかしげる理由のひとつは、この時期のアルゼンチン軍は狙撃訓練を実施しておらず、標準化された狙撃用装備もなかった、つまり、その後の戦闘で同軍が効果的に狙撃手を配備することができたとは思えないことである。

もちろん、アルゼンチン軍のなかにも、光学照準器をつけたFN FALライフルでイギリス軍を狙撃する優秀な射手はいただろう。そのようなライフルや攻撃はいくつも報告されている。だが、今なお推測や注目をひきつけているのは、それ以外の狙撃手だ。

イギリス兵の目撃証言記録によれば、適切に配置された正確な狙撃手が広範囲にわたって動員されており、捕虜にとった敵兵のなかにアルゼン

第4章 ついに平和が？

左　第40コマンドー部隊の海兵隊員が、アルゼンチンの侵略からフォークランド諸島を奪還するために、航空母艦ハーミーズの甲板でシーキングヘリコプターによる輸送を待つ。1982年4月18日。((Hulton-Deutsch/Corbis))

次ページ　AIのPM歩兵モデル。ライフルスコープの上にシムラッド製オプトロニクスKN250夜間照準器を装着。視野を分割することで、通常のライフル搭載型スナイパースコープでの暗視を可能にする。焦点距離は25ヤード（約23メートル）以上無限大。ライフルは7.62×51ミリNATO弾を発射、重量は14.33ポンド（約6.5キロ）、銃身長は25.78インチ（約65.48センチ）、装填数10発の弾倉を使用。(AI)

チン語もスペイン語も話さない者がいたという。そうした兵が、部隊に欠けている技能を補うためにアルゼンチン軍が雇った傭兵であることは疑いようもない。おそらく彼らはスペイン系アメリカ人で、むろん過去に、傭兵かあるいは母国の軍隊のいずれかで戦った経験があったに違いない。彼らはレミントン700ライフルと仕様書のついていない市販の望遠照準器で武装していた。すくなくともふたりがグースグリーンの戦い

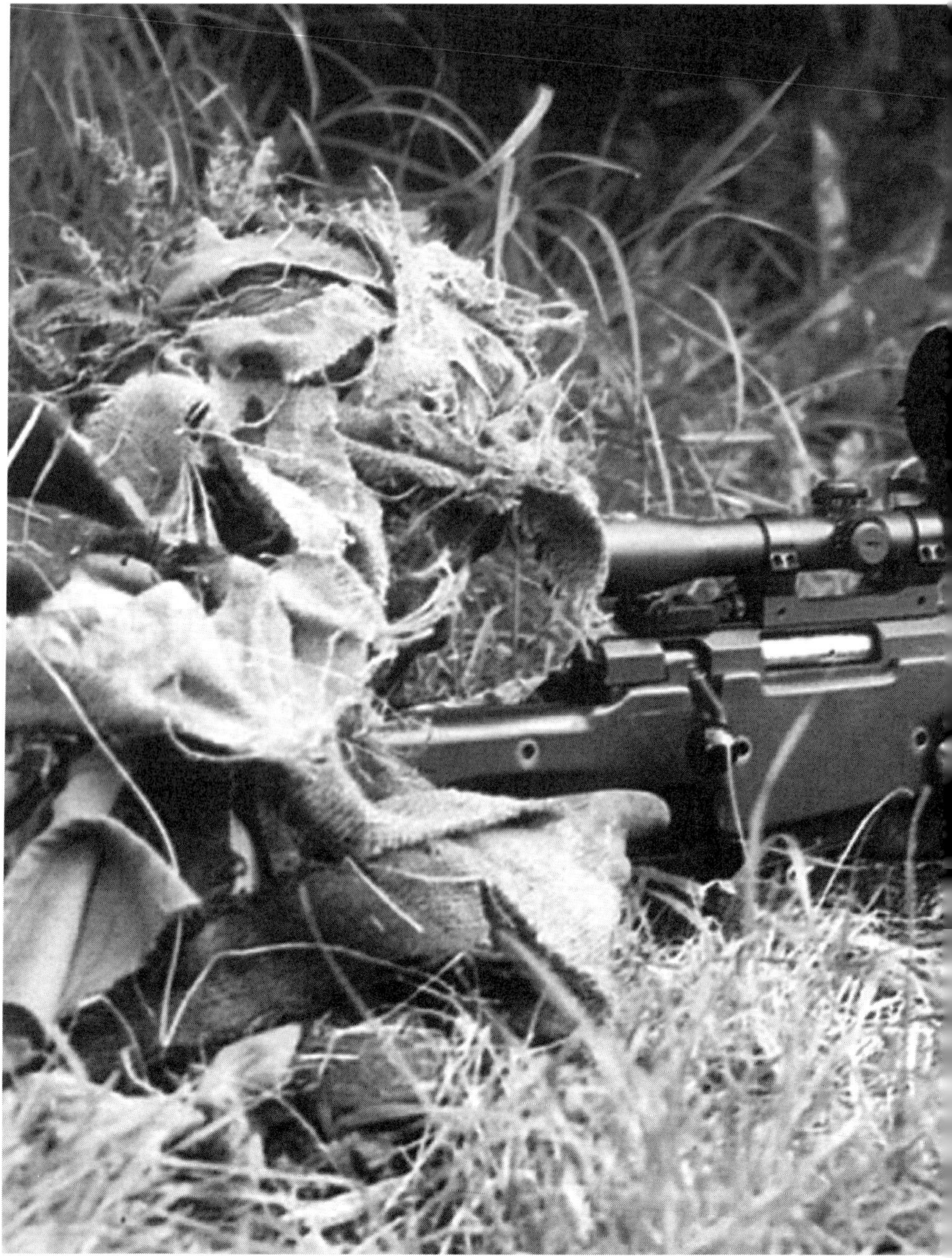

第4章　ついに平和が？

上　写真のコソボのような国連軍の作戦行動は、参加国がたがいに意見を交換したり学びあったりするよい機会となる。イギリス軍の狙撃教官（右）が、ベルギーのパラシュートコマンドー部隊にコツを教える。ベルギー兵のひとりはAIのスナイパーライフルを手にしている。
(Mark Spicer)

で投下されたイギリス軍パラシュート連隊によって捕らえられたが、スペイン語ではなくアメリカ訛りの英語を話した。それが誰だったのかという記録も、彼らがどうなったのかという記録も残されていないが、同盟国アメリカの兵が自分たちの仲間に死をもたらしたことに、イギリス人はいい顔はしなかっただろうとだけ述べておく。

　アルゼンチン軍は、暗視装置の分野ではイギリス軍よりも装備がよく、イギリス歩兵隊のスターライトスコープよりもはるかに性能のよいAN-PVS第4世代のふたつの照準器をうまく活用していた。イギリスでも特殊部隊はそれよりもすぐれた装備を保有していたが、「可哀想な歩兵」はこのときも政府の制約によって不利な状況に置かれたままだった。

　フォークランド戦争はまた、古びたリー・エンフィールドL42がようやく終わりを迎えた戦争でもある。このあと4年はまだ働きつづけることにはなったが、おもにフォークラ

第4章 ついに平和が？

ンド戦争が原因で引退に追いこまれたと考えてよいだろう。そして、軍がアキュラシー・インターナショナルのL96A1を採用することにつながる新たな条件がつきつけられたのは、南大西洋の戦争が休戦となってすぐのことだった。

国連の狙撃手配備

　過去10年ほどのあいだ、人道支援や民主主義を守るために国連やNATOの軍隊が展開されることが非常に多かったが、そのすべてにおいてスナイパーは敵対する両側に存在していた。いくらか唐突にワルシャワ条約と共産主義全般が終焉を迎え、当初は世界に転機が訪れてはるかに平穏な場所になったかと思われた。だが実際には、政府など国を支配していた力が大きく変化するとき、その国が新しいやり方に順応しようとするまでのあいだに大きな空白期間が生まれる。往々にしてそのような時期は、不満をいだいたり、権力を手に入れようとしたり、あるいはたんに犯罪に個人的な利益を求めたりする者たちにとって、攻撃にうってでる絶好の機会となる。ヨーロッパと中東のいくつかの国ではまさにそれが起きた。旧ソヴィエト連邦は誰しもに好かれていたわけではない

次ページ　プリンセス・オヴ・ウェールズ・ロイヤル連隊第1大隊のイギリス軍狙撃手から指示を受けて、フランス外人部隊の准尉（右）が同僚の狙撃手に命令を出す。コソボにおける国連軍の軍事作戦中、各国軍を交えた訓練に参加して。(Mark Spicer)

下　イギリス軍狙撃手とともに訓練を受けるウクライナ軍狙撃手。この機会を利用してたがいの武器を試し撃ちしている。奥のイギリス兵はドラグノフPSV、手前のウクライナ兵はAI PMスナイパーライフルで。(Mark Spicer)

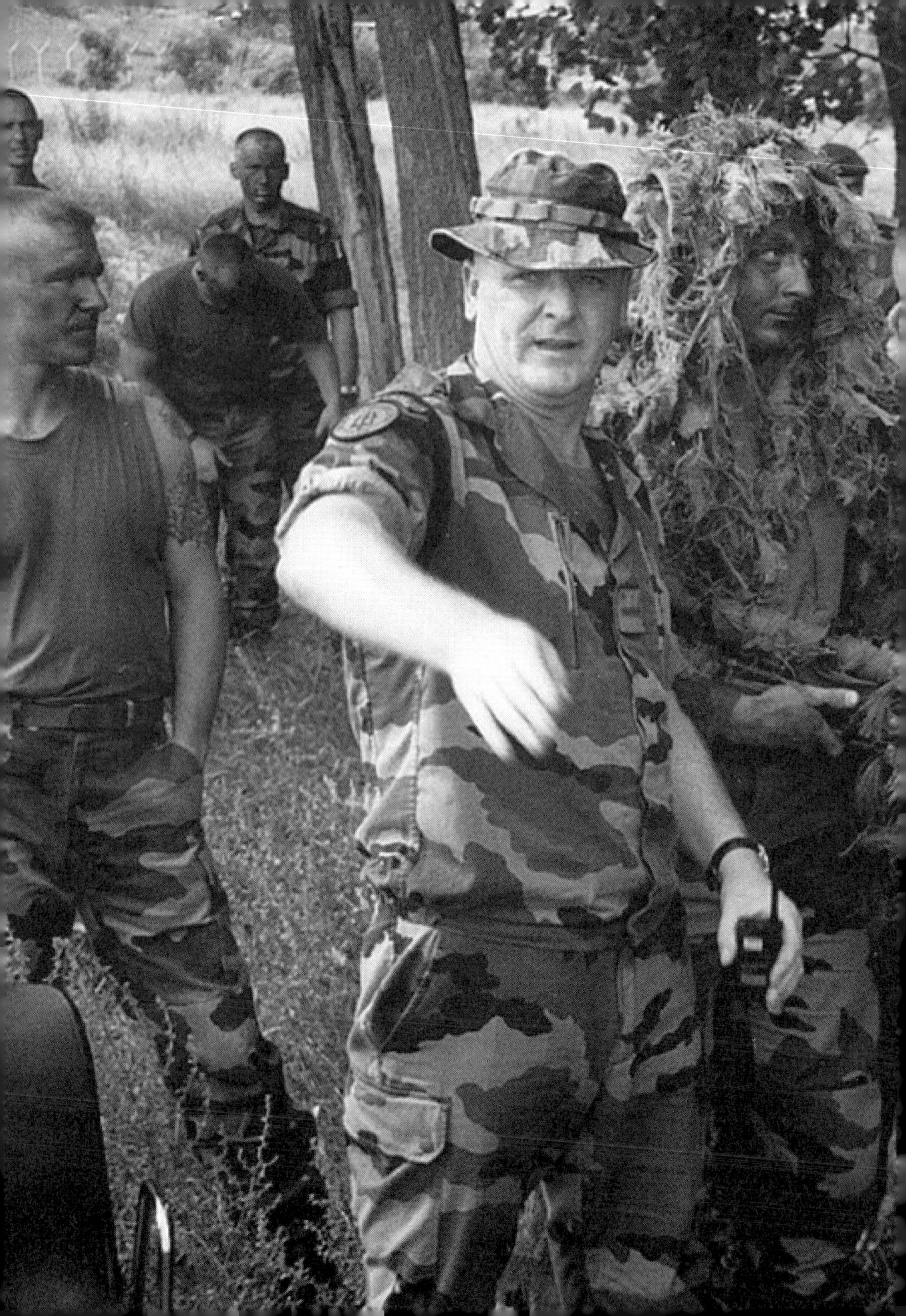

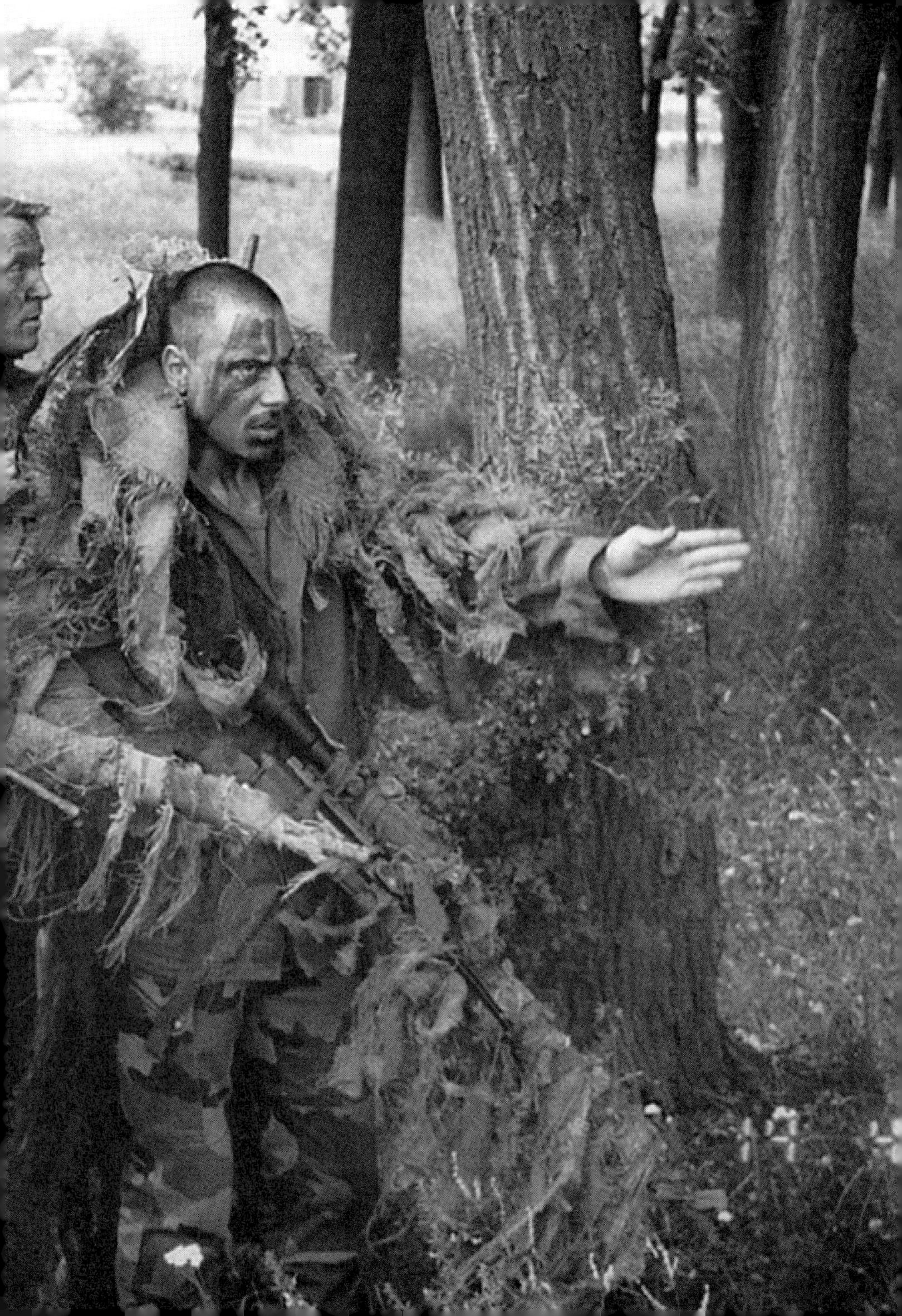

右上と右下　著者が任務で派遣されたときに撮影した2枚の写真。戦争の傷跡が残るバルカン半島のコソボ。狙撃手は作戦地域を選択するにあたって、その区域や特定の建物の上空を通過しておくと有利である。爆撃された建物は、1999年以降NATOによる空襲の戦略的攻撃目標となっていたコソボ最大の都市プリシュティナにある。コソボ紛争とよばれるようになったこの戦争は、この混乱におちいった地域で10年も続いた。(Mark Spicer)

が、ほとんどの場合に暴力をともなってはいたとはいえ、それでも事実上いがみあう党派をひとつにまとめて、犯罪分子を抑制していたのだ。

　旧ユーゴスラヴィアはワルシャワ条約機構には加盟していなかったが、戦時中に指導者となったヨシップ・ブロズ・チトーによる共産主義支配下にあり、それによってこの地域の民族多様性や、過去の領土や部族による分裂が押さえられていた。ところがチトーが死去して旧ソヴィエト連邦の支援を失うと、それまでの敵意や不満がいっせいに噴き出すまでに長い時間はかからなかった。その結果起きたユーゴスラヴィアの分裂はまもなく、複合国家を形成していたそれぞれの国同士のあからさまな対立へとつながった。そして1992～95年、ボスニアやクロアチアを

第4章 ついに平和が？

上 コソボのプリシュティナで市街地を監視する著者。荒廃し破壊された建物のなかに隠れ場所として使えるところを探すのはしだいに困難になっていった。イラクの都市部に派遣された狙撃手も同じ問題をかかえていた。結果として、それに気づいた反政府武装勢力やテロリストに対していくらか優位性を失うことになる。（Mark Spicer）

はじめとして、セルビアとコソボなどいくつもの地域で、独立や権力を求め、あるいは相手に報復するだけのために、敵対する民族のあいだで激しい紛争が起きた。この地域的な紛争では、キリスト教徒がイスラム教徒と戦い、セルビア人がアルバニア人と戦った。そしてとうとう、平和をとりもどすために、かなり生ぬるい対応ではあったがNATOが介入したのである。

すべての小規模ゲリラ戦に共通することだが、この軍事行動でも狙撃手が果たす役割はますます増大し、まさに狙撃のためにNATOの各陸軍に一段と多くの.50口径ライフルが配備されるようになった。この地域では兵器産業が発達していたため、現地で設計された性能の高い.50口径ライフルがたくさん出まわっていた。それが、国連の命令で平和を回復し、罪なき人々を保護するために展開されていた多くのNATO軍上層部にとって予想外の問題となった。

ボスニアで軍事作戦が行なわれていたあいだ、たえず国連軍を悩ませていたのは、日々一般市民をえじきにしていたボスニアのセルビア人スナイパーだった。サラエボの旧市街と産業区域とを結ぶ幹線道路沿いとその周辺部がとくにひどく、「スナイパー通り」とよばれるようになったほどである。そこは市内で汚染されていない水を手に入れられる唯一

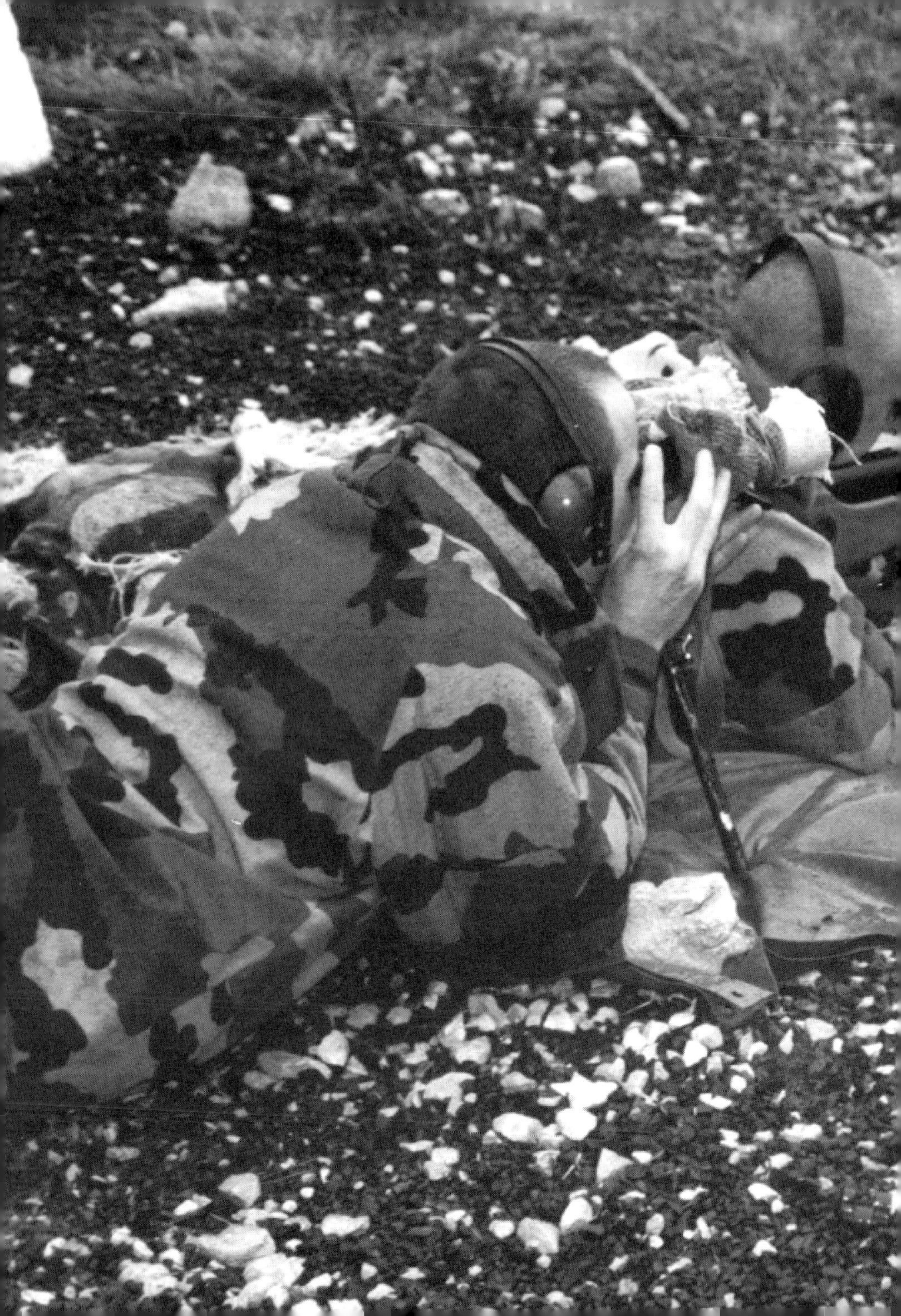

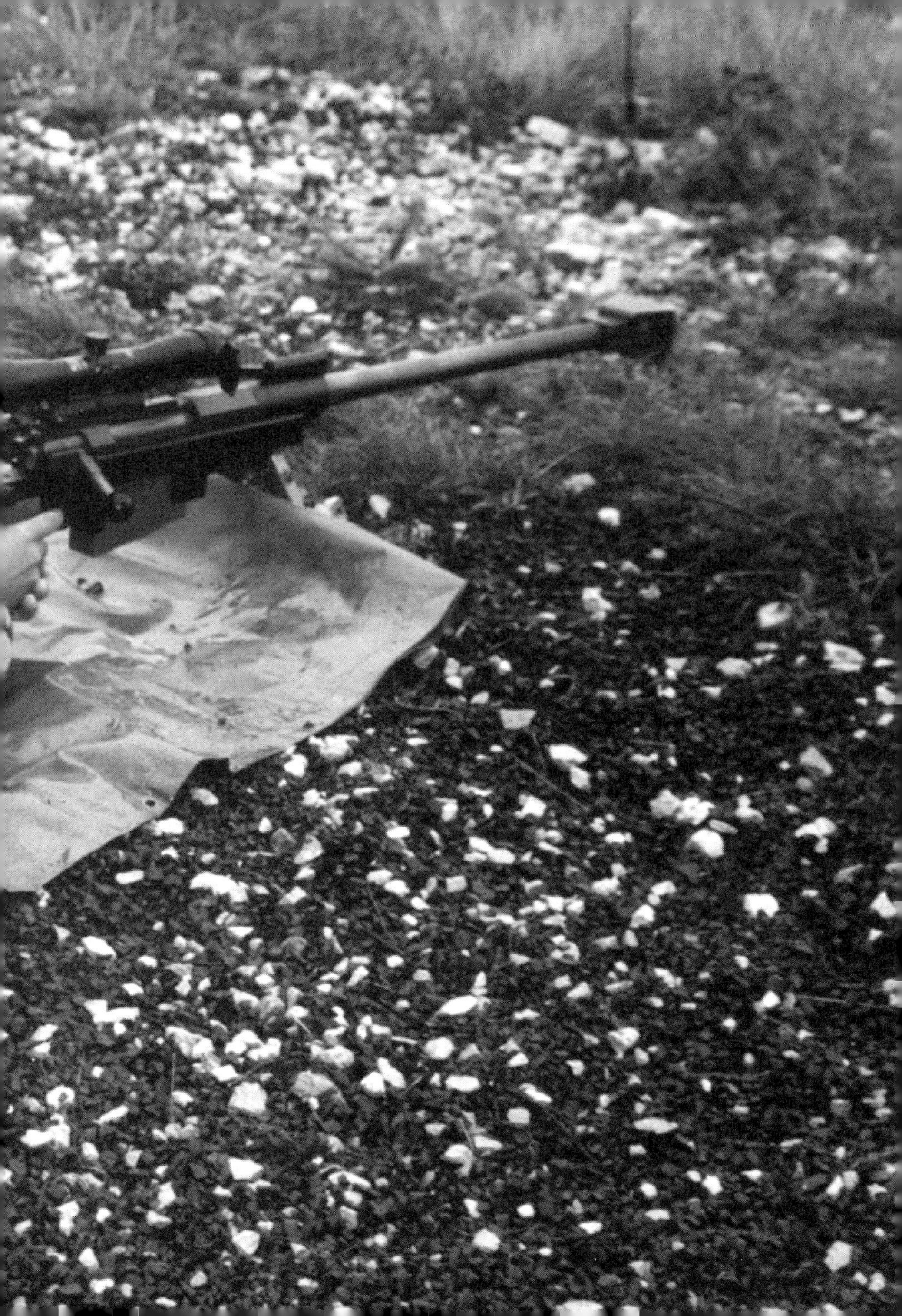

前ページ 射撃場でPGMヘカート.50口径を撃つフランス軍狙撃ペア。フランス陸軍標準のヘビー・スナイパーライフルであるヘカートは、UR（ウルティマ・ラティオ）ライフル系では最大の武器である。本質的にはボルトアクション式の対物ライフルで、ブローニングM2重機関銃と同じ.50口径BMG（12.7×99ミリ）カートリッジを使用する。
(Mark Spicer)

上 これもまた大きな弾を放つハンガリーのゲパードの流れをくむM3。ソヴィエト製14.5×115ミリカートリッジを発射する。簡単な塹壕や建物、装甲兵員輸送車、空中で停止しているヘリコプターなどの攻撃目標を破壊するために設計された。メーカーによる有効射程はほぼ1200ヤード（約1097メートル）、全長74インチ（約188センチ）、銃身長58.25インチ（約148センチ）、弾倉とリアサイトを含む重量は44ポンド（約20キロ）である。弾倉容量は5発ないしは10発で、それ以外に銃身に1発装填できる。作動方式は反動利用式のセルフローダーで、発射速度は毎分20発。(Gepard)

右 フォークランド諸島へ狙撃訓練の任務で派遣されたときに、著者は偶然パーカー・ヘイルのM85を試射することができた。M85は非常に命中精度の高い火器である。イギリスで設計されたが製造権は売却された。このライフルは、1982年のフォークランド戦争でふるわなかったイギリス陸軍のL42A1の後継としてデザインされたものだが、軍には採用されなかった。基本スペックは、口径7.62×51ミリ、全長47.5インチ（約121センチ）、銃身長27.5インチ（約70センチ）、弾倉10発、望遠照準器と空の弾倉を含めた重量は12.57ポンド（約5.7キロ）。メーカーによれば、600メートルくらいまでの距離ならば、すべての射程で一撃必殺だ。(Parker-Hale)

第4章 ついに平和が？

右　M85はドブテイルのマウントが一体化しているので、さまざまなパッシブ暗視ライトをとりつけることができる。

下　ドラグノフSVDスナイパーライフルの試射。軍に導入されたのが40年以上も前ということで1960年代の技術なのだろうが、今もなお評価は高く、世界中の正規軍と、テロリストを含む非正規軍の両方で有効に活用されている。
（Mark Spicer）

の場所だったので、地元の住民は生きていくために毎日スナイパーの射撃に身をさらすほか道はなかった。統計によれば、狙撃を受けて負傷した市民は1030人、死者は225人でうち60人が子どもだった。

　イギリス軍とともにカウンタースナイパー作戦を実施したフランスの国連軍は、ボスニア政府軍が占拠している建物が、実際には罪のない一般市民を殺害するためにスナイパーに利用されていることをつきとめた。しかも彼らはその責任を敵対するイスラム教徒になすりつけていたのだ。彼らは関与を否定したが、フランス軍の報告書は国連に提出された。

　この紛争のあいだ、比較的新しいユーゴスラヴィア製のSVDドラグ

第4章　ついに平和が？

ノフ複製品からM48モーゼル、命中精度を高めたSKSまで、幅広い種類のライフルが狙撃に使用されていた。高層ビルの建ちならぶ都市部には、さまざまな射程の狙撃に適した場所があり、町を守ろうとする軍隊にとっては悪夢のようだった。

ありがたいことに、サラエボで戦っていた現地人スナイパーは訓練が不十分だったりいい加減だったりしたので、行動がすぐにパターン化してしまった。攻撃的なパトロール作戦やカウンタースナイパー射撃で敵の脅威を排除、あるいは無効にする任務についていたイギリス軍やフランス軍の訓練のいきとどいた狙撃手には、それが一目瞭然だった。

ボスニアのセルビア人勢力に.50口径のライフルが大量にあることは問題であり、憂慮すべきことだった。こうしたライフルは国連軍の7.62ミリスナイパーライフルよりも射程が長い。とりわけイギリス軍はこのと

きまだ、特殊部隊以外に.50口径ライフルはなかったので、この明らかな性能の差を補うために、早々にアメリカ陸軍からバレット.50口径ライフルを手に入れた。一方、フランス軍にはマクミラン.50口径ボルトアクション・ライフルがあったので、それが効果的に配備された。

コソボのアルバニア人がセルビアから独立しようと運動を起こすと、その動きはただちに封じられ、セルビア人は大量虐殺という形で抵抗勢力をすべて排除する試みを開始した。統計上その地域ではアルバニア人が多数派だったが、セルビア人とユーゴスラヴィア政府はコソボの独立を認めるつもりはまったくなかった。こうして1996年から、国連が介入する1999年まで、セルビア人ならびにユーゴスラヴィア軍と、コソボ解放軍（KLA）とのあいだに消耗戦が続いた。

このときの軍事作戦でもまた、ど

上　多国間訓練で、フランス陸軍狙撃手である大尉がアメリカ海兵隊のバレット.50口径M82A1「ライト・フィフティ」を撃つ。この対物兵器は、10発装填可能な脱着式箱型弾倉から.50BMG（12.7×99ミリ）弾を発射する。全長48インチ（約122センチ）、銃身長は20インチ（約51センチ）。作動方式はショートリコイル、セミオートマティックで、最大有効射程は1970ヤード（約1801メートル）。(Mark Spicer)

右　チェチェン反乱軍に狙いを定めるロシア軍兵士。2000年12月。1999年10月に始まった第2次チェチェン戦争は21世紀に入っても続いた。戦争そのものは2000年末までに事実上終わったとはいえ、暴力行為は断続的に、人質事件、爆撃、そして狙撃という形をとりながら突発している。
（EPA/Corbis）

ちらの軍勢も作戦を支援するためにスナイパーを活用したが、同時に一般市民に恐怖を植えつけもした。多くの民間人がふだんの生活を続けるなかで、姿の見えない射手に殺害された。NATO軍を攻撃して責任をなすりつけあうのも日常茶飯事だった。たとえばフランス兵がセルビア人地区のミトロヴィツァで腹に銃撃を受けたとしても、それはセルビア人に罪をきせるためにセルビア人の建物にひそんだアルバニア人が撃ったものであったりした。

著者がコソボに派遣されたときも、平和維持活動を支援するために国連軍狙撃手による多くの作戦が実行された。数百人の国連警察官が任務を遂行するあいだにその護衛にまわったのだが、彼らは自分たちの周りに姿を隠した軍の狙撃手が存在していることに気づいていないこともあった。

チェチェン軍の狙撃手

ロシアは実際に狙撃手を有効活用すること、そして狙撃手関連の逸話をプロパガンダに利用することの両方でよく知られている。ゆえに、第2次世界大戦終結後、ロシア軍が専門の狙撃手から離れて、代わりに全歩兵小隊に新型のSVDドラグノフで武装したライフル銃兵を小隊射手としてひとりずつ配置したことは少々予想外だった。この方法はいくつかのNATO加盟国でも採用されたが、こうすると、狙撃手が自在に歩きまわって攻撃し、敵の大規模な軍勢を足止めするという、狙撃攻撃の中心ともいうべき強みがそこなわれてしまうのである。

1994～96年に隣国のチェチェン共和国でチェチェン反乱軍と戦った最初の紛争で、ロシア軍はこの決断が間違いだったと悟る。

ロシア軍の射手はすぐに自分たち

第4章 ついに平和が？

が不利な立場に置かれていることに気づいた。敵は、かつてスターリングラードで活躍したロシア軍のように自由に動きまわれる殺し屋ハンターであるのに対して、自分たちは今では従来型の諸兵連合部隊を支援するために小隊の一員として戦うようたたきこまれている。大量のスナイパーライフルと地形に詳しい射手をかかえるチェチェンはまぎれもなく有利だった。むろんそれをうまく利用しない手はない。かくしてロシア軍には大量の負傷者が出ることになった。

チェチェン軍は、人数では圧倒的多数のロシア軍に対してでも、狙撃手なら優位に立てることを知った。そこで、狙撃手の技能を最大限に生かし、かつ彼らの身を守るために、4名からなるチームを組織した。各チームにはドラグノフとAK-47を装備した狙撃ペア、そしてRPGランチャーとRPK機関銃で武装した掩護ペアがいた。このような装備の殺し屋チームならロシア軍のパトロール隊に最大限の打撃を与えることができ、日々戦いつづける狙撃手が避難できるよう掩護射撃を行なうこともできる。この戦術は現在のアフガニスタンやイラクにもみられ、国連連合軍は反政府武装勢力側で戦う経験豊富なチェチェンのイスラム教徒と真っ向から衝突している。

戦闘が田園や山岳地帯へ移ると、チェチェン軍は狙撃の支援班を4名に増やした。狙撃と援護の重要性を認識していることの表れである。ロシア軍の犠牲者数と士気の低下は軍の上層部にも影響をおよぼした。1999年にロシアが戦争行為を再開

左 アフガニスタン反乱軍がソヴィエト占領地域を狙撃する。1980年1月11日、ヘラート近郊。3日間におよんだ襲撃では、反乱軍部隊がオートバイや馬にまたがってイランからアフガニスタンのドアブ峡谷へ入った。(Ishmael Ansary/Bettmann/Corbis)

したときには（第2次チェチェン戦争、反テロリスト作戦と称して現在も続けられている）、すでに狙撃専門の訓練が再開されており、装備のよく整った経験豊富な狙撃ハンター殺し屋チームが編成されていた。

ロシア軍は特殊精鋭部隊のなかにキャリア志向の狙撃部隊を作った。そして狙撃手は歩兵訓練をベースにした長期間の訓練を受ける。

ロシア軍はまた狙撃要員を守ることの重要性も認識している。現在では、狙撃ペアの任務や位置によって5名から20名の掩護班が配置されており、狙撃手の精神状態を整えるために、定期的に人員を交替させて休ませるようにもしている。

標準的な狙撃装備は、任務に応じたスナイパーライフルと減音器（サプレッサー）、カムフラージュ装備、マシン・ピストルなどの携帯武器、至近距離で身を守るための手榴弾、無線、暗視装置である。必要が生じれば掩護射撃を行なってくれる掩護班が配置されていることを知りながら、狙撃ペアは隠れ場所を作ってそこにひそみ、戦場の担当区域を見わたす。

改良が重ねられ、現在ではさまざまな型が生産されているかの有名なSVDドラグノフ以外にも、ロシア軍特殊部隊はチェチェン共和国で使用する目的で、イギリス陸軍が用いているものと同じような仕様のイギリス製アキュラシー・インターナショナル・スナイパーライフルを購入したほか、民間向けの非常にすぐれたレコード1競技用（スポーティング）ライフルをもとに新しい設計を完成させた。この新しいライフルは見た目がアキュラシー・インターナショナルに似ているが、それは外側だけで内部はまったく別物だ。これはロシア軍の7.62×45R弾とNATOの7.62ミリ弾、さらに.338ラプア弾を使用できる。また、継続して使用した場合に銃身から出る熱を放散させるよう、銃身にヒートシールドがとりつけられている。そうしないと、熱のためにライフルの望遠照準器で鮮明な視界を得られず、正確に撃つことがむずかしくなるからだ。

ロシア軍はまた、分解組み立て式の人目につきにくいスナイパーライフルから、減音性能を十分に高めた歩哨を狙うライフルなど、特定の任務に特化したさまざまなライフルを開発した。彼らはおもにチェチェン共和国やその首都グロズヌイでそれを使用、NATO相手の大規模な装甲戦にそなえて長年のあいだに忘れさられてしまったスキルをとりもどそうとしている。

アフガニスタンの狙撃手

アフガニスタンのイスラム聖戦士（ムジャヒディン）を抑えこむことに失敗したのは多分にソヴィエトのせいだが、公平を期すなら、どちらかといえばアメリカとその同盟国が協力して冷戦のコストを押し上げたことが間接的に現在の失敗につながったといえるだろう。ソヴィエトが撤退したときに、アフガニスタン人の調査と教育任務と称して、訓練、武装、作戦行動のためにアメリカやイギリスの特殊部隊が

第4章　ついに平和が？

下　アフガニスタンは中央アジア、南アジア、中東に位置する内陸の国で「東西の交路」とも称される。何世紀にもわたってさまざまな侵略が行なわれた一方で、そこに住む人々も帝国を築こうと近隣諸国を侵略してきた。とりわけこの40年間はたえまなく激しい内戦にさらされているほか、ソヴィエトや、圧政を行なう政府をすげ替えて国を再建することを目的に掲げたアメリカ主導の多国籍連合軍が介入してきた。人数的にも技術的にもすぐれた部隊を敵にまわしての戦闘となれば、写真のような起伏の激しい山岳地帯の潜伏場所から猛烈な攻撃をしかけるアフガニスタンの「自由戦士」ほど経験豊かな人々はほとんどいないだろう。(Cody)

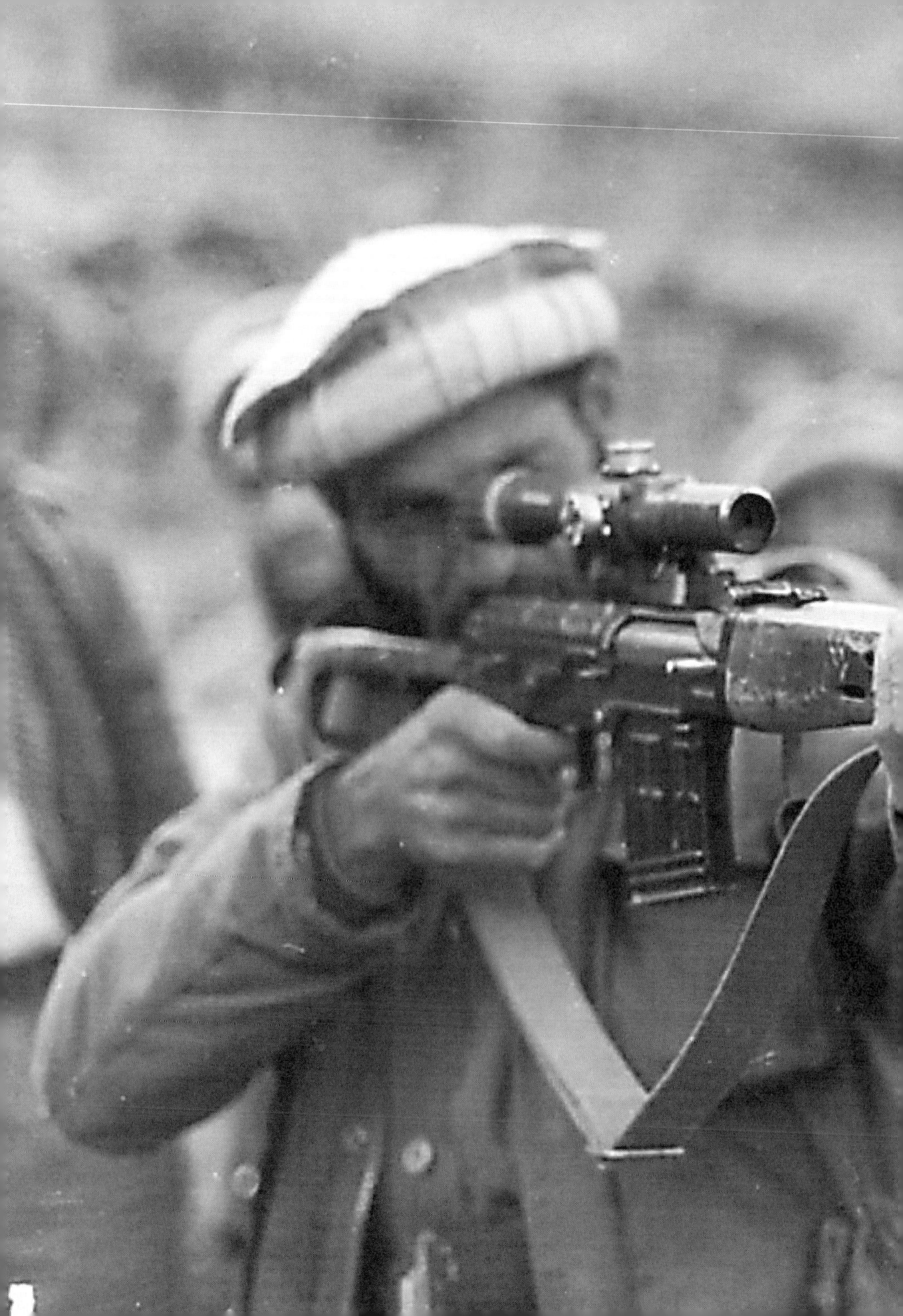

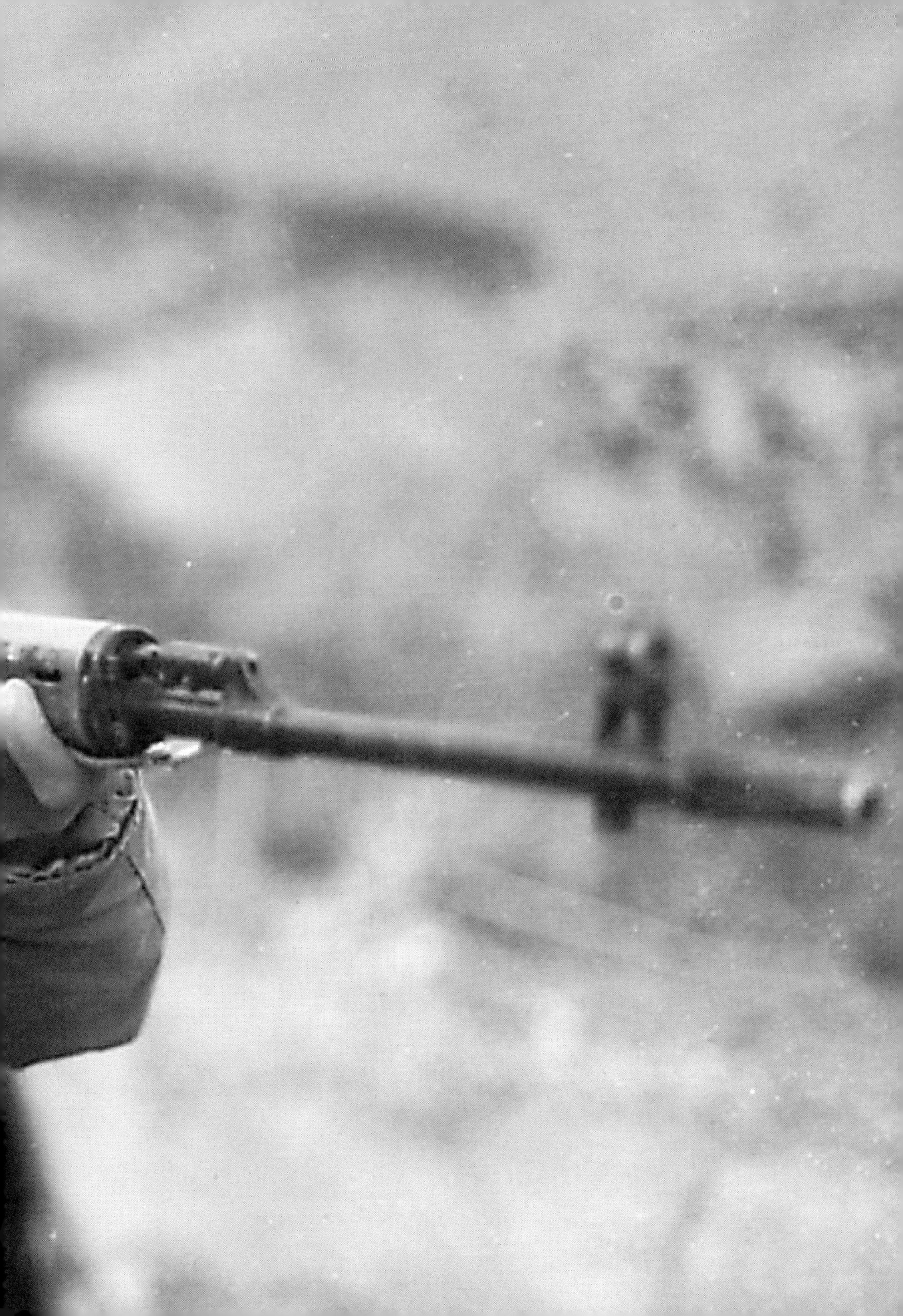

前ページ　ソヴィエト時代のドラグノフSVDセミオートマティック・スナイパーライフルは、世界中の正規軍、非正規軍で使用されている。このような武器がますますテロリストの手に入りやすくなっていることは問題だ。(Private collection)

配備されたことが、ソヴィエトの妨げになったともいえる。

冷戦時代の脅し文句は疑問の余地なくSpetsnaz（スペツナズ）だった。これはNATO軍の後方で大混乱をひき起こすことを目的としたソヴィエト軍特殊部隊集団の総称である。ほとんど語られることはなかったとしても、彼らはアフガニスタンの戦争で非常に活発に動いて成功をおさめていた。

正規のスペツナズ部隊は実際に配備される前に、山岳戦、地雷の埋設と撤去、そしてすくなくとも一部の部隊では狙撃を含む徹底的な訓練を終えていた。22名で構成されている部隊には狙撃訓練を受けた兵が通常2名おり、装填数5発の弾倉をもつドラグノフSVDセミオートマティック・ライフルと、7.62×54R狙撃用弾薬150発、そしてライフル用暗視スコープで武装していた。

こうした部隊は、反乱部隊がある場所にとどまっている、あるいは移動しているという情報を受けとるたびに、山岳地帯の拠点に移動して、イスラム聖戦士に攻撃をしかける。大砲や迫撃砲の支援を受けながら、敵に待ち伏せ攻撃をかけたり、見つけるなり襲いかかったりするのである。ソヴィエト軍狙撃手にとって、敵のどこに弾を命中させるかという精度はあまり重要ではなかった。彼らにとっては、上半身のどこかに弾があたればそれで成功だった。このような環境においてはそれが一般的

右　国際治安支援部隊（ISAF）のカナダ兵が、アフガニスタン、カブールのダルラマン宮殿近くにあるカナダ軍基地キャンプ・ジュリエンを見わたす。(Manca Juvan/Corbis)

第4章 ついに平和が？

である。したがって、ときに狙撃用の弾薬を切らして通常弾で代用しなければならなくなっても、たいした支障はなかった。ソヴィエト軍特殊部隊の狙撃手はまにあわせのものでなんとかする術を身につけていた。

ソヴィエトによるアフガニスタン占領時代、スペツナズ隊員の集団は大きな成果をあげ、イスラム聖戦士を震えあがらせた。ロシア軍狙撃手はしばしば900メートルを超えるような距離から敵の部族民を狙ってきたのである。

SVDスナイパーライフルは、照光式レティクルがとりつけられ、射程を測るスタジアが内蔵された形で支給され、西側諸国で支給されていたスナイパーライフルと比べると付属品がすぐれていた。世間一般の報道とは異なり、スペツナズの狙撃手は山岳戦に適した十分な装備をもち、きちんとした支援も受けていて、通常は3日から5日間でベースキャンプにもどってきた。ソヴィエトは技術的に敗北したのではない。撤退するというジュネーヴ合意を受け入れ

上 アキュラシー・インターナショナルの減音器つきAW（アークティック・ウォーフェア）ライフルを試射する著者。AWの銃身は別の口径のものと交換可能。屋外でも15分ほどで交換できるので、任務によって異なる口径を用いることが可能だ。AWS（Sは減音）は音速以下の弾薬を使用するときのために特別に設計された。最大有効射程は330ヤード（約302メートル）。（Mark Spicer）

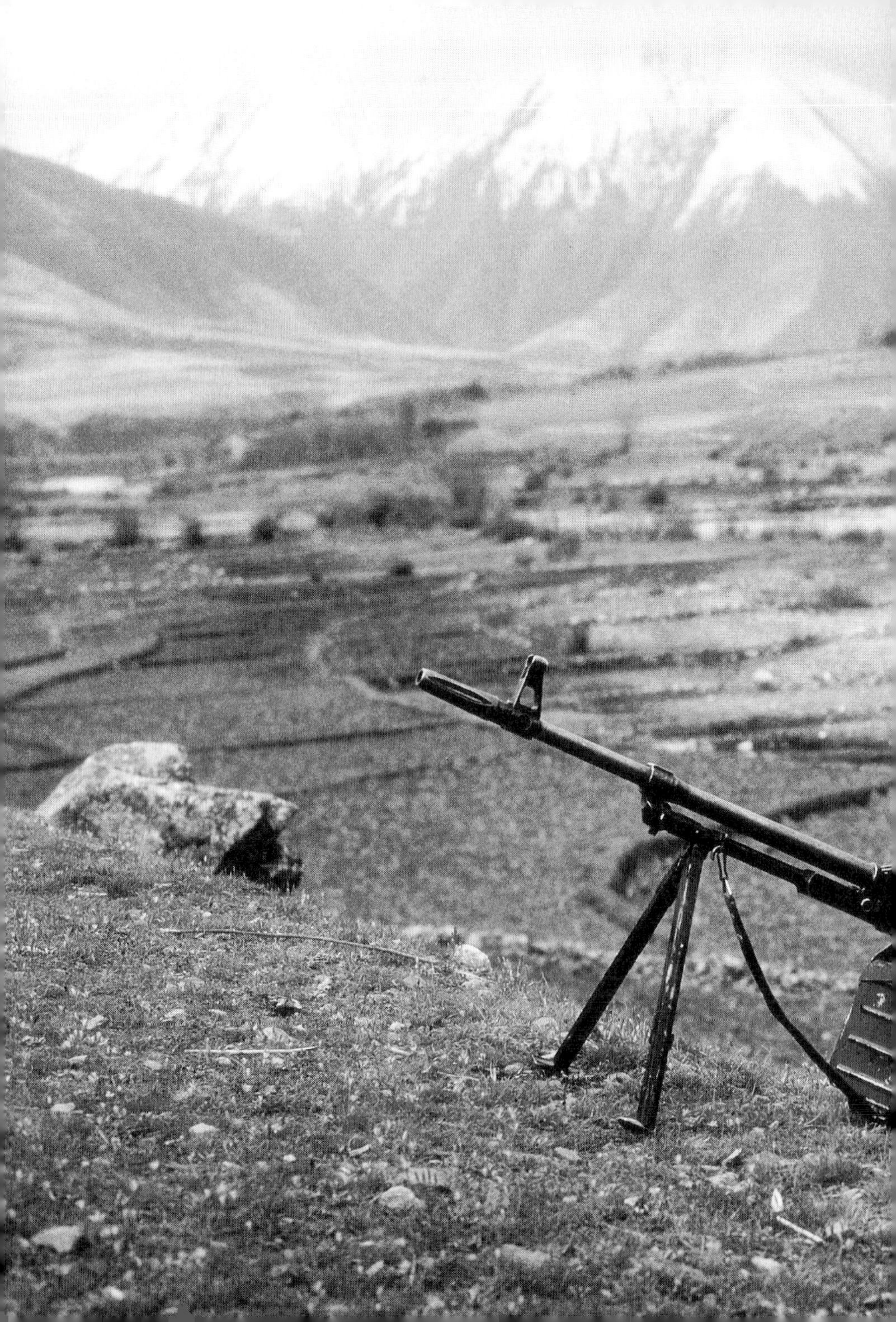

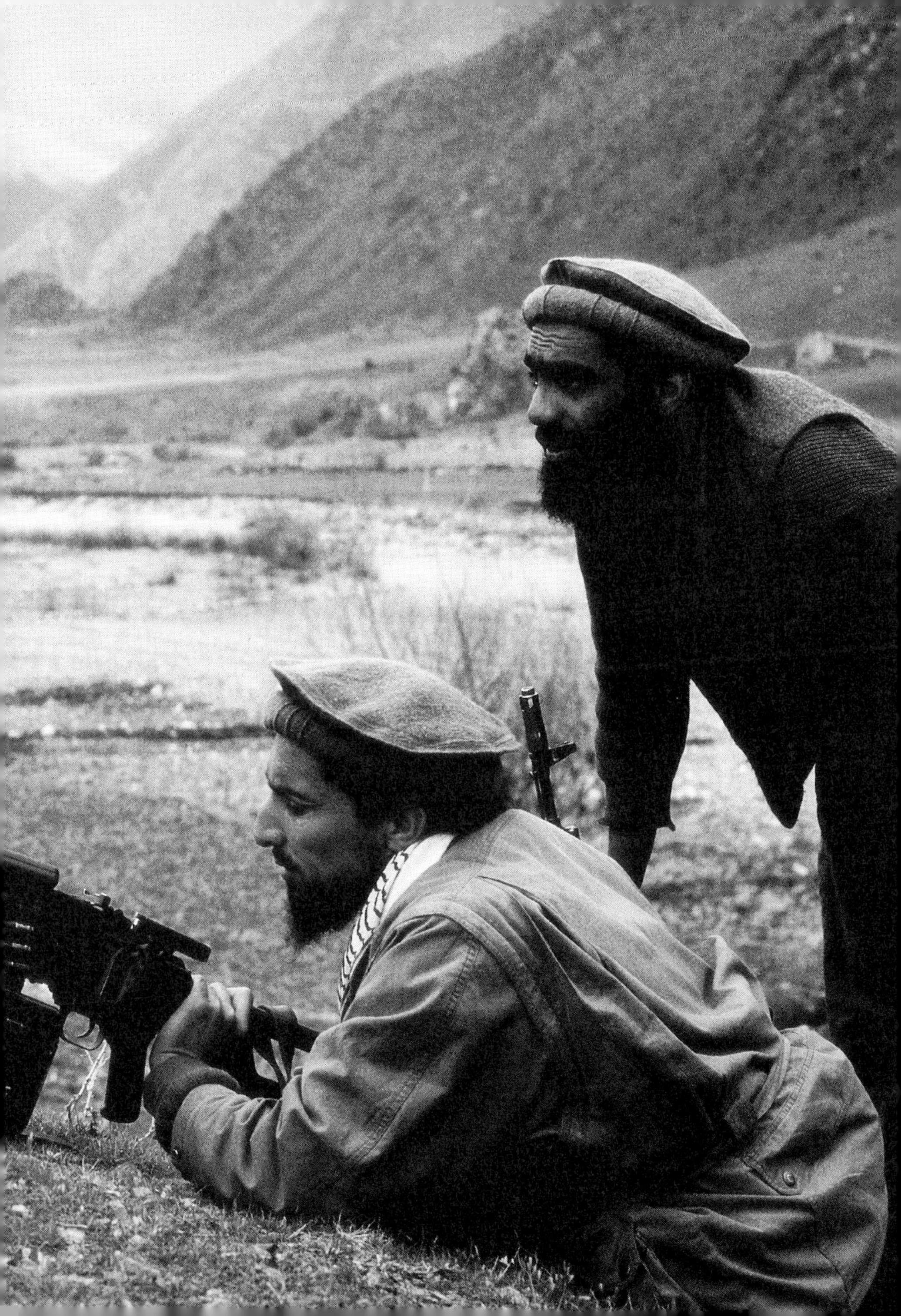

アフガニスタンの
アメリカ軍狙撃手

　アメリカのツインタワーを攻撃して「9.11」の大惨事をひき起こしたことは、世界中のテロリストにとって大きな間違いだった。アメリカは、科学技術、政治、訓練のいきとどいた職業軍人を連携させ、強大な力で地球上のどんな場所へでも手を伸ばせる。それだけではない。アルカイダの指導者オサマ・ビンラディンと、その一味であるアフガニスタンのテロリストが降伏をこばむと、アフガニスタンにあるタリバンの拠点をみごとにたたきのめしてしまった。

　タリバン政権に反対を唱えていた北部同盟の軍指導者と政治的な合意を結ぶために同国に派遣されたアメリカ軍特殊部隊の兵士は、当初、狙撃戦術をほとんど必要としていなかった。それでもやはり、空爆と戦術ミサイル攻撃で的確な攻撃を行なうためには、タリバンの位置を正確に把握しなければならず、綿密な観測が多く必要だった。北部同盟の力をかりたアメリカと多国籍軍がまたたくまにタリバンを圧倒すると、いかにアフガニスタンがソヴィエト連邦という超巨大国家を倒したかと大げさに書きたてていたマスコミはまもなく沈黙した。もっとも、タリバン制圧が成功したのはアメリカ空軍の威力と能力によるところが大きかったというべきだろう。現在ヘルマンドなど南部の地方で衝突が増加しているのは、力ずくで倒された政府のあとに新たな政府を樹立することのむずかしさの表れであり、敗者がふたたび主導権をにぎって過激な行動に走りかねないことを示してもいる。

　このときの軍事行動では、現地の地形と巧みに逃げまわる敵の性質上、正確な敵の位置を把握して攻撃することが非常にむずかしかったので、もっとも有効な方法が狙撃だという

たのは経済的にそうせざるをえなかったからである。最後の部隊が引き上げるまで彼らは負け知らずであり、イスラム聖戦士にとってはまるで歯が立たない相手だったのだ。

前ページ　イスラム聖戦士のメンバーが新しいドラグノフを点検、試射する。1990年、アフガニスタンのファルカル峡谷にて。(Reza/Webistan/Corbis)

第4章 ついに平和が？

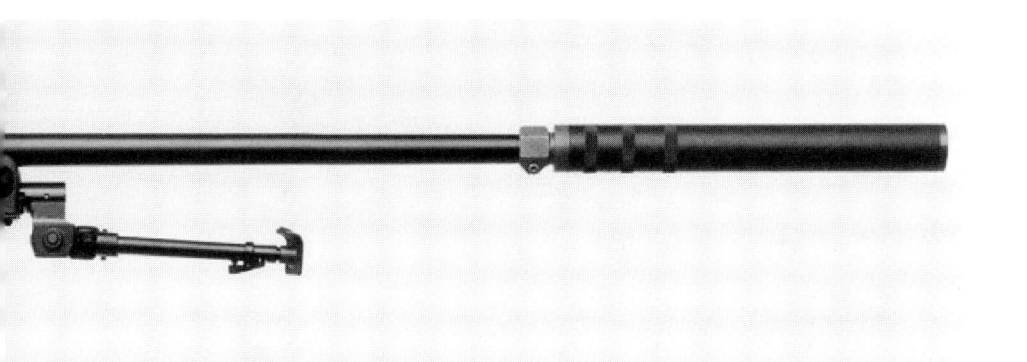

ことはすぐに見てとれた。とくに大口径の武器で深い渓谷越しに狙い、そんな距離ではあたるはずもないと高をくくって丸見えの状態で歩きまわる敵に命中させることは効果があった。

ベトナム戦争でカルロス・ハスコックが最長距離から単発で命中させて世界記録を作ったとき、彼は.50口径のスポッティング・ライフル（M8）をとりつけた106ミリ無反動ライフルで2215メートルの距離から敵兵を撃ち抜いていた。アフガニスタンの作戦では、そのカルロスの栄冠をぬりかえる記録が生まれることになった。カルロスが生きていたらさぞかし見たかったことだろう。それはカナダ軍部隊、プリンセス・パトリシアズ軽歩兵連隊の狙撃チームが、2002年3月、アメリカ軍第101空挺師団と第10山岳師団の支援をしているときに放った一撃だった。アナコンダ作戦中、彼らはシャヒコット渓谷でタリバンとアルカイダの混成軍と戦っていた。

AMAX.50口径標的競技弾を発射するマクミランTac-50スナイパーライフルで武装したカナダ軍は、高度3000メートルを超える山脈へ進軍するアメリカ軍を支援するために配備されていた。進軍途中、アメリカ軍は敵の長距離機関銃と迫撃砲の攻撃に身動きがとれなくなった。狙撃チームはアメリカ軍の侵攻を続行させるべく、およそ680～1500メートル離れたところから、武器をあやつる敵兵を排除しにかかった。敵の機関銃兵の位置が特定されると、およそ1700メートルの距離からカナダ軍伍長によってまずひとりが射殺され、続いてすぐに驚異的ともいえる約2430メートルの距離からもうひとりの敵の射手がしとめられた。この世界記録はTac-50のすぐれた性能と命中精度、そしてカナダ軍狙撃手の仕事に打ちこむプロ精神の賜物である。

現在のカナダ陸軍では、各歩兵大隊に8名の狙撃手が配属されているが、アフガニスタンの経験を踏まえてこの数を大幅に増やすことが検討されている。現在アメリカ陸軍で実

上　アキュラシー・インターナショナルAW、タクティカル・サプレッサーつき。このボルトアクション・ライフルの基本スペックは、全長46.5インチ（約118センチ）、銃身長26インチ（約66センチ）、重量14.3ポンド（約6.5キロ）、有効射程875ヤード（約800メートル）、給弾方式は装填数10発の脱着式箱型弾倉、弾薬7.62×51ミリNATO弾。1988年よりイギリス陸軍が使用。(Mark Spicer)

右　イギリス陸軍の狙撃手全員に支給されているサーマル・リダクション・スーツを着用した狙撃ペア。物体から放出される、あるいは太陽光があたって放射される熱を感知するという原理で働く熱画像解析装置で検知されないようにするためのスーツ。理論上、この装置に狙撃手の姿が映らないようにすることはむずかしいとされているが、たとえば狙撃手が盛土のかげに隠れていれば、装置は彼を「見る」ことができない。このスーツは狙撃手の熱の痕跡を弱めるような素材で作られている。(Mark Spicer)

施されている狙撃訓練が5週間であるのに対して、カナダ軍狙撃手は9週間の基礎的な訓練に参加して合格しなければならない。しかもカナダ軍歩兵が狙撃手の訓練に志願するためにはまず偵察の訓練に参加して偵察兵として認められる必要がある。この偵察兵の訓練でさまざまな技能を学ぶことは、狙撃手養成課程に含まれる高度な訓練をのりこえるためにも役立つ。

　カナダ軍の狙撃訓練は、基本と上級の射撃術のみならず、自分と狙う敵との距離を正確に測定する技能や、隠蔽、追跡、観測なども網羅している。訓練は万能なプロのハンターかつ偵察兵を養成するよう組み立てられており、アフガニスタンにおけるカナダ軍の功績をみれば、この訓練が功を奏していることがよくわかる。カナダ軍はまた、狙撃手のために一歩進んだ専門的な道も用意していて、十分に経験を積んだ狙撃手は教官を養成する訓練に参加できる。教官候補生は、経験の浅い狙撃手を選び出して教育したり、彼らを配備して命令をくだしたりするために必要な技能を習得するほか、狙撃手の能力や配置方法について上級将校に助言を与えるために必要な知識も学ぶ。

　アメリカ軍同様、カナダ軍も現在では、迫撃砲や大砲、友軍の航空機による支援など、間接的な掩護射撃を要請したり指示したりする技能も

第4章 ついに平和が？

訓練対象に含めている。これはイラクとアフガニスタン両国での経験を踏まえたもので、監視能力にひいでた狙撃手が、遠方の敵位置や編成をつきとめて、重火力支援兵器を要請したり召集を勧告したりすることがたびたび可能だったためである。

カナダ軍はまた、基本的な狙撃チームの編成を2名から4名に拡大した。本質的にこれは、ひとつの固定ユニットとして2組の2名チームが協力して行動するものである。作戦上非常に危険な区域や、友軍からすぐに火力支援を受けられないほど離れた場所に配置された場合に、チームの安全性を高めるために必要だと考えられた。最初の狙撃ペアが敵を狙っているあいだ、もう1組のペアは彼らを守り、敵の攻撃を早めに警告する。

さらに、カナダ軍の狙撃司令部は、軍ではC15という名称をもつマクミランTac-50スナイパーライフルとならぶ新しい狙撃用兵器の選定に入っている。軍のパーカー・ヘイル7.62ミリライフルがそろそろ寿命を迎えるためだ。カナダ軍ではC3A1とよばれるパーカー・ヘイルは1979年から軍で用いられていた。当初はまだC3という名称で、木製の銃床とカーレス製ヘリオス望遠照準器がつけられていたが、のちにユナートルの望遠照準器をとりつけて名称をC3A1とし、さらに1990年代後半になって、当初の木製銃床が複合材料で作られた迷彩色のマクミランA2に変更された。

残念なことに、緑色主体の配色はアフガニスタンの山には適していない。アフガニスタンの地形が黄褐色や黄土色であることから、カナダ軍はライフルにその土地に適したカム

左　フランス特殊部隊の兵士が若干変更をくわえた仰向けの射撃姿勢をとってみせる。減音のほどこされた銃身をもつPGMスナイパーライフルを使用。(Mark Spicer)

フラージュをほどこす必要に迫られた。彼らは均一に黄褐色のスプレーをかけ、そこへ必要に応じてカムフラージュ用の素材をつけくわえた。

カナダ軍はまた、5.56ミリから大口径の.50インチまで、さまざまな口径の武器をとりそろえておくことの必要性を認識している。そうすれば狙撃手が各任務に最適な武器を使い分けることができるからだ。最新のスナイパーライフルをいくつか試した結果、軍が選んだのはC14ティンバーウルフで、現在、古いC3A1を置き換える手順が進められている。世界の特殊部隊の多くは今、実績のあるM16A4アサルトライフルをベースにした、セミオートマティックのMk11とMk12スナイパーライフルを装備にくわえており、カナダ軍も購入を検討中だ。

最近のスナイパーライフルの多くは、減音器をつけられるように銃身先端にネジ山を切ったスレッデド・バレルになっている。減音器がもてはやされるようになった理由はアフガニスタンにおけるタリバンとの銃撃戦だ。減音器をつけていなかった兵はすぐに発見されて撃たれたが、減音器をつけていた場合は敵に見つかりにくかったのである。減音器は発射時にかならず生じる武器の作動音を抑える。じつはほとんどの歩兵が教えられる「パーン・ドン」($\overset{crack\ and\ thump}{}$)の方法を用いれば撃った人間の位置をつ

第4章 ついに平和が?

上 アメリカ海兵隊に導入されたバレットM82A1。1990〜91年の最初の湾岸戦争にちょうどまにあった。.50口径BMG弾を発射する対物ライフル。人間ではなく、おもにレーダー、航空機、装甲車、ミサイル装置などを攻撃する。(Mark Spicer)

きとめることができる。これは、頭上を通過する弾丸が音速を超えるときの高速のパーンという音と、武器から弾丸が発射されてふたたび動作初期状態にもどるときのドンという作動音との時間差を計ればよい。しかし作動音が抑えられればこの方法を用いることができなくなるため、射手は見つかりにくくなる。減音器はまた、ライフルを発射するときの銃声全体もかなり軽減するので、狙撃手が敵に見つかる可能性はさらに下がる。

アフガニスタンでは、アメリカ軍、とくに海兵隊が今も広く利用している.50口径のバレットも多く目についた。バレットはセミオートマティックで続けざまに速い射撃を行なうことができるが、対物兵器であるため、マクミランTac-50といった狙撃用兵器のような寸分の狂いもない命中精度はもちあわせていない。しかしながら、だからといって、長距離射撃の経験も知識も豊富な腕のよい射手が、遠い距離から人間大の標的にあてられないということではない。

アメリカ海兵隊がバレットを用いたのは、およそ1180〜1500メートル離れた村の建物の屋根に敵の迫撃砲が設置されているのを、鋭い監視の目で見抜いたときだった。また、敵の装甲兵員輸送車や可動式ロケットランチャーを破壊するためにも使

図説狙撃手大全

上 アキュラシー・インターナショナルのAS50対物スナイパーライフル。アメリカ特殊作戦コマンドーのために特別に開発されたもので、アメリカ海軍特殊部隊SEALsが使用している。ガス作動方式のセミオートマティックで、複数の攻撃目標にすばやく発砲できる。3分以内に分解でき、工具がなくても手入れができる。
(Accuracy International)

用された。アフガニスタン戦域では攻撃目標までの距離がたいてい長かったので、車両で移動する部隊では.50口径ライフルが好んで用いられたが、足で移動する特殊部隊と軽歩兵隊ではそれほどでもなかった。すべての武器と装備をかついでいろいろな地形を一度に何日も歩かなくてはならないからだ。

過酷な環境で敵を探して移動しつづけるという展開に、アメリカとイギリス軍の一部では口径を変更することになり、5.56ミリと7.62ミリのセミオートマティック・スナイパーライフルを開発、首尾よく配備した。これらは実績のあるM16の設計をベースにしており、90パーセントの部品と扱い方が、もともとのM16やその派生型であるM4と共通している。つまり、小規模部隊の一員として突然激しい戦闘に突入することもある狙撃手は、このスナイパーライフルとアサルトライフルの一体化した武器で戦うことができるということだ。こうした武器は非常に成果を上げている。

著者は同僚が実射した5.56ミリと7.62ミリ両方の長距離命中精度をこの目でみたが、セミオートマティックよりもボルトアクションのほうが正確だという古い教えがもう通用しないことは確かだろう。これらのライフルにはもうひとつ利点がある。テロリスト軍を探して何日も山岳地帯を歩きつづける各兵士の負担となっていた重量の軽減だ。

イラクの自由作戦

イラク戦争、「湾岸戦争II」、「第2次ペルシャ湾岸戦争」などさまざまな名前でよばれる現在も継続中のこの紛争は、2003年3月20日、オーストラリア、デンマーク、ポーランドほか各国から派遣された小規模分遣隊の支援を受けたアメリカ、イ

第4章　ついに平和が？

ギリスの多国籍軍によるアメリカ主導のイラク侵攻を皮切りに始まった。いくつかの集団では、「イラク解放作戦」あるいは一般に「イラクの自由作戦」とも称されている。イラクが大量破壊兵器を保有してさらなる開発を進めている疑いがあることは、アメリカ、ヨーロッパ、そして中東諸国の安全と利益にさしせまった脅威となっている。当時のジョージ・ブッシュ米大統領とトニー・ブレア英首相は、そのように述べてイラク侵攻の正当性を主張した。イギリスの情報機関と、イラクとテロを関連づけていたロシアの情報機関がこの見解を支持した。

　この侵攻後すぐにイラク軍は敗北、サダム・フセイン大統領は逃亡したものの2003年12月に捕らえられ、2006年12月に処刑された。アメリカ主導の多国籍軍はイラクを占領して、新たな民主主義政府を樹立しようとした。しかし最初のイラク侵攻からまもなくして、多国籍軍に対する暴力やさまざまな宗派同士の衝突が、イラク人反政府武装勢力との非対称戦争、スンニ派とシーア派の対立、アルカイダの活動へと発展する。

　今回の攻勢でも狙撃手が重要な役割を果たすだろうと思われた。むろん以前の湾岸戦争と同じように、と考えるのが自然である。ところが、最初の湾岸戦争における狙撃手の功績については、狙撃行為そのものま

下　ヘッケラー＆コッホMSG-90スナイパーライフルを試射するイギリス海兵隊コマンドー。銃身長23.6インチ（約60センチ）、重量14.1ポンド（約6.4キロ）、給弾方式は5発あるいは10発装填の弾倉（7.62×51ミリNATO弾）。写真はクワンティコで撮影されたもので、アメリカ海兵隊が狙撃用ライフルとして使用可能かどうか、この小火器を評価しているところ。最終的にはM21の最新型に座を奪われた。(Mark Spicer)

マクミランTac-50スナイパーライフル

図中ラベル:
- 厳しいベンチレストの公差基準
- 確実に引き出せるクロー・エキストラクター
- 表面が四角いリコイル・ラグ
- プレミアムグレード・ステンレススチール
- スレッドキャップつき
- 反射を抑えるデュラコートのコーティング
- 強度を高めるために奥に引っこんだボルトフェイス
- ボルトの通り道はブローチ加工ではなくワイヤーEDM加工
- 蝶番式のフロアー・プレート、または脱着式箱型弾倉
- 二重になっていて安全なエジェクター
- マッチグレードの銃身

2002年3月、アフガニスタンに派遣されていたプリンセス・パトリシアズ・カナダ軽歩兵隊のロブ・ファーロング伍長は、戦闘中の狙撃による射殺で最長距離を達成してその名を歴史にきざんだ。彼は超低抗力弾を使い、マクミランTac-50スナイパーライフルでおよそ2430メートルの距離から敵戦闘員を射殺したのである。

マクミランTac-50は、マクミラン・ブラザーズ・ライフル社によりアメリカで生産された。この長距離対物・対人兵器は同社の以前のモデルをもとに製作され、1980年代後半にはじめて姿を現した。マクミラン社は、特許をもつ同じ作動方式をベースに、軍用、警察用、民間用のさまざまな.50口径ライフルを作っている。

Tac-50は軍と警察用の武器で、カナダ軍では2000年からC15という名称で標準の長距離射撃兵器（LRSW）として使用されている。

Tac-50は手動式のロータリーボルトアクション・ライフルである。大きなボルトには前部に二重のロッキング・ラグがあり、ボディには軽量化のためにらせん状の溝がついている。標的競技グレーでが秘密にされていた。軍が依然として政治家の「政治的に正しい」表現にしばられていたので、狙撃はやはり憎むべきことであり関与を否定すべきだという見解だったのだ。

そんななかで一度だけ表面化した事件は、アメリカ海兵隊が新しいバレット.50口径ライフルではじめて交戦したときのことである。海兵隊は、長距離から敵とその装備を攻撃できる.50口径ライフルを選定するためにテストを実施していたのだが、そのテストが完了しないうちに、ライフルは早々と実戦へ、現地に展開して今にも戦闘に突入しようという部隊へと輸送された。

このライフルとともに配備された部隊のひとつが、サウジアラビアとクウェートのあいだにある小さな細長い土地に配置されていた第1海兵

第4章 ついに平和が？

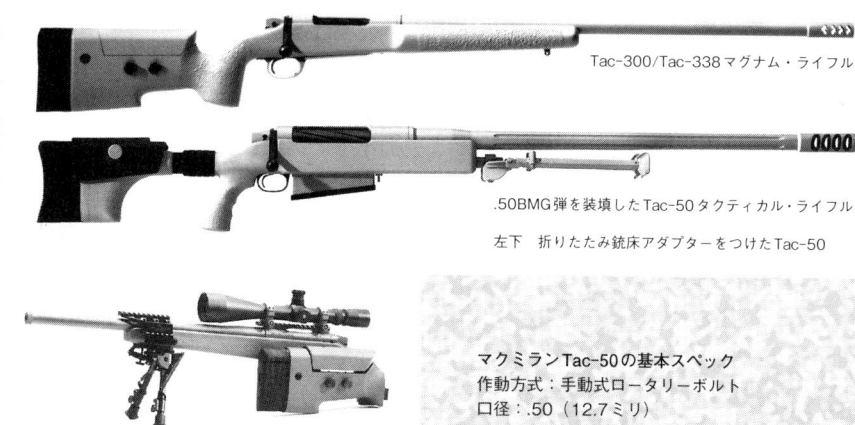

Tac-300/Tac-338 マグナム・ライフル

.50BMG弾を装填したTac-50タクティカル・ライフル

左下　折りたたみ銃床アダプターをつけたTac-50

.50口径マクミラン製タクティカル・ライフルは、世界中の軍隊で超長距離用に支給されている。.50BMG弾を使用、マッチグレードの29インチ（約74センチ）の銃身とマズル・ブレーキをそなえている。銃床は場所をとらないコンパクトさで評判が高く、スペーサーと、調節可能なサドルタイプのチークピースが特徴的だ。

マクミランTac-50の基本スペック
作動方式：手動式ロータリーボルト
口径：.50（12.7ミリ）
カートリッジ：.50BMG（12.7×99ミリ）
全長：57.0インチ（約114.8センチ）
銃身長：29.0インチ（約73.7センチ）
重量：26.0ポンド（約11.8キログラム）
銃口初速：毎秒2700フィート（毎秒約823メートル）
有効射程：2190ヤード（約2003メートル）
給弾方式：5発脱着式箱型弾倉
照準器：カスタマイズ可
　　　　（カナダ軍標準は16倍望遠照準器）

ドのヘビー・バレルには、軽量化とすばやく放熱するための溝があるほか、反動を軽減するためにマズル・ブレーキがとりつけられている。給弾は装填数5発の脱着式箱型弾倉だ。

銃床はファイバーグラス製で、かならず二脚を使用。床尾はゴム製のスペーサーをひっぱって長さを調節でき、横に折りたたんだりコンパクトに収納するためにとりはずしたりすることも可能だ。こ

のライフルにはオープンサイトはなく、さまざまな望遠照準器や夜間照準器を装着して使用できる。カナダ軍の標準望遠照準器は16倍リューポルド光学照準器である。

連隊だった。戦闘に入って幾日もたたないうちに、バレットを装備した海兵隊狙撃ペアは接近してくる車両の縦隊を発見した。当初それは友軍のものだと思われた。ところがさらに詳しく観察すると、じつは敵のBMP装甲兵員輸送車であることが判明した。敵の接近を報告して発砲許可を得た狙撃手は、バレットの照準を先頭のBMPに合わせると徹甲焼夷弾（API）の弾倉を装填した。この弾丸は敵車両の装甲板を貫通するだけでなく、装甲を破って内部に入ってから火災を起こすべく爆発するよう設計されている。

最初の1発で車両は瞬時に炎につつまれた。敵兵が脱出したようすはなかった。さらに2発が2台目に撃ちこまれると、車両は無力化し、戦闘不能となった。

上 爆撃で破壊された建物のがれきとアメリカ製砂漠夜間スーツの組みあわせは、このイギリス軍狙撃手にとってこのうえない偽装と隠蔽になる。(Mark Spicer)

　海兵隊が二度目の戦争でもバレットを巧みに活用したことは、いくつもの話で証明されている。ひとつは、バグダッドのハイファ地区で、クルド人の治安パトロール隊員が反政府武装勢力の待ち伏せ攻撃にあったときだった。隊員が戦闘に入ると同時に、550メートルほど離れた監視所にいた海兵隊狙撃班は、参戦することを念頭にその騒ぎを注視していた。現場で起きている銃撃戦の視覚的評価から、反政府武装勢力の一団は壁を背にして、戦いのさなかにあるクルド人に向かって発砲していることがわかった。海兵隊のひとりは落ち着いて正確に最初のテロリストを狙って引き金を引く。弾は頭に命中し、テロリストは即死。続いて、敵が仲間の死に気づくよりも早く2発目が発射され、ふたり目が弾丸を胸に受けて倒れた。それから海兵隊は、テロリストが仲間の死体をとりにもどってくる可能性があるとして、その場所の監視を続行した。もどってくればまた標的にするだけだ。やがてテロリストは本当にもどってきて狙撃チームに狙われたが、このときは命中にはいたらなかった。

　多国籍軍狙撃手の当初の勢いには1年前くらいから陰りが見えはじめている。おもな理由は、イギリス陸軍に抵抗しているIRA（アイルランド共和軍）と同じように、イラクの反政府武装勢力が狙撃手の存在に慣れてきたため、彼らを標的にすることがむずかしくなったことである。

第4章 ついに平和が？

上　装填数10発の弾倉と.50口径SLAP（サボつき徹甲）カートリッジ。バレットの「ライト・フィフティ」対物スナイパーライフルで使用される。弾の長さは5.45インチ（約13.8センチ）。(Cody)

左　試験的なカムフラージュ服で、隠れ場所の爆撃された建物から姿を現す狙撃手。緑の多い田園地帯の自然な模様とは異なり、建物のような都市部の隠れ場所では本質的に直線がたくさんあるほうが狙撃手の姿をうまく隠してくれる。(Mark Spicer)

上　イラクで屋根の上にいるふたり組の狙撃チーム。壁に「ネズミ穴」をあけ、射手はそこから武器を操作する。もうひとりは第2次世界大戦時の旧式なロシア製展望鏡で監視している。(Mark Spicer)

さらに多国籍軍の監視に対抗する武装勢力の手段も進歩して、遠いところにある草木やがれきが狙撃チームに利用されないように、羊飼いや子どもに撤去させるなどするようになった。

北アイルランドのIRAは、監視、特殊部隊、狙撃手などの潜伏している部隊を見つけて追いはらうか、あるいは危害をくわえるために、犬、たいていはジャックラッセルテリアをつれた農民や支持者による早朝の一掃パトロールを実施していた。イラクの反政府武装勢力は自分たちが無防備であることを本能的に理解して、狙撃手による攻撃を考慮して日課や行動を考えなおすにいたったように見える。

狙撃がむずかしくなったもうひとつの要因は、戦争が長引いたことである。狙撃に適した場所が反政府武装勢力に見つけられたり逆に彼らに

第4章　ついに平和が？

使われたりして、こちらよりはるかに人数の多い敵があきらかに殺意をもって攻撃してくるのに直面するという危険をおかさないかぎり、とにかく手に入れることがむずかしくなったのだ。

　多国籍軍狙撃手の死は、テロリストのあいだで大きな成功として宣伝された。それほどスナイパーは注目されていた。こうしたテロリストの殺意と、同胞を失うのではないかという多国籍軍司令官の懸念が重なって、狙撃手の通常の軍事配備方法に制限がかかった。たとえば、アメリカ海兵隊狙撃手は従来ペアで展開されていたが、軍事作戦初期に2組の狙撃チームが殺害されてライフルなどの装備が奪われたことから、今ではもっと大きなグループで行動することを余儀なくされている。多くの狙撃手は、それでは人目に触れずに移動することがむずかしいだけでなく、危害をくわえられる可能性も大幅に増えてしまうと感じている。

　2004年、イラク中央部、バグダッドの西110キロほどのところにある都市ラマディで、建物が不規則に建ちならぶ町なかの監視場所にひそんでいた4名の海兵隊狙撃手が奇襲され、1発も撃ち返すことなく敵に制圧されてしまった。狙撃手は捕らえられ、処刑されたと思われる。また2005年には、実際の作戦行動にくわわっていた海兵隊予備軍の6名からなる狙撃分隊が、バグダッドの北西240キロほどのところにあるハディサで殺害された。この虐殺は反政府武装勢力にとって絶好のプロパガンダとなり、海兵隊員の名札や装備を撮影した動画が作成されてインターネット上に公開された。

　ふたり1組の狙撃チームでは激しい銃撃戦になると装備が不十分かもしれないが、人数が少ないということはそれだけ効果的に隠れることができるということであり、したがって大人数で歩きまわるよりは危害をくわえられる可能性は少ない。司令

上　アークティックホワイトのカムフラージュ用カバーオールをベースに改造された灰色と黒の市街地用カムフラージュ服を着た狙撃手が、壊れた建物の奥まった片隅から狙いを定める。射撃姿勢を安定させるためにまにあわせの三脚が用いられている。（Mark Spicer）

上 イギリス軍狙撃手の冷ややかなユーモアセンス。イラクの軍事と政治の指導者ムクタダ・サドルがイラク軍と警察に対してアメリカに協力するのをやめるよう求め、みずから率いるゲリラ戦士にはアメリカ軍をイラクから追い出すことに専念するようよびかけたことを報じる記事に対して。2007年。「イギリス軍狙撃手は警告する。いまに思い知らせてやる!!」(Mark Spicer)

部が危険に対して過剰に反応していることは統計をみればわかる。4年間で失われた狙撃チームはわずかふたつだけだ。なんといってもこれは戦争なのである。命が失われることは予想されているはずだ。

全体として、狙撃手は自分たちが不当に動きを制限されていると感じている。能力が十分に信頼されていないうえ、過剰な警戒がのしかかって、フルに力を発揮できずにいる。彼らはみずから進んでリスクを受け入れようとしており、敵に対する自分の技能に自信をもっている。そして、訓練されたとおりの役目が果せるように配備してほしいと願っているのだ。

ほかにも狙撃手が死傷することを気遣って設けられた条件のなかに、ボディ・アーマーとヘルメットがある。動きをひどく制限されるので訓練時には身につけないのだが、戦場では着用を命じられる。狙撃手の長所を最大限に生かそうと思うなら、彼らが教えられてきたとおりにやらせ、彼ら自身がそのときの作戦に適していると判断したとおりに装備させる必要があるだろう。

イラクの自由作戦では、ふたたび敵対する歩兵同士が直接衝突することになった。多くのイラク軍兵士は、サダムが大統領の座からひきずり降

第4章 ついに平和が？

ろされるまで「おとなしくしている」よう説き伏せられてそれに応じたのだが、それでも武器を隠しておいて秘密裏にゲリラ活動を開始した大きな一団があった。それは今も続いている。

この紛争では、アフガニスタンにはじめて侵攻したときにもまして、多くの司令官がまっさきに狙撃手投入を考えた。彼らは初日から出撃した。友軍の犠牲から教訓を得るための時間は長くはとられなかった。それどころか戦闘開始早々から支援と攻勢の両方の役割を果たすべく、狙撃チームは戦闘集団のなかに通常配備された。

ようやくスナイパーの時代が幕を開けた。それと同時に彼らの手柄話を求めて報道機関が群がった（当然のことながら、必要にかられて前の湾岸戦争についても語られることとなった）。かつて狙撃手がこれほどまでにマスコミ向けの武器として司令部に利用されたことはない。英米両軍の狙撃手に焦点をあてたテレビ番組や新聞記事が数えきれないほど公にされ、実際、狙撃手が写真撮影でポーズをとったり、インタビューに答えたりして、これまで軍の狙撃手が用心深く守ってきた匿名性はあっさりすてられてしまった。

一見無謀なことのように思えるかもしれないが、司令官はようやく狙撃チームの宣伝価値に気づいたようである。狙撃手は副次的な被害をもたらさない。罪もない一般市民を負傷させることもなければ、接近戦ではないので友軍兵士に死傷者が増え

るという危険もないという事実に注目が集まった。そうしてようやく、狙撃手はひとりで何倍もの力を発揮するという真の姿が認められたのである。

一方、反政府武装勢力もスナイパーの宣伝価値に気づいていた。そして作戦上の戦力倍増という価値もだ。多国籍軍はその先数年以内にそれを知らされることになる。

多国籍軍の狙撃手はマスコミに追いかけられることに慣れ、その苦難から死に対するドライな考え方まで、彼らの世界もよく知られるようになった。狙撃手とそれ以外の戦闘員との大きな違いは、狙撃手が、ライフルにとりつけられた高倍率の望遠照準器をとおして、弾の命中する瞬間を見ているということである。はっきりと見える暗視サイトやサーマルサイトが登場したため、もはや暗闇も例外ではなくなった。

狙撃手は敵のなかから抹殺すべき人物を選び、優先順位をつけ、そして彼らが死んでいくのをその目で見る。射程や命中精度、あるいは弾丸を命中させる場所にもよるが、彼らは最新の高速弾が人体に与える損傷の度合いを知っている。今では多くの狙撃手が、弾があたった瞬間に人の頭が吹き飛ぶところや、.50口径の武器が手足をばらばらにしてしまうようすを実際に見ている。しかしながら、狙いが確実だったことを証明するものは、弾丸が人体に運動エネルギーを放出するさいに標的の衣類から吹き出た、そこに人がいたことを物語るほこりと、糸が切れてく

夜間照準器

上　暗視装置が前部のピカティニー・レールにとりつけられている。ドイツ陸軍G22ライフル。(Mark Spicer)

　暗視装置が最初に使用されたのは第2次世界大戦だが、急速に広まったのはベトナム戦争のときである。導入時と比べるとその技術は格段に進歩して、「世代」が変わるたびに性能が向上してきた。暗視装置の作動方式にはパッシブとアクティブの2通りある。パッシブ方式は周囲に存在する明かりを増幅するもので、アクティブ方式は十分な明るさをもたらす赤外線を光源として用いるものだ。

　基本的に狙撃観測手とその武器に使用される暗視装置には2種類ある。ひとつは狙撃手の望遠照準器の前に直接とりつけるもので、通常は前方の、ピカティニー・レールとよばれる、望遠照準器、ライト、レーザーなどのアクセサリーを搭載するために標準化されたとりつけ金具に搭載する。そうでなければ光学レンズの上にプリズムの付属部品を装着して、望遠照準器の上に「おんぶ」することもできる。写真はいろいろな装置の例。

ずれ落ちていくあやつり人形のような物体だ。

　狙撃手は本質的に落ち着きがあり、几帳面で、うろたえずに自分の仕事をする。敵の家族のことは絶対に考えない。考えてしまうと躊躇が生まれるからだ。政府は法令によって交戦規定を定めている。狙撃手が敵に照準を合わせるだけの理由があるなら、その敵はすでに基準に達しており、したがって合法的な攻撃目標である。

　狙撃手の役割は無差別に命を奪うことではない。戦闘における敵の重要人物を特定し、それを排除することで、自分の同僚の命を守るのである。もしひとりの男が武器を手に友軍を狙ったなら、その男は狙撃手の弾丸を受ける合法的な攻撃目標なのだ。

第4章 ついに平和が？

左上 暗視装置がとりつけられたアキュラシー・インターナショナルAWスナイパーライフルのドイツ軍版。(Mark Spicer)

左中央 ライフルスコープの上にシムラッド暗視装置レンズを搭載したアメリカ海兵隊のM40A1スナイパーライフル。(Mark Spicer)

左下 敵は眠らない、そして狙撃手も。写真はイラク。状況によって、一般にはブラックライトとよばれている赤外線ライトスティックが使用されることもある。夜間光学装置とともに用いて、敵が活動していると思われる地点を照らし出すことができる。敵からはわからないので自分は闇にまぎれていると思いこんでいることだろう。(Mark Spicer)

下 ピルキントン・カイト・イメージ増強照準器。イギリス陸軍ではコモン・ウェポン・サイトとよばれている。(Mark Spicer)

　日常的に民間人や児童生徒を盾にするような敵と戦うときには、狙った対象にだけ正確に命中させる狙撃手の能力がかつてないほど重要である。最近では、アメリカ陸軍ストライカー旅団の狙撃手デイヴィス軍曹と観測手のウィルソン技術兵が、バグダッドの北130キロほどのところにある古都サマラの町なみで行なわれた軍事作戦中にみせた行動にそれがよく現れている。オートバイにまたがった反政府武装勢力は、1日が終わって学校から帰宅する子どもたちの後ろから、B中隊に持続的な攻撃をしかけてきた。それから45分間、デイヴィスは狙撃能力を駆使して、待ち伏せ攻撃にかかわった11名の反政府武装勢力のうち7名を射殺した。そして3日後、彼は戦果記録にもうひとり追加した。多国籍軍

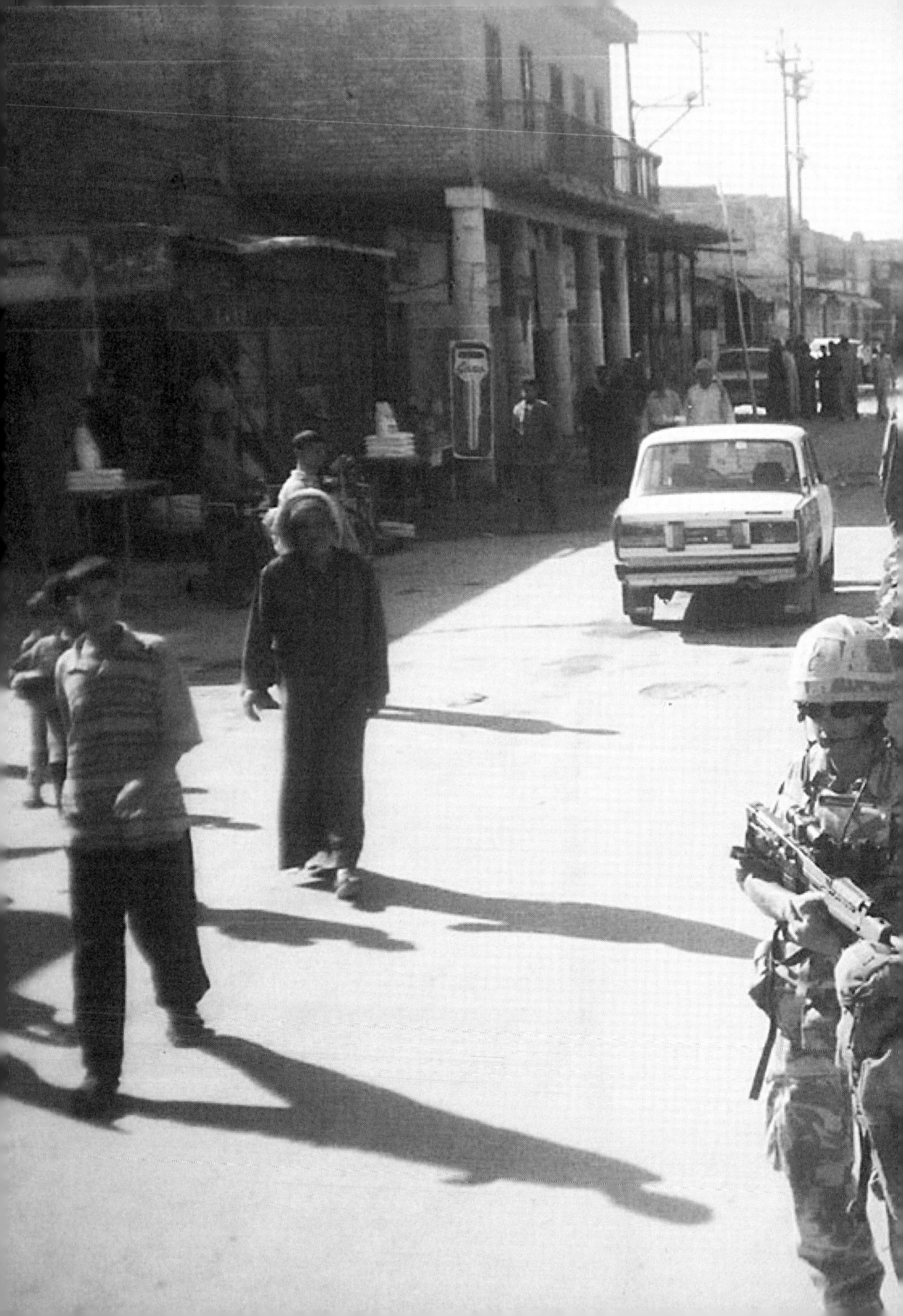

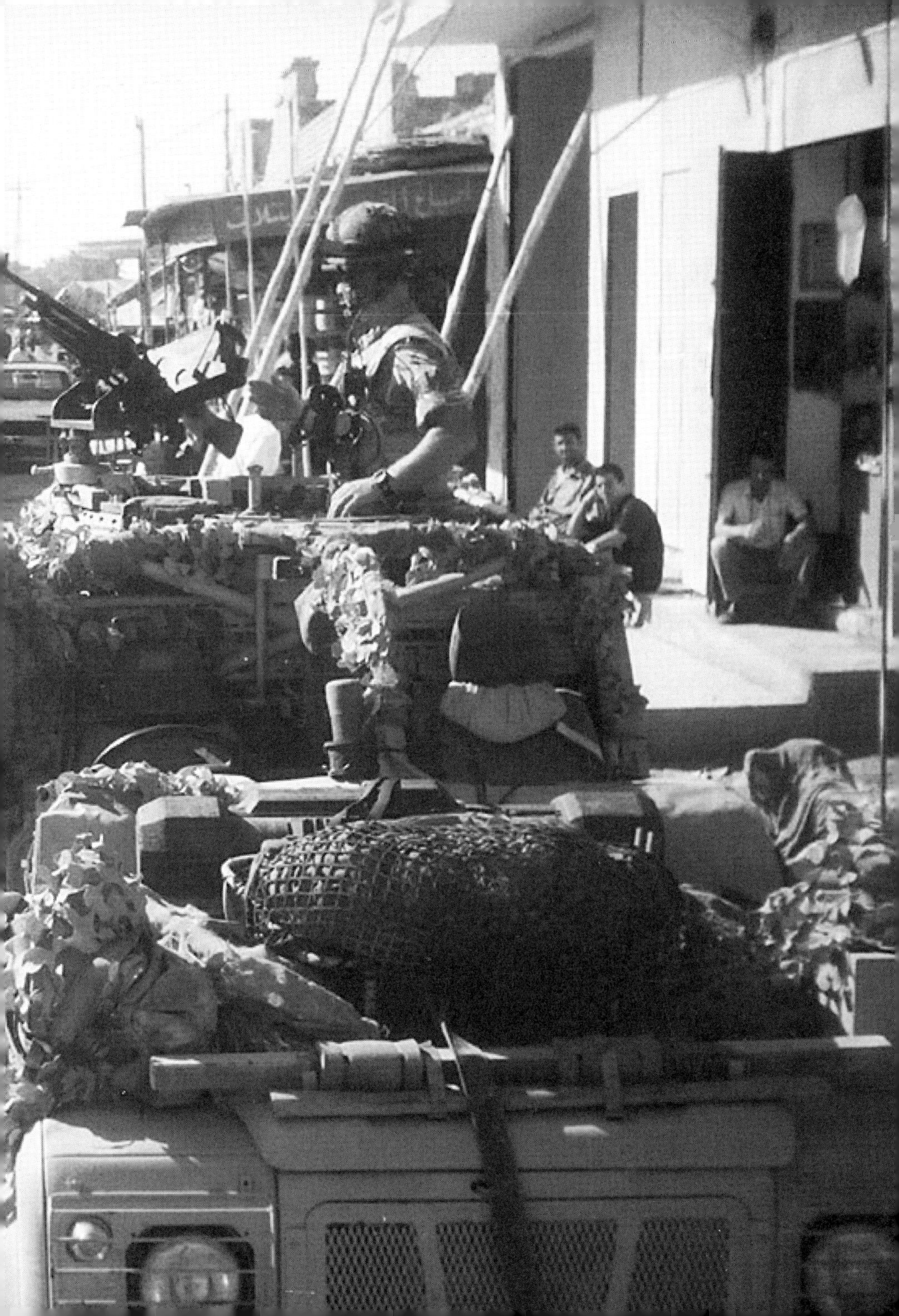

上 高層ビルの屋根の上にいる多国籍軍狙撃手。地上にいる友軍を守るために監視を行ない、狙撃手とその任務に脅威を与える可能性があるとみなされた攻撃目標を撃つ。(Mark Spicer)

前ページ 写真はアマラの英ロイヤル・アイリッシュ連隊。イラクで人通りの多い道に入ると、敵と味方の見分けはつかない。物陰から狙撃などの攻撃がくるかもしれない。(Mark Spicer)

の歩兵パトロールを待ち伏せしようと夜間に場所を移動していた反政府武装勢力の銃撃犯を見つけたのである。敵が影から姿を見せたとたん、デイヴィスはM14ライフルでそれをとらえ、ドラグノフで武装していた敵スナイパーを射殺した。

狙撃手はむずかしい決断をせまられることも少なくない。その先何年もそれが脳裏から離れずに苦しむこともある。戦争で疲弊したアフリカや、最近ではイラクでも、少年がアサルトライフルを手渡され、プロとしての訓練を受けた兵士を相手とする戦場に送りこまれている。絶対に子どもは撃てないという狙撃手もいるが、殺すか殺されるかの選択をせまられることもある戦争という現実においては、敵が誰であろうと、狙撃手は同僚の命を救う義務がある。

もうひとり、多くの人間から一目置かれているアメリカ陸軍狙撃手に、ジム・ギリランド2等軍曹がいる。彼は2006年9月、ラマディという町でタスクフォース2/69とともに作戦行動にあたっていた10名の「シャドウチーム」を率いていた。あたり一帯は敵の攻撃が激しく、その頻度も高かったので、カルロス・ハスコックがベトナムで達成した

第4章 ついに平和が?

93人殺害という記録に近づく大きな戦果をあげる狙撃手はめずらしくなかった。なお、ハスコックがほとんどの獲物を追跡してしとめたのに対して、イラクやアフガニスタンで任務にあたった狙撃手は、たいてい隠れた一定の場所から撃っていたということは述べておかなければなるまい。

アメリカ兵がひとり殺害されたと聞いたギリランドは、戦術担当区域のなかをしらみつぶしに調べ、無頓着な敵のスナイパーが、戦闘で破壊されたラマディ病院の4階の窓辺に外からよく見える状態で立っているのを発見した。その反政府武装勢力の男は、ギリランドの位置から1250メートルほど離れた場所にいた。風と大気の状態を考慮したギリランドが撃ったのは一発。弾はテロリストの胸の上部に命中し、即死させた。7.62ミリスナイパーライフルによる射殺が確認されたなかで、イラク戦域ではこれがもっとも距離が長い。ギリランド本人は自分の狙撃については終始現実的で、もう一度この快挙をなしとげられるかどうかは疑問だと述べている。そこには訓練によってたたきこまれた狙撃手のひかえめな態度がよく現れている。

下　複数のメンバーからなるイギリス軍狙撃チームが前方基地の屋根を占拠する。イラク南部で。(Mark Spicer)

図説狙撃手大全

第4章　ついに平和が？

前ページ　イラクとアフガニスタンでは、隠された爆発物によるものをのぞけば、多国籍軍が犠牲になった最大の原因は狙撃だった。アメリカ海兵隊と陸軍の狙撃手、そしてそれと敵対するタリバンとイラク軍狙撃手はともに、いくつもの実戦や組織だって行なわれる狙撃訓練から得た経験を最大限に利用して、敵が入念に計画して実施する攻撃から味方を守る。写真はタリバンの拠点を攻撃中、急いで避難する第7海兵連隊第2大隊F中隊。2008年6月15日、アフガニスタンのナウザッドにて。(アメリカ海兵隊)

　陸軍の同胞に等しくアメリカ海兵隊も激務にあたっており、海兵隊狙撃手もイラクに配備されているあいだずっと戦闘態勢に入っていた。イラク侵攻から1年たったのを機に、海兵隊は第82空挺部隊からファルージャ周辺の管理を引き継いだが、最初の2週間で12名が敵の銃撃に倒れた。多くは狙撃によるものだった。もともと海兵隊は狙撃が得意分野だったが、反政府武装勢力の拠点のひとつであるファルージャはとりわけ攻撃目標にはこと欠かないことが判明した。海兵隊狙撃手は、さまざまな距離からテロリストをとらえて弾を命中させた。今日の狙撃手が使用する軍装備の暗視レンズは非常に明瞭に相手の姿をとらえることができるので、夜間も例外ではない。反政府武装勢力のあいだには、またたくまに恐怖が広がった。

　海兵隊がファルージャ地区へ二度目に展開したとき、狙撃チームは味方のイギリス軍を掩護する任務にあ

第4章 ついに平和が？

左 砂漠での和平交渉。遮蔽物が少なく動きも制限されるため、もし車両が「友軍」でこのカメラの位置にいるのが敵のスナイパーなら、車両も関係者も全滅する可能性がある。逆に、このカメラの位置からなら、何マイルも先から敵が近づいてくるのがわかるので、「友軍」が見張るのには理想的な場所となる。(Mark Spicer)

たった。イギリス工兵隊が敵の銃撃を浴びることなく、建物や基幹施設にしかけられた爆弾を確実に撤去できるようにするためである。配備されて2日目、海兵隊員は、車両2台にぎっしりつまったイラク人兵士が自分たちに銃口を向けているのに直面した。観測手が車両に向けて軽機関銃を発砲すると同時に、狙撃チームのリーダーは近づいてくる最初のトラックにM40A3スナイパーライフルで3発撃ちこむと、M16に持ち替えて弾倉の30発全弾を浴びせた。つづく銃撃戦で海兵隊員は小隊長を失った。ボディ・アーマーのすぐ下、腹部に致命傷を負ったのだ。しかしながら、この小隊によって24名のイラク人が死亡、10名が負傷。さらに多くの敵兵が、つづく集中砲撃と地表すれすれの航空支援によって殺害された。

バグダッド侵攻では、海兵隊狙撃手が高層ビル上の770メートルほどの距離からイラクの大砲観測兵を撃

次ページ 西側諸国の狙撃手はみずから名声を求めるようなことはしないが、狙撃チームの功績は新聞や雑誌、そしてそれを読んだ人々のあいだで大きく騒がれる。写真は、イラク戦争中にバスラの北にあるアマラへ向かって砂漠を越えていくロイヤル・アイリッシュ連隊。(Mark Spicer)

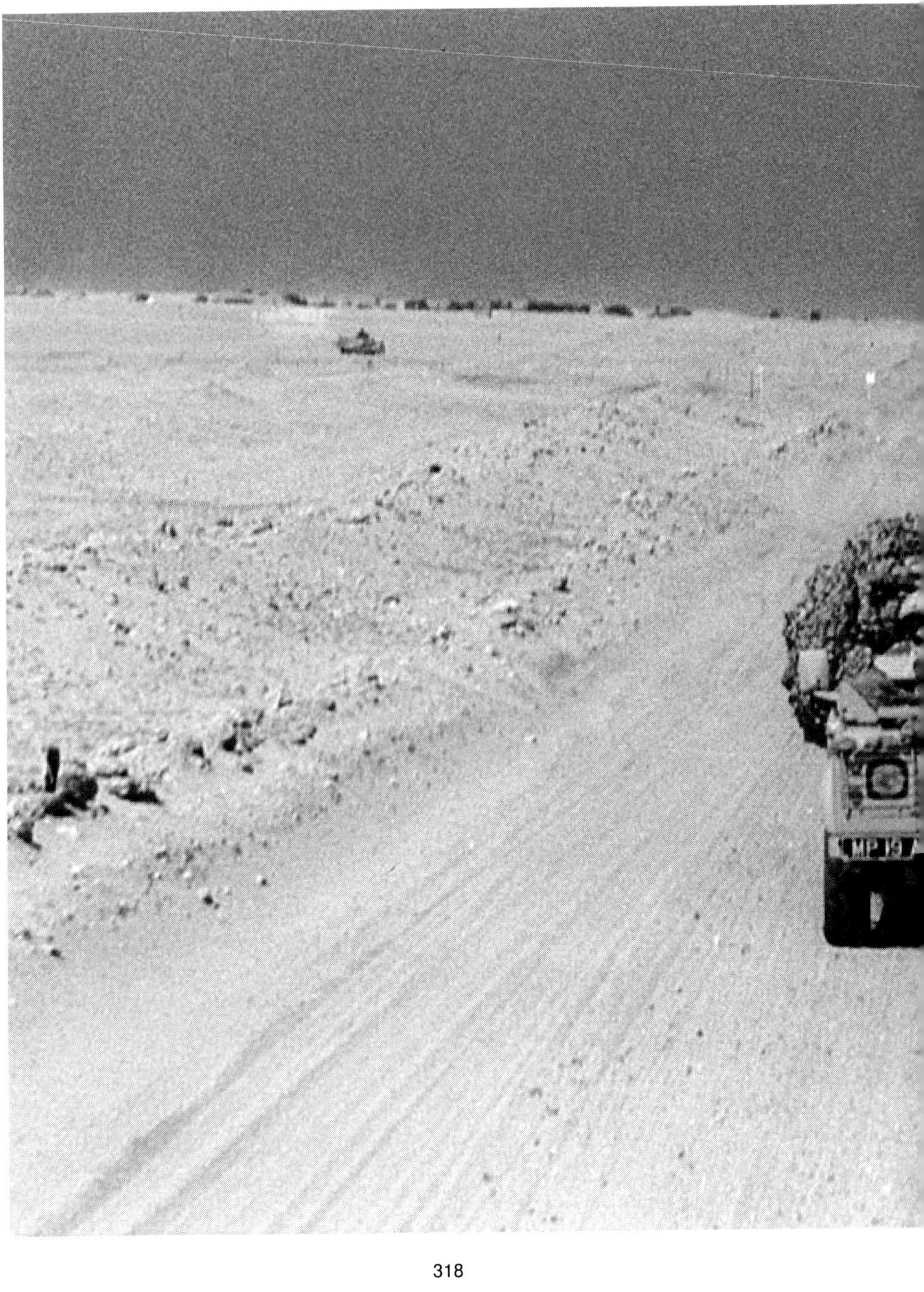
MP 19

第4章　ついに平和が？

ワシントンDC狙撃事件

2002年にワシントン近郊で起きたジョン・アレン・ムハンマド(旧氏名ジョン・アレン・ウィリアムズ)とジョン・リー・マルヴォ(旧氏名リー・ボイド・マルヴォ)による狙撃は、シボレーのカプリスというセダンの改造車から実行された。表向きはいっさい怪しまれることなく、ふたりは車内で射撃姿勢をとり、いつもの生活を送ろうとしていた罪もない人々を傷つけ、殺害した。狙撃手の仲間内では、狙撃という名のもとに行なわれた冷酷な殺人が自分たちと結びつけられることは侮辱にあたる、この男たちをスナイパーとよぶなという声が多くあがっている。軍のプロの狙撃手がそのように反論する気持ちは十分理解できるが、その考え方は誤っていると思う。

狙撃はひとつの戦術だという事実はどうも見すごされることが多い。しかも、この何年かのあいだに、「スナイパー」という言葉は、そこに含まれる実際の戦術ではなく、任務を実行する人間に属するかのように考えられるようになった。狙撃とは、隠れた場所から人間や装置を撃つ戦術である。ほとんどの狙撃手が長距離から撃つ理由は彼らにそれができるからであり、自分が生き残る可能性を高めるためにできるかぎり敵から遠ざかっていたいと考えるからだ。だからといって、狙撃は遠くから行なうものだということではない。たんに作戦上、長距離を選んだだけである。なぜこのようなことを述べるかというと、ワシントン狙撃犯のふたり組を探していた警察はしきりと離れた場所、つまりまちがった場所ばかりを見ていたからだ。ふたりは180メートルを超えるような位置からは一度も撃たなかった。1発をのぞけば、すべてがほぼ90メートル以内だったのである。

もうひとつ見すごされがちな事実は、殺人犯は彼らの作戦行動を実行していたのだということである。これが作戦行動ということは、すなわち軍の狙撃チームが自分たちよりも規模の大きい敵の軍勢に対して行なう活動とほぼまったく同じ特性をもっている。この事件の場合、敵の軍勢は警察やワシントン周辺の連邦の勢力だ。狙撃ペアが自分たちよりも大規模で力の強い勢力に対してダメージを与えるためには、敵戦力の弱点を見きわめ、それを最大限に利用する必要がある。そのためにはまず、敵とその日常を調べ上げなくてはならない。

一般的に、反政府武装勢力やテロリストは、人々の恐怖心や弱点を利用しようと何年もかけて観察し、調べ上げている。「ワシントン狙撃事件」として知られるように

ち抜き、その後すぐフセイン大統領の巨大な宮殿のひとつで戦闘に入った。宮殿周辺の戦いは激しく、屋根に向かった狙撃チームはまもなく、敵の銃撃を誘うことなく屋根の壁に穴を開けることは不可能だと知る。戦術的な状況判断の結果、海兵隊は狙撃訓練で学んだとおり低層階にもどって隠れ場所を構築し、潜伏場所から敵を攻撃することになった。

しばらく監視を続けると、AK-47を手に、アメリカ兵を攻撃しようと移動するイラク兵が現れた。イラク兵にはもうひとりRPG-7ロケットランチャーで武装した仲間がいた。ライフルをたずさえていた敵はすばやく始末されたが、もうひとりは相棒が即死したのを見てすぐに姿を消した。しかし、数時間後にまた現れて海兵隊狙撃手の弾丸に倒れることになった。

海兵隊狙撃手はこの地域における過去の経験すべてを生かして敵に損害を与え、バグダッドの西64キロ

なったこの事件もまったく同じだった。ウィリアムズとマルヴォは、1日のある特定の時間帯における交通量、警察が到着に要する時間、管轄の境界線など、自分たちに有利になりそうなことに詳しく通じていた。そしてまさにそれを利用したのである。ふたりはさらに、何も知らない市民をよそおいながら事件現場にもどって警察官の説明を聞き、警察の非常線で質問をして、さらに「敵」の情報を集めた。これは、軍の狙撃手が倍率の高いレンズで隠れた場所から敵の動向を探り、その後の攻撃で役に立ちそうな行動のパターンやくりかえしがないかを見張るのによく似ている。

くわえて、スナイパーというものは、敵の日常生活に最大限の混乱をひき起こして士気と資金の両方を低下させるために、できるかぎり広範囲に恐怖をまきちらそうとする。ワシントンの連続狙撃事件の犯人は当初、ガソリンスタンドで人々を襲った。これはふたつの結果をひき起こす。ひとつは犯人が撃つときに誰がガソリンスタンドにいてもおかしくないので、地域社会全体を無差別にまきこむということ、そしてもうひとつは撃たれるのではないかという一般市民の恐怖心が原因でガソリンの売上が落ちるので、経済基盤をも攻撃することになるということだ。

軍隊の場合と比較してみよう。前線の部隊が戦うために必要なものを補給する生命線である、戦力のとぼしい後方支援部隊を攻撃することで、狙撃手は敵の日常を破壊して恐怖を広げ、歩く速度にまで補給を減速させて敵の戦闘能力を下げる。

ワシントンの犯人は、その地域のあらゆる階級、年金生活者から児童生徒までのあらゆる年齢、あらゆる人種、そしてあらゆる肌の色や信仰をもつ罪のない人々を殺害して、誰ひとりとして安全ではないということを世に知らしめた。冷酷で、周到に計画され、細部まで正確に実行されたこの事件は、軍の狙撃手が受ける作戦実行訓練とぴたりと重なる。違うのは、軍の狙撃手は、なんの罪もない無防備な一般市民ではなく、戦時下に、軍服を着た正当な敵に対して任務を実行するということだけだ。狙撃手が与える被害の大きさと可能性を理解できるだけの知識や経験がある人ならば、この脅威には驚くまい。どのような作戦においても狙撃手は非常に有効だが、敵にまわした場合には非常に危険だ。上層部の人間はそれを心得ておかなければならない。

ほどの地点にある、にぎやかなファルージャの町を占拠した。多国籍軍の射手がひそかな監視場所から、通りや建物から敵を着々と一掃していく兵士や海兵隊員を支援する仕事に精を出した結果、確認された狙撃の戦果はかなりの数にのぼった。

テロリストの狙撃手

狙撃は長いあいだ、どこか卑劣でずるい戦法だとみなされ、煙たがられてきた。狙撃手の技巧のなかに秘められている能力と勇気、そして敵の心の奥深くにまでくいこむ精神的な影響は、まったく見すごされていた。しかし最近では、多くの司令官が狙撃手をえり抜きの攻撃防御手段だと考えているのにくわえて、かつてないほどマスコミの注目が集まるようにもなっている。世界的な対テロ戦争における狙撃手の手柄やライフルの腕前は華々しく称賛され、数えきれないほどの記事となって、報

道はアフガニスタンやイラクで戦う狙撃手の姿であふれかえっている。

　西側諸国におけるこうしたスナイパー人気は、軍隊や民間組織の即席爆発装置（IED）による殺傷や、主導権をにぎろうとする反政府武装勢力を阻止しようとしばしば過度になりがちな多国籍軍の攻撃など、ともすれば死や破壊といった言葉で暗くなりがちな記事を明るくするために、マスコミが必要としているからだというふうにも見える。レーザー誘導爆弾や迫撃砲の弾は、敵の位置とその隣の家とを識別できない。そうした二次的な被害が起きれば、たいていは地元住民からの信頼がいちじるしく低下し、敵対行為を止めようと戦う部隊への支持も得られなくなる。爆発による破壊と罪のない人々の死をもたらさずに、敵の脅威をきわめて正確に排除する能力をもつ狙撃手は、人々の支援を失わずに戦争を続けていくための手段となっている。

　遅すぎたという声もある一方で、この新たなる名声はじつは狙撃手にとって当初期待したほど都合のよいことではない。狙撃手とは、安全地帯や攻撃の一時休止から離れ、ナビゲーション、隠蔽、観測スキルを駆使して敵の活動領域で戦う訓練のいきとどいた兵士である。彼らはとくにふたり1組のチームになって、ほかの狙撃チームや、必要なときに火力支援を行なうにふさわしい支援部隊と協力して行動している。問題は、司令官が狙撃チームの能力を信頼しなければならないこと、そして命を落とす狙撃手がいることも受け入れなければならないことだ。

　だがそのどちらも実現していないように見受けられる。マスコミが犠牲者に焦点をあてると母国で戦争が支持されにくくなるため、軍の上層部はすくなくとも部分的にではあるが、狙撃手が敵国で勝手に戦うことに難色を示す。ゆえに狙撃手は戦術上厳しい制約を受けている。狙撃手が「栄光ある門番」役にしばられていたり、ひそかに潜入することがまるで不可能なほどの大人数で展開することを余儀なくされたりするとき、多国籍軍の狙撃手は反政府武装勢力に対して本来の効果をあげられないどころか、命まで落としてしまう。

　それに対してテロリストは命をすてることになんのためらいもないので、とりわけイラク国内で激しさを増している狙撃戦では優位に立っている。けっして多国籍軍狙撃手が成果を上げていないというのではない。事実、彼らはきちんと任務を遂行している。要するに、なんの制約もない敵を相手に、手かせ足かせをはめられた状態で戦っているだけだ。

　テロリストは従来、自分たちよりも強大な相手と対等に戦うための兵器として爆弾を用いてきた。しかしこの戦争で狙撃の技能に着目した彼らは、全面的にそれをとりいれて、多国籍軍に対して恐るべき成果を上げている。

　イラク軍が「消滅」したとき、大量の兵器も消えてなくなった。そのなかにはイラクで複製されたロシアのSVDドラグノフ・セミオートマティック・スナイパーライフル「タ

第4章 ついに平和が？

上　第25歩兵師団第14歩兵連隊（軽）第1大隊A中隊の隊員が、M25スナイパーライフルで反政府武装勢力と思われる人物に狙いを定める。2004年10月5日、イラクのサマラにて。（アメリカ陸軍）

ブーク」が何千挺もあった。イラクのテロリストによる狙撃は、アメリカ主導の多国籍軍がイラクに侵攻したときから報告されているが、ある時点で、イラクの司令官や情報分析官は、組織化された狙撃攻撃から得られる心理的な優位性に気づき、強大な侵略者とのたえまない戦いに支援と資金援助を得るためのプロパガンダとして利用できる価値をそこに見出した。

多国籍軍を何人も殺害した実在の、あるいは架空のイラク人反政府武装勢力狙撃手で、「ジュバ」とよばれる「バグダッドのスナイパー」が出現したのはそんなときだった。しかしながら、ジュバ伝説の誕生は、ひとりの射手が狙撃で幾人も死亡させたという事実にもとづいているというよりむしろ無責任な報道と関係がある。IRA同様、イラクの反政府武装勢力もすぐに敵のマスコミをうまく利用できることに気づき、徹底的なスナイパーのプロパガンダを発動させた。実際には、ジュバという名前は何人ものスナイパーの手柄を伝えるためのものである可能性が高いが、爆発物をのぞくいかなる攻撃よ

右　ドラグノフ・スナイパーライフルの照準を合わせる第5騎兵連隊第2大隊「コマンチ」中隊の兵士。イラクのサドルシティで、攻撃してくる反政府武装勢力と戦う味方の部隊のためにカウンタースナイパー射撃を行なう。このライフルは、2004年8月に「コマンチ」のホワイト小隊が反政府武装勢力の占拠していた家屋を襲撃して没収したものだ。（アメリカ陸軍）

右下　イラクの敵スナイパーは、多国籍軍を撃つ直前まで武器を車内に隠していることが多く、路上検問は日常的だった。写真は、アイアン・リゾルヴ作戦中の2004年2月6日、イラク、サリーヤの南にある臨時の検問所で、第1機甲師団の第27野砲兵連隊第4大隊B中隊の兵が車と乗っていた人物を調べているところ。彼らの任務はその地域から不法な兵器、テロリスト、闇市を一掃することだ。（アメリカ陸軍）

りも多くの多国籍軍の命を奪ったのが狙撃だったことはまちがいない。

事態を注視している政治家が心配すべきことは、事実上最低限の投資で効果をあげられることを知ったテロリスト集団においてスナイパーはますます進化しつつあるという点だ。多国籍軍の狙撃手は8〜10週間の厳しい訓練を受けて一定の水準に達した貴重な人材である。ところがテロリストの場合は、初めから射撃のできる者がみずからすすんで死を受け入れる覚悟で集まってくるのだから、たくさんの犠牲が出ても非難の声は少ない。すでに身につけている基本的な技能を強化するために、現在はテロリストも集中的な狙撃訓練を実施しているとみられる。狙撃に倒れるアメリカ兵のようすと称する一連のプロパガンダ動画からわかるように、反政府武装勢力は今では狙撃旅団を編成していると考えられる。

2005年6月2日、アメリカ軍に対する攻撃が失敗したときに、じつは「ジュバ」は捕らえられたといううわさがある。ジュバが撃った弾はアメリカ兵に命中したが、着用していたボディ・アーマーがその兵の命を救ったといわれている。どうやら、敵の狙撃チームは、そのあと追い打ちをかけているときにつかまったらしい。

もっとも「ジュバ」をめぐる混乱はその後も続いた。2006年11月29日、イラク内務省に逮捕されたアリ・ナザル・アルジュボリという男もまた「バグダッドのスナイパー」とよばれている。

2002年9月から10月にかけての3週間、ワシントン連続狙撃事件の犯人が巧みに逃げまわることができたのは、スナイパーは長距離からしか撃たないという思いこみがあったからだった。捜査陣はまちがったところ、すなわち離れた場所を警戒して見張っていたのだ。これはいかなるカウンタースナイパー計画においても問題となりうる。スナイパーは近いところからは撃たないという思いこみは断ち切らなければならない。

イラクでは反政府武装勢力狙撃チームによるいくつかの事件がもちあがっている。彼らは多国籍軍狙撃ペアとほぼ同じ装備をたずさえ、大幅に改造した車に乗って、狙撃攻撃を実行すると同時に、それを撮影する。

ワシントンDCのふたり組狙撃犯はシボレーのトランクに穴をあけ、そこからライフルを発射できるようにしていた。ひとりはあたりに目を配り、警察の接近を早めに警告するほか、視界のかぎられているトランク内の射手の代わりに標的を選んでもいた。

イラクの反政府武装勢力もこれとよく似た戦術に適宜変更をくわえて用いている。ワシントンの狙撃犯がどのような行動をとったのかがまったくわからないイラクのアメリカ軍は、イラクのスナイパーがどこから撃ってくるのかがわからず苦戦している。イラク反政府武装勢力の狙撃車両は、一見ふつうの割れた窓ガラスから発砲できるように改造してある。バグダッドでは壊れた車は日常茶飯事なのだ。そして相手の士気を

第4章　ついに平和が？

上　2004年12月27日、敵スナイパーやテロリストをかくまって支援している可能性があるイラクのラマディ地区の村で、徒歩によるパトロールが実施されているあいだ、海兵隊前哨狙撃兵ハーバート・ハンコック軍曹（左）とジェフリー・フラワーズ伍長が屋根の上から監視を行なう。（アメリカ海兵隊）

くじくためのプロパガンダとして使用することを念頭に、こちらもまた町でよく見かける、車内のサンシェードやカーテンの陰にさりげなくビデオカメラがしかけてある。同時録音される背後の音声は、たいてい殉教にまつわる宗教的な言葉のくりかえしで、弾丸が発射されるとムハンマドに感謝の言葉が捧げられる。これらすべてが支持者からの支援を受け、敵軍兵士の士気をくじくためにおおいに役立つのだ。

　反政府武装勢力はワシントン狙撃事件を知っているばかりでなく、アメリカ人の精神と米東海岸の経済におよぼす影響の大きさを十分に理解している。そう考えることはそれほど突拍子もないことではないだろう。どちらも連合国の政治家に通じないようでは困る。

　あきらかに進化しつつあるこの戦術を世界は警告だと受けとるべきだろう。多国籍軍がイラクで解散させたあの40万の兵士を中心に構成されているイラク・イスラム軍のスポークスマンは述べている。スナイパ

第4章 ついに平和が？

ーはアメリカ軍の士気に大きな影響をおよぼしており、すべての狙撃を録画することは非常に重要だ。なぜなら「兵士に弾が命中する映像は、ほかのいかなる兵器と比べても絶大な衝撃を与えるからだ」

イラクに駐留する多国籍軍は敵スナイパーの標的になりやすい。どのような形態であろうと、都市部のパトロールは非常に不利だからだ。車両で動きまわる場合でも、待ち伏せ攻撃を回避するためには隊員が車両の兵器や砲塔についていなければならず、それがスナイパーに狙われる。アメリカならびに多国籍軍は、ボディ・アーマーや、危険な砲塔周辺では追加のプレートを装着させるなど、兵士を守るために徹底的に手をうってはいるが、反政府武装勢力の狙撃能力は徐々に上がっており、ボディ・アーマーで保護されていない体の上部、下部、あるいは脇の下などを撃たれることが多い。

イラク都市部の雑多でしばしば乱雑きわまる町なみもまた、敵スナイパーが攻撃するのにはうってつけだ。人目につきやすいようにならざるをえない多国籍軍兵士を撃つための、隠れた通り道や狙撃場所が豊富に存在する。パトロール部隊をいくらかでも援護するために配置された多国籍軍狙撃手は、大人数で人目をしのぶことができないなどの戦術的な制約に妥協させられるか、あるいは反政府武装勢力の確かな情報網と監視網に負けて、すぐに追う立場から追われる立場になってしまう。

南部のバスラ地方に駐屯していた多国籍軍のイギリス軍もまた狙撃の犠牲になることが多かった。すくなくとも8件の事例で、反政府武装勢力は奪いとったアメリカ軍のスナイパーライフルを使ってイギリス兵を射殺していた。

戦争が進むにつれて、誤って民間人を攻撃して殺してしまわないように多国籍軍の交戦規定が厳しくなったが、結局は反政府武装勢力の動きを後押ししただけである。以前なら、アメリカ軍は携帯電話で話している人間を撃つことができた。攻撃を指示したり、アメリカ軍の動きを知らせて攻撃を助けたりしていると思われるからである。しかしこれにはあきらかに欠点があった。何度も誤射が起き、家に電話をしていた一般の人が撃たれてしまったのである。そこで現在狙撃手は、相手が武器を所有しており、実際に敵対する行動に従事しているか、あるいはその意図が明らかな場合のみ発砲できることになっている。するとテロリストは武器を使用する直前まで隠しておいて、用がすめば見えない場所にしまいこみ、警戒を続けている狙撃チームの標的にならないように民衆のあいだにまぎれこむようになった。

ここで注目すべき点は、自分たちよりも規模が大きく装備もすぐれている敵と戦う場合には狙撃が戦略的に重要だということを、反政府武装勢力とテロリストが認識していることである。われわれの世界では現在、戦闘行為で広範囲に影響をおよぼすはずの狙撃手の能力が過小評価されている。これまでずっと狙撃手は人

次ページ　狭い道路や細かい横道が張りめぐらされている雑然としたバグダッドのように、多くの人で混みあう都市部でひそかな作戦行動を開始することは、多国籍軍狙撃手にとってきわめて大きな危険をはらんでいる。もし捕まれば、怒り狂う地元の人に襲われて重傷を負う。場合によっては殺される可能性もある。(Mark Spicer)

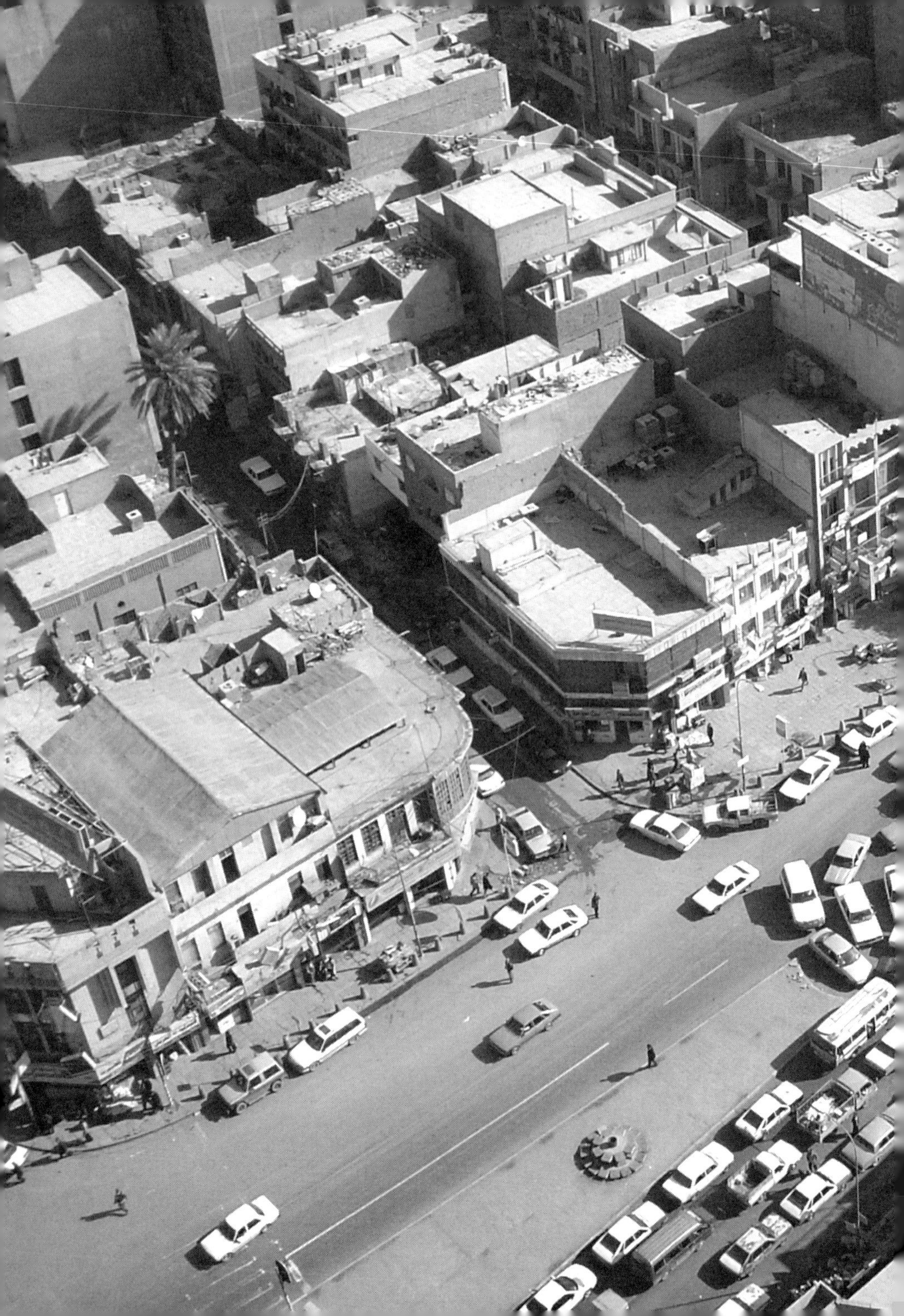

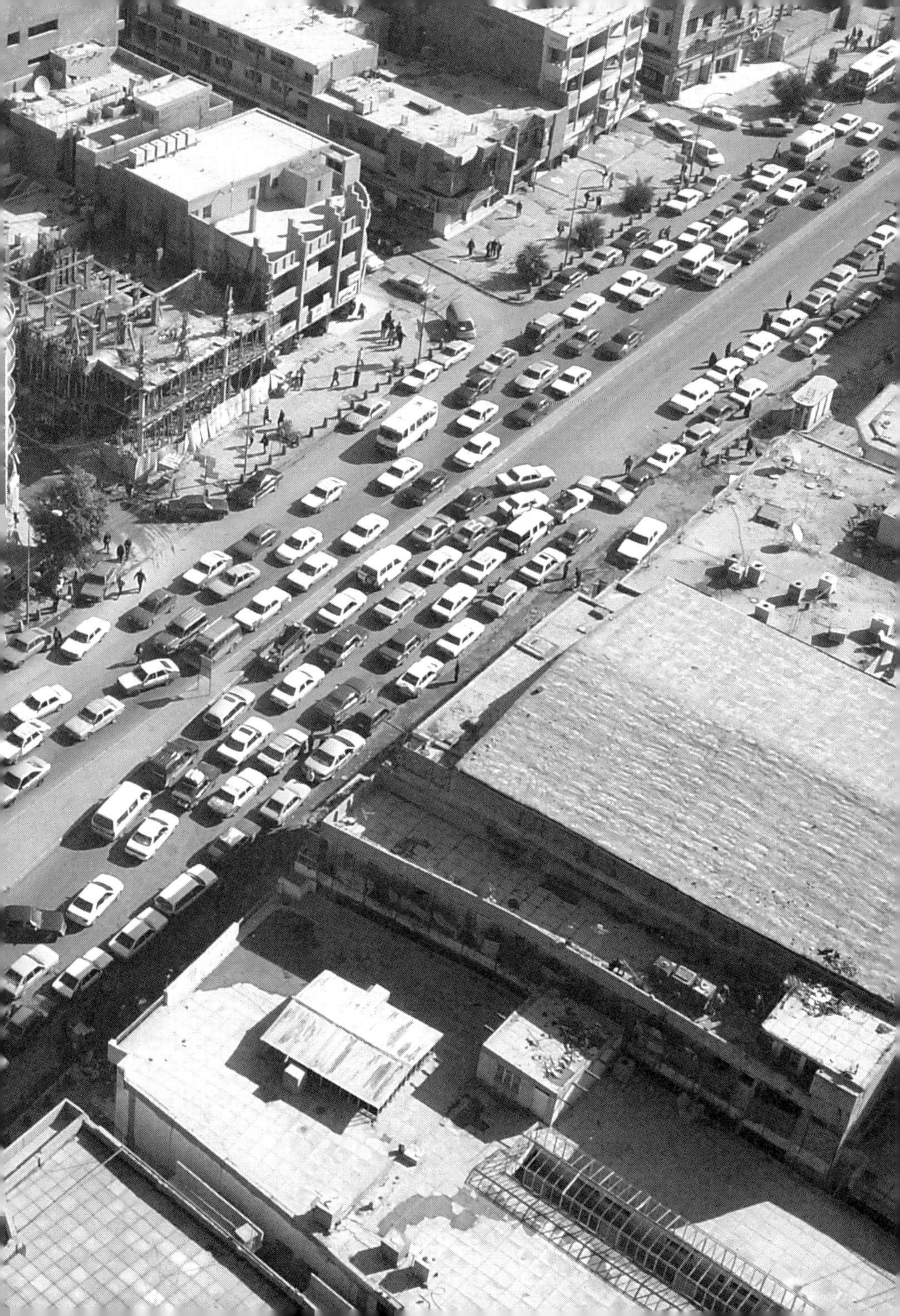

右　一般に軍で支給されているボディ・アーマーではおおいきれない部分がたくさんある。とくに脇の下などの胴体と足は、ますます精度を高めつつある反政府武装勢力の狙撃に対して無防備だ。一方、狙撃手は作戦行動中にヘルメットや重いボディ・アーマーを装着することを嫌う。動きや射撃姿勢が制限されてしまうからだ。(Mark Spicer)

数以上の成果を上げることができると行動で示してきた。アメリカ独立戦争から第2次世界大戦をへて現在にいたるまで、狙撃手は敵の士気を低下させ、戦闘能力を抑えこんで、自分たちが難攻不落の戦闘手段であることをつねに証明してきた。

狙撃手になかなか報復できない理由は、彼らがどのように考え、行動するのかを知るべき人間が理解できていないからである。狙撃手は特殊部隊とはみなされていないが、じつは特殊部隊そのものだ。規模や兵力から想定されるよりもはるかに高い成果を上げる小規模ながら意欲に満ちたチームなのである。たかがライフルを手にしたひとりやふたりの兵だとその能力を軽視しているかぎり、狙撃手の成功は続くだろう。

テロリストはこの事実を認識し、現在進行中の軍事行動に参加して諸外国で戦っているわれわれの友軍に対して、積極的に戦術として用いている。テロリストがそれをわれわれの国内にまでもちこむのはもう時間の問題なのかもしれない。ならば、

第4章 ついに平和が？

気」や「陰から日なたへ」という言葉からだけでも、この「仕事」がひき続き重要であることがよくわかる。多くの防衛技術メーカーが指摘しているような時代遅れの感からはほど遠い。狙撃手を見つけ出して排除するためのシステムに何百万ドルという費用がかけられていることは、散開戦でも従来とは異なる戦闘方法でも、この種の任務が脅威をもたらしていることを裏づけるばかりだ。

しかしながら、多くのメーカーは見落としている。製品がどれほど技術的に進歩していようと、やはり機械はハンターのように考えることはできない。したがって裏をかかれたり破壊されたりすることはあるのだ。今日の対狙撃防衛装置に打ち勝つために必要なことはただひとつ、それがどのように作動するのか、装置を構成しているものは何かという基本的なことを理解すればよいだけだ。なんといっても、所詮は人間に作られたものである。弱点はある。

現在使用されている装置の多くはじつにすばらしい性能とスピードを有しており、従属武器装置を用いて、狙撃手の弾が攻撃目標に到達するより早く狙撃手を撃つことができる。こうしたシステムはエア・ディスプレイスメントの方法を利用して、非常に短時間のうちに、こちらに向かって飛んでくる狙撃手の放った弾丸がもともと発射された場所、すなわち狙撃手の位置を探知する。しかし、このシステムは複数の弾が発砲されたときの相対的位置を割り出せないので、「だます」ことができる。

権限のある人々がしかるべき対応策を練ってそなえてくれることを祈ろうではないか。そうでなければ、テロリストの狙撃攻撃によって一国のインフラストラクチャーや商業の大部分が麻痺してしまうことになりかねない。さらにはその国の防衛や戦争遂行能力に影響をおよぼすことにもなるだろう。

狙撃の未来

前にも述べたが、狙撃手の「人

次ページ　ロイヤル・アイリッシュ連隊のランドローバーの側面にとりつけられたアキュラシー・インターナショナル.338口径スーパーマグナム・スナイパーライフル。イラク戦争に向けて装備された。
（Mark Spicer）

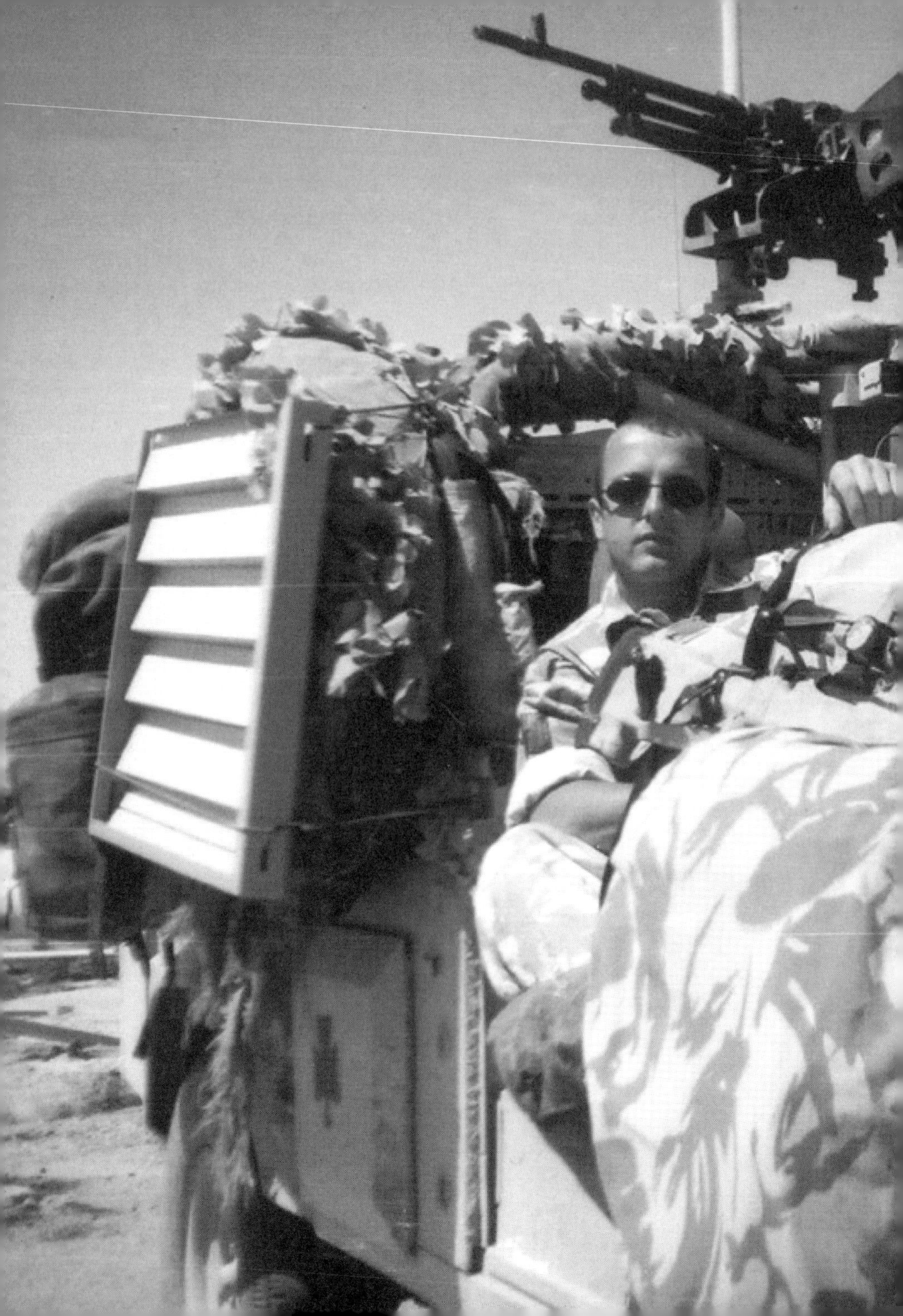

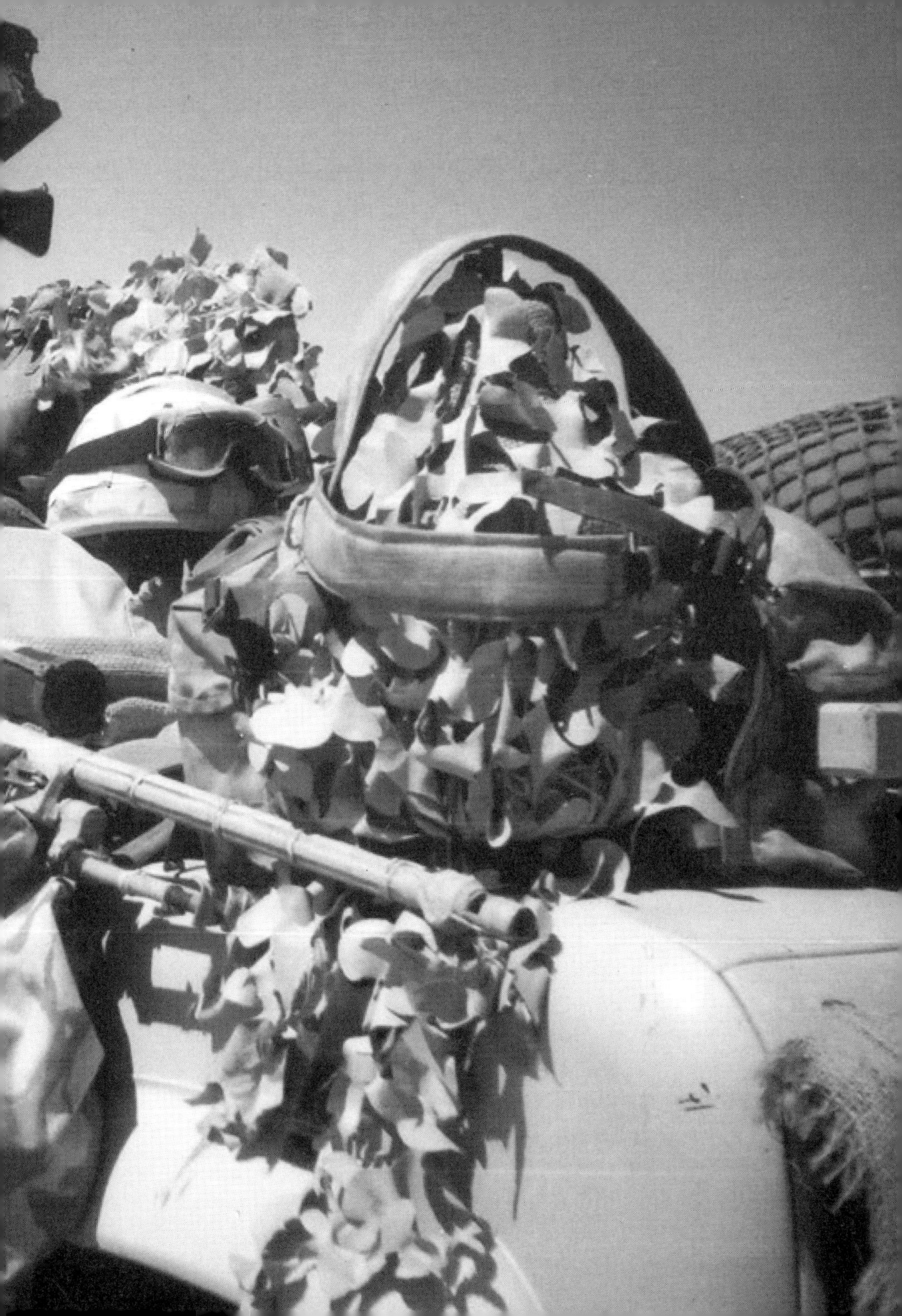

上　アメリカの陸軍と海兵隊はともにイラクに無人航空機（UAV）を配備した。写真はRQ-7Bシャドー。UAVで敵の位置が確認できれば砲撃や空襲などの支援攻撃ができるので、敵スナイパーにとっては一大事である。また、MQ-9リーパー（前MQ-9プレデター）のようなハンターキラーには武器が搭載されている。（DoD）

第4章 ついに平和が？

上 イラクでRQ-11レイヴン小型UAVを発進させる兵士。レイヴンは地上からリモートコントロールで飛ばすことができるが、GPSを使ったウェイポイント・ナビゲーションによる完全な自動飛行も可能だ。(DoD)

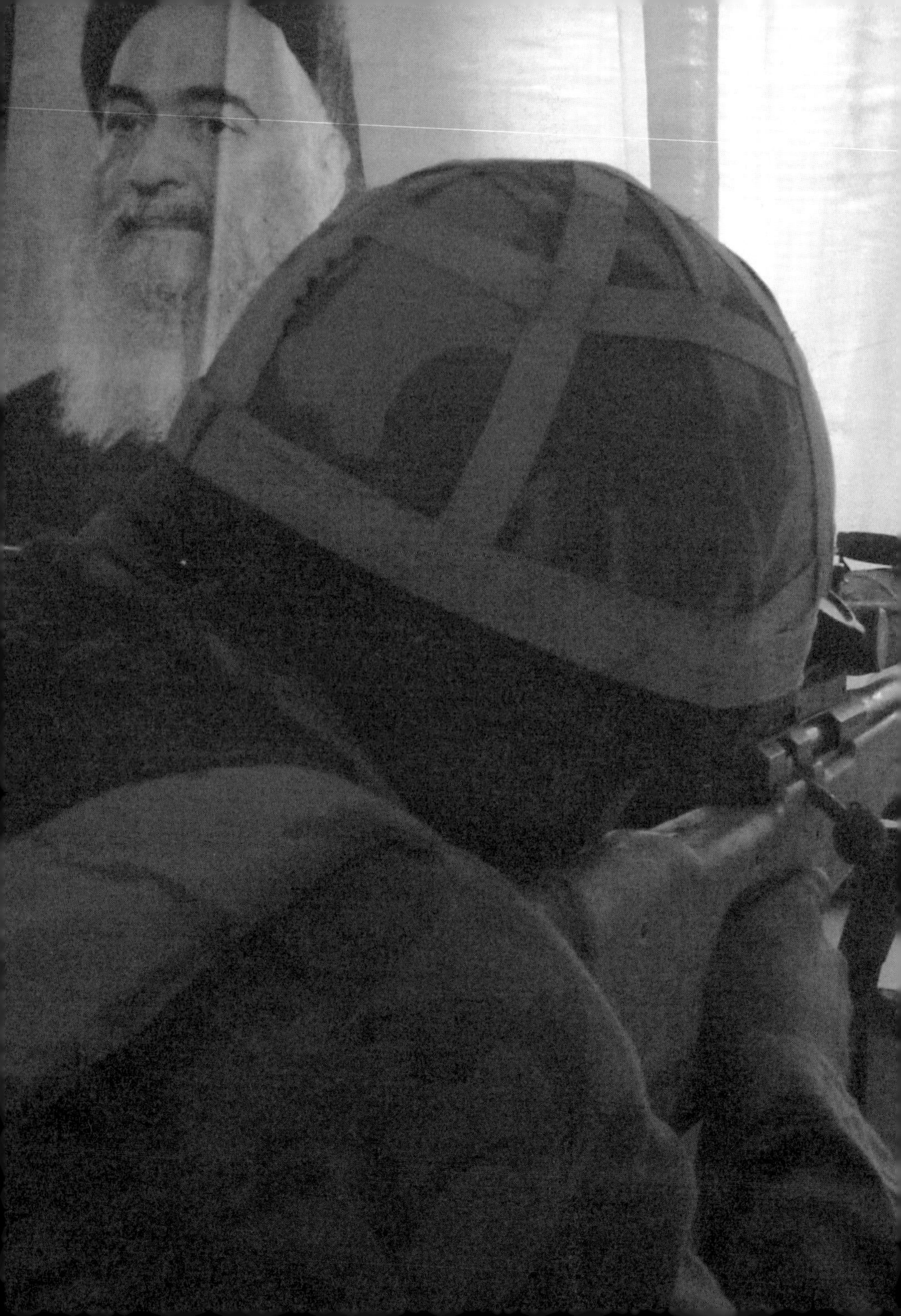

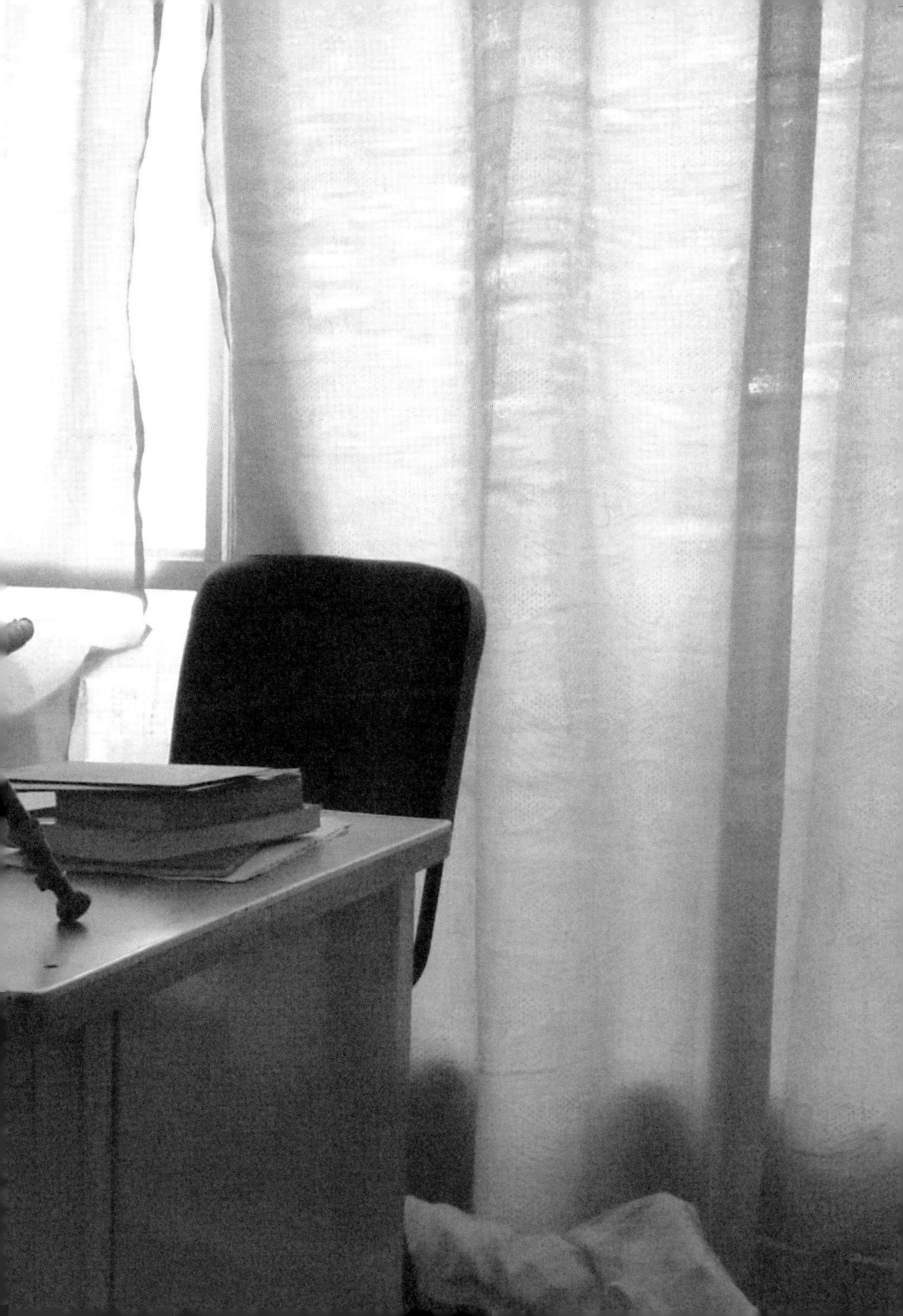

前ページ　バルカンの町でイギリス軍狙撃手が監視任務にあたる。反射する窓ガラスから遠ざかった位置に座っている彼は、濃い陰のなかにうまく隠れている。多くの作戦で利用しているこの潜伏場所で、おそらく何時間もその姿勢をとりつづけることだろう。
(Mark Spicer)

　このような探知装置はけっして最近になって新たに発明されたものではない。早くも1970年代の初めごろには、イギリス陸軍が北アイルランドでパトロール用のランドローバーに車載システムを積んでいたし、基地監視塔にもつけられていた。攻撃者がパトロール隊や陸軍の基地に向けて撃ったときにその弾の方向を割り出すことが目的だった。そうした装置には当時の技術なりの効果があり、兵士は発砲した敵をいち早く見つけて報復射撃を行なうことができた。

　現在は、技術の発展とともに装置が小型化され、反応速度も高速化しているのにくわえて、弾の発射された位置を探知する精度が格段によく

第4章 ついに平和が？

上 最近になって狙撃手やその功績が公にされることが増えたが、彼らがみずから選んだその「仕事」の成果はどうも美化されがちなようである。狙撃は華々しくもなければ、気持ちのよいものですらない。写真のようにクウェートで実施されているイギリス軍の狙撃訓練がまちがいなくそれを証明してくれるだろう。しかしながら狙撃手の役割はきわめて重要だ。今になってようやく、軍の上層部は自分たちの指揮下にたぐいまれな特殊部隊があったことに気づき、その重要性を理解したように見える。(Mark Spicer)

なった。また、システムのコンピュータに従属している機関銃といった火器を遠隔操作で発射できるなどの利点もある。つまり、狙撃手は、自分の撃った弾があたる前に居場所が発覚するだけでなく、弾が攻撃目標にとどく前にすでに自分のほうへも弾丸が飛んでいるという事態に対処しなければならないことになる。なんともくじけそうな実情であることは確かだが、ひとたびシステムが作動するパラメータと限界がわかれば、打ち負かすことはできる。

これまで長いあいだ、狙撃手は事実上、空からの脅威にさらされたことはなかった。狙撃手ひとりを見つけ出すために上空を通過する任務を課すには、航空機は費用がかかりすぎるうえ、手も空いていなかったからだ。だが今は違う。ハンター、スキャンイーグル、レイヴン、リーパーなどの小型あるいは超小型の無人航空機（UAV）が登場して前線部隊に配備されたことで、現実に狙撃手はそうした装置に見つかるおそれがある。また発覚に続いて迫撃砲や大砲の間接射撃による集中砲火を浴びる可能性もある。つくづく不運な場合には、リーパーなどミサイルを装備しているUAVに直接狙われてしまうかもしれない。

狙撃手に勝利するものとして売りこまれているもうひとつの装置は、光学照準器の使用を検知するもので、狙撃手の存在をつきとめるために対物レンズの反射する性質を利用している。明らかな欠点は、今日の戦場では軍支給のアサルトライフルに光学照準器を標準装備している兵が数多くいるので、一度に複数の攻撃を受けているときには狙撃手の存在を見つけ出す確率が低くなるということだ。たしかにこれなら、狙撃手が大規模作戦を支援する場合は検知されることはないが、単独で行動するさいには幾分慎重にならざるをえないだろう。しかしながら、探知技術が進歩すれば、それを無効にする技術も進歩する。そのくりかえしだ。

もうひとつ、見すごされがちなことがある。ほとんどの狙撃手が自分の仕事に情熱を傾け、命をかけていることだ。人間が仕事を選ぶのではなく、仕事が人間を選ぶのだとよくいわれるが、個人的な経験からいって、まさにそのとおりだと思う。この仕事につこうとしたものの、華やかでもなければ気持ちのよいものですらないことに気づいてあきらめた人間を何人も見てきた。仕事量は減らない。むしろ増える。そして自分の技能やプロ精神が認めてもらえることはほとんどない。

それでいて、これまでに出会った多くの男たちは、昇進を断わり、出世をはねつけてでも、この世界で自分の好きな仕事を続けたいのだという。情熱とは非常によい言葉だ。成功するために、そして生きのびるために、狙撃に対していだくべき感情をうまく言い表している。細かいことにまで目を配り、相手に負けないという不屈の精神をもちつづけることが狙撃手を前へと進める。ときに行きすぎて、自分がいちばん強い、あるいはなにから何まで知りつくし

第4章　ついに平和が？

ているのだと豪語するスナイパーがいて摩擦が起きることもある。むろんそれはばかげたことだ。なぜなら、誰も名案を独り占めすることなどできないし、「最強」などというものは存在しないからだ。自分よりもすぐれた人間はかならずいる。人はそれぞれ異なった経験を積んできているのだし、経験は比べようがない。

　狙撃手には危険がつきものだという認識がある。それは事実だが、じつはそれほどでもない。なぜなら、狙撃手がきちんと自分の仕事を実行しているならば、敵を調べ上げ、敵の能力も強みもすべて把握しているはずだからだ。たとえば、もし敵に航空偵察能力がないことがあらかじめわからないのであれば、敵のUAVを考慮して頭上のカムフラージュを念入りに行なえばよい。状況を把握していれば対処できる。

　サーマルサイトの出現により狙撃手の時代が終わったという人はたくさんいた。だがすぐに、この熱画像解析システムは自然の草木の背後は見えず、死角があり、巧みに作られた障壁を透視することは不可能だということがわかった。ゆえに狙撃手は今も健在である。

　今日の科学技術の多くが狙撃手の命を危うくしていることはまちがいない。研究を怠らず、市場に出される新しい装置すべてについてたえず最新情報を手に入れておかないと、死は現実のものとなる。狙撃手の多くは難題に挑むスキルと相手の裏をかく心理プロセスに魅せられている。そのため本質的に好奇心旺盛で一般に知的な人間であり、よくいわれるような危険な殺し屋ではない。ゆえに、思う。狙撃は時代遅れどころか、今まさに成熟しつつあるのかもしれない、と。これまでの狙撃手の歴史もそれを物語っている。

訳者あとがき

　狙撃手という言葉から思い浮かべるのは、ハードボイルド小説さながらの殺し合いの世界に生きる非情な男たちの姿だろうか。それともハイジャック犯を遠距離から狙い撃ちして、人質を救出する正義のヒーローだろうか。獲物を追うハンターのように隠れ場所に潜伏し、スコープの向こうに敵が姿を現した瞬間、彼はライフルの引き金を引く。

　小説、映画、最近ではゲームなど架空の世界に登場するスナイパーは、クールで格好いい。現実の世界においても、彼らは日々奮闘している。戦場で敵を倒し、仲間を守る。一方、ひとたび敵にまわせば狙撃手は恐るべき存在だ。いつどこから銃弾が飛んでくるのかわからない恐怖に怯えて暮らしている人は、おそらく現代の日本にはいないだろうが、今も世界のどこかで誰かが命を狙われている。英雄か、はたまた悪者か、いずれであっても狙撃手の脅威は、今なお衰えることはないようだ。

　狙撃手は殺し屋だろうか。ある意味そうなのだろう。正々堂々と戦っていない、騎士道に反するなどの理由から、特にイギリスの軍隊ではほんの近年まで狙撃の重要性がきちんと評価されてこなかったのだと著者は言う。実際には、狙撃は戦争という特殊な状況において非常に効果的な戦術であり、軍隊の狙撃手は特殊部隊に引けをとらないほど多様な特性をそなえた究極のスペシャリストである。

　その一方で、テロリストにも狙撃手はいる。無差別に人びとに向かって銃弾を撃ちこめば、それは犯罪だ。事実、少し前のコソボ紛争や、武力衝突の絶えないイラクやアフガニスタンでは、武装勢力のスナイパーが暗躍している。

　パット・ファレイ氏とマーク・スパイサー氏の共著である本書には、「狙撃」という言葉がまだ用いられていなかった1700年代からの狙撃の歴史を中心に、軍隊における現在までの狙撃手の姿が描かれている。執筆は、第3章までが銃器の専門家であるファレイ氏、第4章がみずからも狙撃手をつとめた経験をもつ元イギリス軍人のスパイサー氏によるものであり、語り口や言葉のはしばしにそれぞれの著者の個性や狙撃に対する思いが現れているように思う。著者の、とりわけスパイサー氏の姿勢がイギリス寄りであることは否めないが、200年以上も前からの狙撃と銃と狙撃手にかんするさまざまな情報がこの1冊に集約され、読む側の知識欲を十分に満たしてくれる本に仕上がっている。

　本書には、アメリカ独立戦争でイギリス軍将軍を狙撃したティモシー・マーフィー、ベトナム戦争で白い羽毛と呼ばれたカルロス・ハスコック、スターリングラードの名狙撃手ヴァシリ・グリゴーリエヴィチ・ザイツェフをはじめとして、さまざまな戦場で活躍した数多くの狙撃手が登場するほか、各人の戦果記録、使用された銃器、狙撃したときの実際

の状況なども詳細に記されている。アメリカとイギリス、そして英連邦に属するカナダやオーストラリアの軍隊にかんする記述が中心だが、ドイツ、ソヴィエト連邦、日本、フィンランド、南アフリカのボーア、旧ユーゴスラヴィア、イラク、アフガニスタンなどの狙撃についても幅広く触れられている。

　ぱらぱらとページをめくるだけでわかるが、全体として、とにかく写真が豊富である。昔の戦争については、記念行事などで当時のようすを再現したときの写真も混在しているが、英仏軍の白い十字ベルトがなぜ標的になりやすかったのかなど、写真を一目みただけでにやりと笑ってしまうほどよくわかる。一方で、軍隊の狙撃手が活躍する場といえばむろん戦場であり、無残に転がる兵の遺体の写真は戦争のむごさを物語ってもいる。

　ファレイ氏が、狙撃手の活躍とその武器は、切っても切り離せない関係にあると述べているとおり、各時代の狙撃手が使用していた銃器については、見事なまでに詳しく解説されている。しかもほとんどが写真つきなので、細かいところまでとくと眺めることができるところは、本書の最大の特徴といってもよいかもしれない。特に古いライフルについては、試射したときのようすも含めて、これほどまでに詳細な資料がそろった書籍はめずらしいのではないだろうか。第1次世界大戦以降については、スコープやカムフラージュなどについても広く述べられている。本文はもちろんだが、こうした小火器、戦場、部隊などについてのコラムもじっくり見ていただきたい。

　翻訳するにあたっていくつもの文献を参考にしたが、本書は銃器にかんする記述が細かく、苦労の連続だった。なお不備な点があれば、ご教示いただければ幸いである。

　なお、最後になったが、本書の刊行を実現させるためにご尽力くださった株式会社原書房の寿田英洋氏と廣井洋子氏、ならびに株式会社バベルの鈴木由紀子氏に、この場をかりて心より御礼申し上げたい。

2011年2月

大槻敦子

索引

【A〜T】

B火薬（無煙火薬） 121
C14ティンバーウルフ・ライフル 296
FN FALライフル 137, 244
G22スナイパーライフル 308
Gew（モーゼル）スナイパーライフル 140-1
IRA（アイルランド共和軍） 304, 323
Kar98、モーゼル 141
M1ガランド・ライフル 215, 242, 259
M2機関銃 278
M14スナイパーライフル 246, 262
M16A4アサルトライフル 296
M21スナイパーライフル 265
M28ライフル 170
M40A1スナイパーライフル 259, 309
M40A4ライフル 257
M48モーゼル・スナイパーライフル 281
M81ライマン・スコープ 215
M82ライマン・スコープ 215
M1859シャープス・ライフル 96-7
M1891/30ライフル 166, 168
M1903A4ライフル（狙撃用） 215
MQ-9リーパー UAV 334
P42パーカッションロック滑腔式マスケット銃 68, 71
P51（ミニエー）ライフル 70-2
P53エンフィールド・ライフル 66, 70
PEならびにPEMスコープ（ロシア） 167
PGMヘカート.50口径ライフル 278, 296
PUスコープ（ロシア軍） 167, 169
RQ-7Bシャドー UAV 334
RQ-11レイヴン UAV 335
Scharfschütze（シャルフシュッツェ、射手） 96
SKSスナイパーライフル 281
Snayperskaya（スナイパースカヤ） 184
SVDスナイパーライフル 248
T-3カービンとM2スナイパースコープ 230
T4、リー・メトフォード・ライフルの狙撃用 137

【ア】

アーガイル・アンド・サザーランド・ハイランダーズ 238
アキュラシー・インターナショナル
　AS50対物ライフル 298
　PM対テロリストモデル 266
　減音AWライフル 289, 295
　スーパーマグナム・スナイパーライフル 331
アデア大佐 63
アデン 238
アパーチャーサイト 92, 98, 100
アフガニスタン 284
アマラ、バスラ（イラク） 317
アメリカ海軍 298
アメリカ海兵隊 226
　イラク 312-3, 316-7, 320
　狙撃訓練プログラム 251
アメリカ軍狙撃手の装備（朝鮮戦争時代） 101
アメリカ軍の狙撃用ライフル（第2次世界大戦） 215
アメリカ軍歩兵、狙撃攻撃を受ける（第1次世界大戦） 154
アメリカ特殊作戦コマンドー 298
アメリカ特殊部隊兵 292
アラーベルガー、ヨーゼフ・「ゼップ」 177, 179, 182
アラモ砦 60
有坂
　三八式ライフル 211
　九七式狙撃銃 211
　九九式狙撃銃 211
アーリー将軍、ジューバル・A 104
アルカイダ 292
アルゴンキン族 18
アルジュボリ、アリ・ナザル 324
アルフレッド伍長、クロード・W（アメリカ海兵隊） 254
アンザック軍団狙撃手（ガリポリ） 157
アンドリュース射撃隊 92
イェーガー（猟兵） 34-5, 37, 61, 87, 146, 182
イェーガー・ライフル 37
イギリス海兵隊 227-8
イギリス軍レンジャー部隊 36
イギリス陸軍銃兵隊学校 79
イギリス連邦軍（ボーア戦争） 132
イスラム聖戦士（アフガニスタン） 288, 292
イタリア軍狙撃用装甲板 148
イタリア侵攻、ドイツ軍狙撃手 197-8
イタリア侵攻、連合軍狙撃手 197

345

イラクとテロリズム 299
イロコイ族 36
イロコイ同盟 18
インド大反乱（セポイの反乱） 73
ウィーヴァー330Cスコープ 215
ヴィエイユ、ポール・マリー・ユージェーヌ 121
ヴィクトリア十字勲章 81, 83
ヴィクトリー号、軍艦 62
ウィットテイカー少佐、ジョン 63
ウィットワース、ジョゼフ 98
ウィットワース・ライフル 98-9, 104-5, 110
ウィルソン中尉、R・W 212
ヴィルンスベルガー、ヘルムート 177
ウィレッツ、ベンジャミン 35
ウェリントン公 48, 59
ウォーナー＆スウェイジー・モデル1913望遠照準器 153-4, 156-7
ヴォルティジュール 61
ウォレン中将 134
ウクライナ軍狙撃訓練 271
ウッドゲイト将軍、エドワード 134
馬、標的にされる（南北戦争時代） 108
ウリッジ造兵廠 44, 60
エッグ、ジョゼフ 67
エンフィールドP14No.3(T)ライフル 153, 189-90
P17ライフル 153
P53 98, 104
パターン1853ライフル（アメリカ南北戦争） 87
パターン1853ライフル・マスケット銃（P53） 72-3, 87
王立小火器廠 137
オジブワ族 18
オーストラリア軍
　カムフラージュ・パターン（第2次世界大戦） 205-7
　スナイパーライフル（第2次世界大戦） 221
　狙撃訓練（第2次世界大戦） 212
　リー・エンフィールド・ライフル 235, 239
オーストラリアとニュージーランド部隊（第1次世界大戦） 157
オーストリア＝ハンガリー帝国 139
オスナブリュック（第2次世界大戦） 204
オタワ族 18
オーデン准将、ヴァン（アメリカ海兵隊） 243
オフロプコフ、フョードル・マトヴェイェヴィチ 184-5
オヘア大尉、ピーター 48
オルティス・ブラザーズ 146
オルレアン公 69
オレンジ自由国 120

【カ】

海兵隊（アフガニスタンにおける） 316-7, 320
火炎放射器、アメリカ軍（第2次世界大戦） 216
カーキの軍服 129
カサドール 61, 87
滑腔式マスケット銃 16
カッチャトーレ 87
可動式狙撃ポスト 150
カナダ軍
　FN FALライフル 246
　騎乗偵察兵（ボーア戦争時代） 132
　クイーン直属ライフル隊 189
　狙撃訓練 294
　狙撃ライフル研究 235
　展望鏡つきライフルをもつ兵士 154
ガーネット将軍、ロバート・S 87
カー標的射撃用ライフル 106
紙製カートリッジ 26
カムフラージュ（偽装）
　市街地 303
　第1次世界大戦 162
　第2次世界大戦 205
ガランド 239, 242
カリフォルニア・ジョー 94-5
監視任務（ボーア戦争） 134
間接射撃の統制 231
観測技術 151
偽装開発訓練所（イギリス軍、第2次世界大戦） 205
北アイルランド 304
北アフリカ、連合国軍の狙撃手 197
北ヴァージニア軍 104
ギブズ少将、サミュエル 63
ギャルトン＆サンズ 35
キャンプ・ペリー射撃訓練所 153
キャンプ・ボーデン（カナダ） 152
義勇兵の軍服 86
ギュマール、ロベール 62
ギリースーツ 12, 162
ギリースーツ（ボーア戦争時代） 134
ギリランド2等軍曹（アメリカ陸軍） 312-3
キングズ・マウンテン 37
キングズ・ロイヤル・ライフル軍団 41, 49, 123
キーン少将、ジョン 63
クイーンズ・レンジャーズ 34, 38
クウェイテク軍曹、フランク 201
グッドレイク大尉、G・L 81
クート＝マニンガム将軍 44, 58
グライス、ウィリアム 35
クラーク、フランシス 34
クラグ・ヨルゲンセン・ライフル 133
グリーン、ウィリアム 51
グリーン、マルコム 78
クルド人 302

索引

クロアチア 274
グローブサイト 98, 100, 105
クーンズ軍曹、フランク（アメリカ軍レンジャー部隊） 197
ケイン、トマス 101
ケーニヒ少佐、エルヴィン 185
ゲパードM3スナイパーライフル 278
ケンタッキー・ライフル 25
光学照準器（南北戦争時代） 105
交戦規定 308, 327
後装式ライフル銃 107
国際治安支援部隊 288
国連の狙撃手配備 271
コスティリナ、タチアナ・イガントフナ 185
コソボ 270
近衛連隊（イギリス陸軍） 81
コフショヴァ、ナタリー・V 185
コリー少将、ジョージ 124
コルッカ、スコ 169
コルトM1855リボルビング・ライフル 130
コルベール将軍、オーギュスト 48, 59

【サ】

最長戦果記録 300
ザイツェフ、ヴァシリ・グリゴーリエヴィチ 185-6, 189
作戦
　アイアン・リゾルヴ 324
　アナコンダ 293
　イラクの自由 298, 306
　ダブル・イーグル（ベトナム） 257
　ナンキン（ベトナム） 244
　ナンキン・スコットランドⅡ 263
サドル、ムクタダ 306
サーマル・リダクション・スーツ 294

サラエボ 275, 281
塹壕戦（第1次世界大戦） 136, 138
300ウィンチェスター・マグナム 244
　A5スコープ 146, 153
　338スーパーマグナム 244
　モデル70ライフル 239
ジェイコブ、ジョン 78
ジェイコブズ・ライフル 78
シェーンバイン、クリスティアン・フリードリヒ 121
シドレンコ、イヴァン 184
シミエン・スナイパースーツ 162
シムコー少佐、ジョン・グレイヴズ 38
シムラッド暗視装置レンズ 309
射撃壕 83
射撃姿勢（ボーア戦争時代） 129
射撃陣地（第1次世界大戦時代） 148-50
射手、馬にまたがった 116
射手ペア（南北戦争時代） 106
シャスール 87
シャスール・ア・ピエ 61
シャニーナ、ローザ 183
シャヒコット峡谷（アフガニスタン） 293
シャープス、クリスチャン 96
シャープス・ライフル 88, 95-7, 100-1
シャーロット王妃 38
シュタイヤー（ステアー）・マンリッヒャー・ライフル 139
ショー、ジョシュア 67
ジョージ3世（イギリス国王） 36, 38
女性狙撃手 179, 183
ショート・ランド・パターン・マスケット銃 38
ショーニー族 18
ショーメットのネジでねじ込む元込め方式 36

ジョーンズ中佐 63
シワク、ジョン 156
シン1等兵、ウィリアム・エドワード（ビリー） 159, 166
『スターリングラード』（映画） 186, 189
スティーヴンズ砦 104-5
ストライカー旅団（アメリカ陸軍） 309
スナイパースコープ（朝鮮戦争時代） 230-42
スプリングフィールド
　M1903ライフル 239
　M1903A3スナイパーライフル 215
　M1903A4（狙撃用）ライフル 215, 221-2
　1903A1スナイパーライフル 215
　ウィンチェスターのスコープを装着したM1903 158
造兵廠 86
トラップドア式ライフル 133
　モデル1861ライフル・マスケット銃 86
　モデル1863ライフル・マスケット銃 86
　モデル1903ライフル 153
　ライフル・マスケット銃 104
スペツナズ（ソヴィエト軍特殊部隊） 288
ズラノヴァ、イェカテリーナ 185
スルコフ、ミハイル・イリッチ 184
スルト元帥 53
制圧射撃と移動 122
セジウィック将軍 99
セルビア 275
先住民族 18
戦争
　アフガニスタン 283-4, 288-9
　アメリカ独立戦争 14, 17, 24, 36, 38, 40, 44, 62
　アメリカ南北戦争 7, 74,

83, 86-7
アルジェリア戦争　69
イラク戦争　298
カフィール戦争　70
クリミア戦争　71-2, 78-3, 81, 83, 86-7, 94, 106
1812年戦争（米英戦争）　28, 49, 57, 62-3
第1次世界大戦　137
第1次ボーア戦争　120, 124
第1次湾岸戦争　299
第2次世界大戦　137, 167
第2次チェチェン紛争　284
第2次ボーア戦争　124, 128, 136-7
チェチェン紛争　282-4
朝鮮戦争　68, 137, 230
ナポレオン戦争　44, 49, 57, 63, 66
半島戦争　48-9, 52, 61
フォークランド戦争　262
「冬戦争」　169
フレンチ・インディアン戦争　17, 23, 25, 49
米西戦争　133
ベトナム戦争　11, 248, 293
前装式ライフル　107
ソヴィエト軍狙撃手の戦果（第2次世界大戦）　185
ソヴィエトのプロパガンダ（第2次世界大戦）　184
狙撃手（スナイパー）
　訓練所　147, 152
　陣地（第1次世界大戦時代）　154
　チーム　305
　定義　7
　バグダッドの（ジュバ）　324
　防護用具　148-50
狙撃手探知装置　338
狙撃手養成学校（第2次世界大戦）　188
狙撃の制約　322
ソーニークロフト中佐　134
ソンジン（北朝鮮）　228

【タ】

第1アメリカ射撃兵連隊　88, 94
第1海兵連隊（アメリカ）　300-1
第1機甲師団（アメリカ）　324
第1ライフル旅団（イギリス）　81
第2射撃兵連隊（アメリカ）　92
第3キングズ・ロイヤル・ライフル軍団　134
第5騎兵連隊（アメリカ）　234
第5（ライフル）大隊（イギリス）　58
第10山岳師団（アメリカ）　293
第14歩兵連隊（アメリカ）　323
第25歩兵師団（アメリカ）　323
第27野砲兵連隊（アメリカ）　234
第40コマンドー部隊（イギリス）　266
第43軽歩兵連隊　58
第45コマンドー部隊（イギリス）　238
第52軽歩兵連隊　58
第60歩兵連隊（イギリス）　41, 49, 58
第60ライフル連隊第3大隊（イギリス）　123
第62ロイヤル・アメリカ連隊（イギリス）　41, 49
第95（ライフル）歩兵連隊（イギリス）　44, 48, 51, 58-9, 62
第101空挺師団（アメリカ）　293
第1次対仏大同盟　41
太平洋と極東における狙撃手の活躍（第2次世界大戦）　204, 209-10
大砲、南北戦争時代に標的にされた　108
大砲のはざま　83
ダイラ峠射撃場　264
大陸軍　25
大量破壊兵器　299
タシギ（スナイプ）撃ち　24-5
戦い
　アミアン　156
　アルゴンヌの森　160
　イーブル　156
　インケルマン　83
　インゴゴ　122-3
　ヴィメイロ　53
　オデッサ　185
　オビドス　48
　カウペンズ　30
　カムデン　41
　ガリポリ　156-66
　クレーター地区、アデン　238
　ゲティスバーグ　83
　ケベック　32
　コペンハーゲン　48, 58, 62
　コルーニャ　48, 58
　サヴァナ　44
　サラトガ　30, 32
　サンフアン・ヒル　133
　スターリングラード　170, 178, 189
　スパイオン・コップ　134-6
　スポットシルヴェニア　99, 110
　セヴァストポリ　80-1, 83
　セヴァストポリ（第2次世界大戦）　185
　ソンム　156
　チカモーガ　99
　ニューオーリンズ　28, 63
　パッシェンデール　156
　ブランディーワイン　37
　フリーマンズ・ファーム　32
　ブルラン（マナッサス）　86
　ブロンクホルストスプルート　122
　マイン・ラン　95
　マジュバ・ヒル　123-4

索引

モン・ソレル 156
モンテ・カッシーノ 197
ル・カトー 138
レイングス・ネク 122
レキシントン 31
レニングラード 185
ワーテルロー 41, 48, 59
ダーダネルス方面作戦 157
ダナン（ベトナム） 262
タブーク（ドラグノフSVDも参照） 322-3
ダムダム工廠 145
タラワ 210
タリバン（アフガニスタン） 292
タールトン大佐、バナスター 33
ダンケルクの撤退 190
弾倉による給弾 120
弾薬
　.50口径SLAP（サボつき徹甲）カートリッジ 303
　AMAX.50口径標的競技（マッチ）弾 293
　エンフィールド・カートリッジ 73
　凹凸模様をつけた弾丸 69
　帯つき弾 68
　紙製カートリッジ 124
　金属製カートリッジ 110, 120-4
　自動膨張弾 71
　ストリッパー・クリップ 131
　スナイダー・カートリッジ 120
　スピッツァー弾 142, 145
　センターファイア・カートリッジ 121
　徹甲焼夷弾（API） 301
　7.62ミリNATO口径 244
　パッチ弾 22
　ピンファイア・カートリッジ 120
　ブラウン・ベス・マスケット銃用の弾丸 70
　ブリティッシュMkⅦSAA通常弾 120

マークⅦカートリッジ 145
マルティニ・ヘンリー・カートリッジ 120-2
ミニエー弾 70-1
メトフォード・プリチャード弾 71-2
雷管後装式ライフル用紙製カートリッジ 124
弾薬箱、南北戦争時代に標的にされた 108
チェチェン軍の狙撃戦術 283
チトー、ヨシップ・ブロズ 274
チャン・タオ・ファン（張桃芳） 243
長距離射撃世界記録 293
朝鮮狙撃手の装備 247
チョーク、レナード 204
デイヴィッドソン中佐、D 81
デイヴィッドソン・ライフル望遠照準器 98, 106
ディエップの襲撃（第2次世界大戦） 197
偵察、観測、狙撃（SOS）訓練所 152
偵察連隊の観測用スコープ（イギリス軍） 242
ティレユール 61
敵の狙撃手、イラク 324
敵の狙撃手養成／訓練 324
デニソンスモック 205
デビーグ中佐 63
デルヴィン・ライフル 69
デール大佐 63
テロリスト攻撃（アメリカ本土）（「9/11」） 292
テロリストのスナイパー 322
テロリストのプロパガンダ動画 305
展望鏡ライフル 158, 161
ドイツ軍
　カムフラージュ（第1次世界大戦） 147
　カムフラージュ・パターン（第2次世界大戦） 207
　スナイパーライフルと照準器（第2次世界大戦） 174-5

狙撃手の掟（第2次世界大戦） 198
狙撃陣地 147
狙撃戦術（第2次世界大戦） 182, 183-5
東部戦線（第2次世界大戦） 182
トカレフSVT38セミオートマチックライフル 167
トカレフSVT40ライフル 170
トスティ1等兵、ジョージ 159
ドーチェスターハイツ 40
トートレーベン、フランツ 80
トライオン中尉、ヘンリー 81
ドラグノフ・ライフル 250-1, 271, 280-1, 283, 288, 322, 324
トランスヴァール（南アフリカ） 120
トルコ軍狙撃手、ガリポリ 157
トレップ、キャスパー 94-5
トンクス1等兵、I（オーストラリア軍、第2次世界大戦） 217
トンプソン大佐、ウィリアム 25

【ナ】

ナヒモフ提督、パヴェル 81
西ヨーロッパの狙撃手（第2次世界大戦） 190
ニッカーソン少将、ハーマン・Jr（アメリカ海兵隊） 257
日本軍狙撃手（第2次世界大戦） 204, 209, 216
ネルソン提督、ホレーショ 62
ノーウェスト、ヘンリー 156
ノートン大尉 70
ノルマンディー（第2次世界大戦） 201

【ハ】

ハイファ、バグダッド　302
パイル、アーニー　201
パウエル少佐、ウィリス（アメリカ陸軍）　257
ハウ将軍　34
パヴリチェンコ、リュドミラ　183, 185
バーカー、マシアス　35
パーカッション（管打ち）方式　68
パーカッションロック　67, 69
ハガナーの狙撃手　227
パーカー・ヘイルM85スナイパーライフル　278, 280
パーカー・ヘイル／カナダ軍C3A1ライフル　295
バカン、ジョン　147
ハーグ会議　145
パケナム中将、エドワード　63
バーゴイン将軍、ジョン　32-3
箱型弾倉（ボーア戦争時代）　130-1
ハスコック、カルロス　251, 254-5, 293
パターソン大佐　63
パターン1776ライフル　35
パターン1914エンフィールドNo.3 Mk1*(T)スナイパーライフル　221
バックテイルズ隊（北部連邦軍射撃部隊）　101-2
パッチ弾　22
ハーディング　98
バードウッド将軍　166
バーナム少佐、フレデリック・ラッセル　132
パプアニューギニア　214
ハーミーズ、航空母艦　267
パラシュート連隊（イギリス軍）　238
バルバ・デル・プエルコ　48
パレスチナ　227
バレットM82A1「ライト・フィフティ」対物兵器　281, 297
ハーン1等兵、レオ・R　154
ハンガー少佐、ジョージ　30
ビーチ軍曹、ウィリアム　159
ヒトラー・ユーゲント運動　204
標的（南北戦争時代）　117
標的照準装置（南北戦争時代）　106
ピルキントン・カイト・イメージ増強照準器　309
ビル軍曹、チャールズ・R（アメリカ海兵隊）　235
ピンファイア・カートリッジ方式　120
ビンラディン、オサマ　292
ファーガソン後装式ライフル　26, 36
ファーガソン大尉、パトリック　35
ファルカル峡谷（アフガニスタン）　292
ファルージャ（イラク）　316
ファーロング伍長、ロブ（カナダ軍）　300
フィンランド軍狙撃手　169
フェレイ将軍　48
フォクトレンダー4倍望遠照準器　140
フォーサイス牧師、アレクサンダー　67
フォンス中佐　63
ブーケ、アンリ　49
ブーゲンビル島（第2次世界大戦）　218
フセイン、サダム　299
ブソ・タクティコ（アルゼンチン軍特殊部隊）　264-5
ふたり1組のチーム（クリミア戦争期）　81
ブッシュ、ジョージ・W　299
プドルジヴェ軍曹（ロシア軍狙撃手、第2次世界大戦）　185
ブラウン・ベス滑腔式マスケット銃　19, 29, 38, 44, 62
ブラー将軍、レッドヴァース　134
プラスキ、カジミール　37
ブラドック将軍　49
ブランケット、トマス　48, 58-9
ブランズウィック・ライフル　60, 69
フランス上陸、連合国軍　201
プリシュティナ、コソボ　274-5
プリズムコンパス（イギリス軍）　242
ブリッジズ伍長、ラリー・E（アメリカ海兵隊ライフル銃兵）　254
ブリティッシュ・ランド・パターン　19
プリンセス・パトリシアズ軽歩兵連隊（カナダ軍）　293, 300
フリントロック前装式　26-7
ブルック中佐　63
ブレア、トニー　299
フレーザー将軍、サイモン　30-1, 36
フレーザー大尉、アレクサンダー　36
フレーザーの精鋭射手中隊　34, 36
ブロック将軍、アイザック　57
ブロフィー大尉、ウィリアム・S（アメリカ陸軍）　239, 243
ヘイヘ、シモ　169, 184
ベイリー、エイブ　154
ベイリー中尉　122
ベイリーの射撃隊　154
ベーカー、エゼキエル　60
ペガマガボー伍長、フランシス　156
ベーカー・ライフル　44, 51, 60
ヘスキス＝プリチャード少佐、H　143, 147, 150, 151-2
ベックウィズ中佐　51
ヘッケラー＆コッホMSG90スナイパーライフル　299

索引

ヘッセン・カッセル 35
ヘッセン（ドイツ）人兵 34
ヘッツェナウアー、マティアス 177, 182
ヘッド、トルーマン（「カリフォルニア・ジョー」）95
ベトコンのゲリラ兵 248
ペリスコーピック・プリズム社 146
ベルダン、ハイラム 88-100
ベルダン射撃隊 88, 96
ヘルメット（狙撃手用）306
ペンシルヴェニア・ライフル 34
ペンシルヴェニア・ロング・ライフル 28-9, 37, 40
ヘンリー、アレクサンダー 123
ボーア軍、ライフル射撃と戦法 122, 128-9, 132
ボーア戦争コマンドー部隊 136
望遠鏡、ドイツ軍（第2次世界大戦）166
望遠照準器 106, 138
砲列（南北戦争時代）108
ボカージュ（第2次世界大戦）204
北部同盟（アフガニスタン）292
ボストン包囲戦 34
ボスニア 274
ボタ将軍 134
ポーダッシュ上等兵、ジョンソン 156
ホーチミン 251
ボディ・アーマー、狙撃手用 306
ボートナー准将、ヘイドン・L 235
ボーフォート 217
ポリヴァノヴァ、マリア 185
ホーリー伍長、ローレンス（アメリカ陸軍）234
ホール1等兵、T（オーストラリア軍）218
ボルトアクション・ライフル 250

ボルトアクション・ライフル（ボーア戦争）128
ホワイト上等兵、ブライアント（アメリカ海兵隊）248

【マ】

マウィニー、チャック 251
マガジン・ライフルMkI（リー・メトフォードも参照）137
マクミランTac-50スナイパーライフル 293, 295, 297, 300
マーシャル軍曹（カナダ軍）205
マスケリン、ジャスパー 205
マスコミの注目 307
マーフィー、ティモシー 31-2, 36
マルヴォ、ジョン・リー（旧氏名マルヴォ、リー・ボイド）320-1
マルコム、ウィリアム 106
マルティニ、フリードリッヒ・フォン 123
マルティニ・ヘンリー・ライフル 89, 122-3
マントン、ジョゼフ 67
マン兵長、リチャード 197
身代わりの頭 153
ミッチェル中佐、コリン・キャンベル 238
ミニエー大尉、クロード＝エティエンヌ 70
ミニエー弾 79-80, 109
ミニエー・ライフル 70-1
ムーア、ジョン 48, 58
無煙火薬（南北戦争時代）110, 121
無人航空機（UAV）334-5
ムハンマド（旧姓ウィリアムズ）、ジョン・アレン 320
メイリン、マルティン 28
メスヴェン中尉、ネヴィル 156
メティス（混血）156
メトフォード、ウィリアム・E

137
綿火薬（火薬の代用品）121
モーガン・ジェイムズ・ライフル 100
モーガン将軍、ダニエル 30-3
モーガンの射撃隊 32-3
モーガン・ライフル隊 34
モシン・ナガン・ライフル 167
モスクワ講和条約 170
モーゼル・ライフル 137, 157
モデルP17ライフル（アメリカ）153
モデル95ライフル 129
Kar98k 141, 176
モデル1803ライフル 57
モデル1841ミシシッピ・ライフル 104
モンゴメリー将軍 24, 32

【ヤ】

夜間照準／暗視装置 262, 308-9
ヤードリー、マイケル 104
ユーゴスラヴィア（崩壊）274
ユナートル・ライフルスコープ 215, 222, 239
ヨーク軍曹、アルヴィン・カラム 160
ヨーク公直属ライフル軍団 49
ヨーベルト将軍 128
ヨルダン軍M62スナイパーライフル 246

【ラ】

ライカ製レーザー測距器（レンジ・ファインダー）10
雷管 66, 68
雷管後装式ライフル 124
ライフリングされた銃身 16
ライフル銃兵実験部隊 44, 58-9

ライフル照準器（アメリカ南北戦争）　98-9
ライフル大隊（アメリカ軍）　25
ライフル旅団　58-9
ラッセル大尉、ロバート　251
ランド大尉、ジム　11, 251
リー、ジェイムズ・パリス　137
リー・エンフィールド・ライフル　128, 137, 188, 190
　No.4 Mk1 ライフル　137
　No.4(T) ライフル　190, 192, 194-5, 235, 244
　SMLE No.1 MkIII　166
　SMLE No.1 MkIII*スナイパーライフル　221
　SMLE No.1 MkIII*(HT)スナイパーライフル　221
　SMLE（ショート・マガジン・リー・エンフィールド）ライフル　137
リスゴー造兵廠　221
リチャーズ、ウェストリー　98
リトル将軍　99
リー・メトフォード・ライフル　123, 130-1
リューポルド40倍スポッティングスコープ　10
リンカーン、エイブラハム　88, 97
　暗殺未遂　104-5
ルドゥタブル号　62
ルベル（レベル）・ライフル　121
レインク軍曹、ドン（アメリカ海兵隊）　251
レッドフィールド3×9オート・レンジング・テレスコープ（XM-21）　262
レディスミス　134-5
レニー中佐　63
レミントン・モデル700-40xライフル　257
連発式ライフル（南北戦争時代）　110
ロイヤル・アイリッシュ連隊（イギリス軍）　312, 317, 331
ロヴァット　134-5
ロヴァット偵察隊　164
　狙撃チーム　129, 191
ロシア軍「顧問」（北朝鮮）　243
ロシア軍狙撃手（第2次世界大戦）　167, 183
ロシア侵攻、ドイツ軍　170, 178
ロシア帝国陸軍　79
ロシアのカムフラージュ・パターン（第2次世界大戦）　207
ロシアの狙撃戦術（第2次世界大戦）　178
ロジャース、ロバート　18, 38
ロジャース・レンジャーズ　18, 38
ロス少将、ロバート　57
ロッテンバーグ大佐、ド　58
ロドリゲス伍長、ダニー（アメリカ海兵隊）　226
ロブコフスカヤ、ニーナ・アレクセイエフナ　185

【ワ】

ワシントン、ジョージ　37, 40
ワシントン連続狙撃犯　320-1

◆著者略歴
パット・ファレイ（Pat Farey）
　著名な小火器専門家。1997年より射撃専門誌「ガン・マート」の編集者をつとめるほか、シューティング・スポーツ誌にも創刊以来毎月寄稿している。また、数ある軍隊や市民軍の小火器のなかでも、時代ものやめずらしいもの、収集価値のあるものの売買状況について、数々の専門オークションから月に一度レポートしている。

マーク・スパイサー（Mark Spicer）
　イギリス陸軍で軍務についた期間は20年を超える。狙撃手として任務にあたり、さらに狙撃技術の教官をつとめるなど、そのうち15年以上は狙撃にたずさわった。また、北アイルランド、ボスニア、中東など世界各地の紛争地域できわめて重要な隠密監視作戦を実行。狙撃の指導はイギリス陸軍だけでなく、アメリカ海兵隊などの各国軍にくわえて、名高いSAS（イギリス陸軍特殊空挺部隊）をはじめとするさまざまな特殊部隊でも実施。現在は、民間の保安コンサルタントをつとめ、スナイパーのスキルや戦術にかんする2冊の著書が称賛を得ている。

◆訳者略歴
大槻敦子（おおつき・あつこ）
　慶應義塾大学文学部卒。訳書に、クリステル・ヨルゲンセン『ヒトラーのスパイたち』、デイヴィッド・ジョーダン『フランス外人部隊──史上最強の勇士たち』、ビル・マッキベン『ディープエコノミー──生命を育む経済へ』、デーヴィッド・ヘメリー『コーチングで子どもが伸びる！』がある。その他共訳書、翻訳協力多数。

SNIPING: AN ILLUSTRATED HISTORY
by Pat Farey & Mark Spicer
Copyright ⓒ 2009 Compendium Publishing,
43 Frith Street, London, W1D 4SA, United Kingdom
Japanese translation rights arranged
with Compendium Publishing Limited, London
through Tuttle-Mori Agency, Inc., Tokyo

図説
狙撃手大全

●

2011年 3月 10日 第 1 刷

著者………パット・ファレイ
　　　　　マーク・スパイサー
訳者………大槻敦子

装幀………スタジオ・ギブ（川島進）
本文組版・印刷………株式会社ディグ
カバー印刷………株式会社明光社
製本………東京美術紙工協業組合

発行者………成瀬雅人
発行所………株式会社原書房
〒160-0022　東京都新宿区新宿1-25-13
電話・代表 03(3354)0685
http://www.harashobo.co.jp
振替・00150-6-151594
ISBN978-4-562-04673-7

ⓒ2011, Printed in Japan